ULF-GUNNAR SWITALSKI
MIT TIBOR HOFFMANN

Umsonst
IN DEN
Urlaub

Bei der Zusammenstellung dieser Informationen wurde Wert auf größtmögliche Sorgfalt und Aktualität gelegt. Die Anbieter von Kundenbindungsprogrammen ändern ihre Bedingungen oftmals und schnell, Partner und Benefits können wechseln. Um auf dem Laufenden zu bleiben und keine attraktive Aktion zu verpassen, abonniere mit dem beigefügten Code den Memberservice und besuche regelmäßig *umsonst-in-den-urlaub.de*.

Ich zahle meine Reisen, Flüge und Hotelaufenthalte selbst und werde nicht gesponsert.

Umarmungen gehen an: meine Mutter & meinen Vater und die Pan Am. Tibor, Luca, Marcel, Evelyn, Beto, le Monsieur Machado, Dominic & Marvin. Judith, Nina, Gianna, Stefan, Ilja und das ganze Team von Edel Books. Michael und Jonas Haentjes und Oliver bei der Edel AG. Danke.

INHALT

WELT AUS PLASTIK UND BONUSPUNKTEN – DIE KREDITKARTEN   200

LUXUS FÜR ALLE

Ich bin gerade etwas grummelig mit mir. Vor einer Stunde bin ich im brasilianischen Natal gelandet. Drei richtig schöne Flüge liegen hinter mir. Ich habe gut gegessen und vor allem richtig gut unter meiner flauschigen Bettdecke geschlafen. Musste nicht in der schier endlosen Schlange beim Check-in am Flughafen stehen. Durfte als Erster an Bord. Wurde, ohne Geld auf den Schalter zu legen, auf einen früheren Flug umgebucht und konnte mich auf dem Anschlussflug von São Paulo in den sonnenüberfluteten Nordosten von Brasilien in meinem Notausgangssitz richtig langmachen. Ich fühle mich munter und sollte mich eigentlich darauf freuen, in einer halben Stunde am Strand eine frische Kokosnuss zu trinken.

Stattdessen sitze ich hier im Taxi und bin eben grummelig. Warum? Ich sitze im Taxi. In der Ankunftshalle bin ich einfach ein paar Sekunden zu faul gewesen und habe, ohne weiter nachzudenken, das nächstbeste Taxi genommen. Ein Taxi und kein Uber. „Anfängerfehler", denke ich und lache, wieder ein wenig besänftigt, in mich hinein. Einige wertvolle Punkte und Lufthansa-Miles-&-More-Prämienmeilen habe ich damit einfach liegengelassen. Dabei ist mein Leitmotto: Nimm jede Meile mit, lass nie einen Punkt liegen!

Du verstehst nur Bahnhof? Du denkst, ich habe mich im besten Fall vertippt oder rede im schlimmsten wirres Zeug? So ist es nicht. Ich lebe meinen *upgraded lifestyle* und fahre einfach gern umsonst in den Urlaub.

In den letzten Monaten war ich an wunderschönen Orten der Welt. Ich habe die Seele in Ubud auf Bali baumeln lassen, den längsten Flug der Welt von Doha in Katar nach Auckland in Neuseeland als „Vornsitzer" erleben dürfen; ich habe mich über duftende Rosen- und Orchideenblüten im Badezimmer der First Class auf dem Weg ins quirlige thailändische Bangkok freuen dürfen und ein 5-Gänge-Menü zwischen Rio de Janeiro und Rom genossen. Während andere genervt in ungemütlichen Hallen auf ihren Anschlussflug warteten, habe ich auf dem Crosstrainer im Fitnessstudio im Flughafen von Abu Dhabi etwas für meine Gesundheit getan, und als mir die Flugbegleiterin zwischen Miami und São Paulo meinen Pyjama reichte, freute ich mich gerade, 5.800 Euro für den Flug gespart zu haben. In Tokio bekam ich im Hotel die Suite statt einer Besenkammer und in New York ließ es sich der Hoteldirektor nicht nehmen, mich persönlich zu begrüßen und mir die private Dachterrasse mit atemberaubendem Blick über Manhattan zu zeigen.

Wenn ich mich nach einer Reise mit Freunden treffe, bin ich mittlerweile an die ungläubigen Blicke gewöhnt: „Wie machst du das nur? Businessclass statt Holzklasse. Tolle Hotels. VIP am Flughafen. Frühstück aufs Haus, freie Drinks an der Bar – und das alles umsonst?"

„Kundenbindungsprogramm" ist das Stichwort – und schlicht der Schlüssel zu dieser Reisewelt, diesem Urlaubsschlaraffenland, in dem nicht nur Milch und Honig, sondern auch Champagner fließen. Doch darauf entgegnet mein kopfschüttelndes Gegenüber: „Davon habe ich noch nie gehört!", oder: „Das schaffe ich ja doch nicht!"

Quatsch! Der einzige Trick liegt im Kombinieren und Optimieren der unterschiedlichen Programme und mit ziemlicher Sicherheit bist genau du auch einer von rund 30 Millionen Deutschen, die eine meist ungenutzte Payback- oder Miles-&-More-Karte im Portemonnaie mit sich herumtragen. Die Kunst ist, sie gekonnt einzusetzen – und schon winken dir nicht nur tolle Reisen und Flüge in der First Class, sondern vor allem unvergessliche Erlebnisse!

„Du fliegst aber auch total oft!", ist das oft fast verzweifelte letzte Aufbäumen meines Gesprächspartners.

Nein.

„Du gibst aber auch viel Geld beim Shopping aus!"

Nein. Jeder kann das haben. Und ich rede in diesem Buch nicht von ein paar Mini-Prozent-Rabatten, sondern vom Luxus für alle! Gönne dir einfach ein wenig mehr in den schönsten Wochen des Jahres. Ohne mehr Geld auszugeben. Ohne irgendetwas einkaufen zu müssen, was du schlichtweg nicht brauchst.

Wie heißt es so schön: Glück ist, was passiert, wenn Vorbereitung auf Gelegenheit trifft. Die Gelegenheit hast du jeden Tag zigmal. An der Supermarktkasse, am Fahrkartenschalter, wenn du eine Überweisung tätigst, online ein T-Shirt bestellst, in einem Hotel übernachtest, mit deiner Familie essen gehst, dir eine größere Anschaffung gönnst oder auch nur ein Deo in der Drogerie besorgst. Das Einzige, was du machen musst, ist, wirklich umzusetzen, was ich dir sage. Ab jetzt. Heute. Sofort.

(Wir treffen uns ganz bald. In der First Class.)

WIE GEIL IST DAS DENN?

Der Flughafen in Genf erinnert mich immer ein wenig an Berlin-Tegel. Auch hier kann man quasi mit dem Taxi bis zum Check-in fahren und hat kurze Wege. Eng und dicht gedrängt ist es auch manchmal, obwohl gerade 1.600 Quadratmeter Platz aufgestockt wurde, und in jeder Stunde rund 240 Passagiere mehr durch die Sicherheitskontrollen geschleust werden können. 59 Köpfe zähle ich in der Schlange, als ich an meinem Check-in-Schalter ankomme. Mit Iberia geht es über Madrid nach Johannesburg. Die vielen Mitreisenden, die schon geduldig warten, stören mich nicht, denn ich gehe einfach an ihnen vorbei und stehe plötzlich an erster Position. Obwohl ich bei Iberia keinen hohen Status innehabe, würden mein Executive-Platinum-Status von American Airlines, meine Black-Karte von LATAM oder auch mein Gold-Status bei Qatar ausreichen, um an allen anderen vorbeizuziehen. Aber heute muss ich nicht einmal darüber nachdenken, denn ich habe ein Businessclass-Ticket in der Tasche.

Über meine zwei großen Koffer mache ich mir kein Kopfzerbrechen und stelle sie bedenkenlos auf das Gepäckband. Mir steht deutlich mehr Freigepäck als anderen Fluggästen zu und ich weiß jetzt schon, dass ich nicht lange warten werden muss, wenn ich gelandet bin. „Priority" steht auf den Anhängern, die jetzt meine Koffer zieren. Das bedeutet, einfach gesagt: Dieser Koffer kommt zuerst wieder aus dem Flugzeug heraus.

Heute bin ich ungewöhnlich zeitig am Flughafen. Nicht immer triffst du mich so entspannt an, denn eigentlich komme ich auf den letzten Drücker. Da ich nicht nur in der Warteschlange am Check-in bevorzugt behandelt werde, sondern auch den sogenannten „Fast Track" an den Sicherheitskontrollen nutzen kann, schlendere ich an weiteren Wartenden vorbei, die teilweise schon eine Stunde vor mir das gesamte Prozedere über sich ergehen lassen müssen.

In der Abflughalle herrscht Trubel, die meisten Tische in den kleinen Bistrots, Stühle und Bänke sind ausnahmslos besetzt, die Reinigungskräfte kommen gar nicht hinterher, die herumliegenden Zeitungen aufzusammeln und für Ordnung zu sorgen. Als ich auf den Bildschirm gucke und nach meinem Abfluggate schaue, traue ich meinen Augen nicht. Mal wieder. 60 Minuten Verspätung. Als sich gerade das HB-Männchen in mir aufbäumen will, atme ich tief durch und gehe zielstrebig zur VIP-Lounge. Das ist ein exklusiver Bereich, in dem sich ausgewählte Passagiere aufhalten dürfen. Dort erwartet dich vor allem etwas Ruhe, ein Longdrink oder ein Glas Wein, kleine Snacks, schnelles Internet, Zeitungen und Zeitschriften und je nach Ausstattung der Lounge Duschen oder sogar kleine Fitnessstudios. Sesam öffne dich.

Was beim Check-in begann, setzt sich beim Einsteigen fort. Wenn ich nicht noch in der Lounge säße und mein Glas Champagner austrinken würde, wäre ich als einer der Ersten in das Flugzeug eingestiegen. Du kennst die Durchsagen, die dich oft nerven, wenn du endlich an Bord willst: „Wir bitte unsere Gäste in der Businessclass oder mit der Platin- und Gold-Karte ..." und so weiter. Was dich in Rage bringen kann, beruhigt meine Nerven.

Kaum an Bord, wird mir ein feuchtes Tuch gereicht, wahrscheinlich damit ich mich schnell von den bisherigen „Strapazen" erholen kann. Die nächsten Stunden wird es so weitergehen. Ich werde ausgiebig essen, ausreichend schlafen, als Erster bei der Passkontrolle sein und mit meinen Koffern wahrscheinlich schon im Taxi sitzen, wenn alle anderen dem Grenzbeamten gerade einmal ihren Ausweis auf den Tresen gelegt haben.

Habe ich das verdient? Eine Frage, die ich mir nicht stelle. Ich habe es mir verdient und du kannst das auch. Während viele den kleinen Statuskärtchen mit den oft illustren Namen hinterherjagen, obwohl sie gar nicht oft fliegen, würde ich mich in erster Linie auf das Sammeln von Prämienmeilen konzentrieren. Denn so kommst auch du zügig zu deinem Flugticket in der Luxusklasse und erhältst alle Vorteile am Flughafen sozusagen als kleines Schmankerl obendrauf.

Ich höre dich schon sagen: „Wie geil ist das denn?", wenn du bei deinem nächsten Flug in den Urlaub vorn sitzt.

WIE KOMMST DU AN DIE MEILEN?

Zu Land, zu Wasser, in der Luft – selbst in der Bergbahn

Meilen sind ab heute deine neue Zweitwährung. Klar, dass du noch mit Euro zahlst, aber du wirst dich schnell daran gewöhnen, auch immer in Prämienmeilen zu rechnen. Da ich es dir besonders einfach machen möchte, konzentriere dich als Anfänger erst einmal auf Miles & More, das Programm von Lufthansa.

Miles-&-More-Meilen bekommst du natürlich beim Fliegen, und zwar nicht nur, wenn du in einer Lufthansa-Maschine sitzt, sondern bei vielen anderen Partnerfluggesellschaften. Leider lohnt sich das Sammeln beim Fliegen eigentlich nur noch mit den teuren Economy- oder Business-class- und First-Class-Tickets. Willst du möglichst günstig fliegen, gibt es zwar viele Angebote, aber du bekommst dafür nur wenig Meilen auf dein Konto. Doch das ist nicht einmal halb so schlimm, denn wahrscheinlich war dir bisher nicht klar, dass du Miles-&-More-Meilen auch sammeln kannst, wenn du mit einem Kreuzfahrtschiff über die Meere gleitest oder zum Skifahren mit der Bergbahn auf die Höhen der Kitzbüheler Alpen trudelst.

Prämienmeilen, die dich Schritt für Schritt zu deinem Luxusflug bringen, gibt es an jeder Ecke, eigentlich fast überall. Am schönsten sind sie, wenn du sie ganz umsonst bekommst, zum Beispiel gleich 500, wenn du den Lufthansa-Newsletter bestellst. Eine gute Möglichkeit sind auch die vielen Gewinnspiele und Aktionen der Miles-&-More-App. Immer mitmachen!

Wenn du deine Flüge planst, dann achte darauf, ob du Bonusaktionen nutzen kannst. Dann erhältst du oft viel mehr Meilen. Vor Kurzem gab es doppelte Meilen einfach dafür, dass du in einem A380 der Lufthansa Platz genommen hast und nicht in einem anderen Fluggerät.

Ganz einfach kannst du dein Meilenkonto beim Einkaufen füllen. Achte besonders auf die Möglichkeiten, die dir Payback bietet, denn diese Punkte sind für dich ab sofort besonders wertvoll, da du sie im Verhältnis 1 : 1 in Prämienmeilen umwandeln kannst. Miles & More hat aber auch viele andere, meist Online-Shoppingpartner, die dir mindestens eine Meile pro Euro gutschreiben, oftmals aber auch mehr. Die Liste ist lang. Du willst Möbel aus Schweden, die neuesten Songs streamen, brauchst einen neuen Telefonvertrag, willst einen Anzug für die Hochzeit deines besten Freundes kaufen oder hast keine Lust, noch länger auf das neue iPhone zu warten? Freu dich doppelt, denn ab sofort bekommst du noch Meilen obendrauf. Selbst Fans vom FC Bayern, die im Fanshop kaufen, werden belohnt.

Deine Freude kannst du übrigens noch vervielfachen, wenn du dir ab sofort genau überlegst, wie du zahlst. Lass dein Bargeld im Portemonnaie und stell auf das Bezahlen mit der App bei Payback Pay oder auf die richtige Kreditkarte um. Die Unternehmen bieten dir als Neukunde meist nicht nur attraktive Bonusmeilen, sondern dein Meilenkonto wächst außerdem mit jeder klitzekleinen Ausgabe im alltäglichen Leben. Jeden Tag.

Apropos Geld. Meilen gibt es, wenn du Festgeld anlegst, dir ein neues Girokonto zulegst oder einen Hausbau finanzierst. Für Hotelübernachtungen bekommst du Prämienmeilen und auch für die Buchung über ein Onlineportal wie HRS. Übrigens: Wenn du im Hotel übernachtet hast, kannst du anderen auch gleich erzählen, wie es dir wirklich gefallen hat. Deine Meinung ist bei HolidayCheck wieder einige Meilen wert.

Das Motto könnte auch sein: „Wer hat noch nicht, wer will noch mal?", denn die Möglichkeiten des Meilensammelns sind schier unerschöpflich. Du leihst dir einen Mietwagen? Du bekommst Meilen aufs Konto. Du fährst mit dem Taxi? Du bekommst Meilen aufs Konto. Du abonnierst eine Zeitung? Du bekommst Meilen aufs Konto. Selbst für die Stadtführung bei deinem nächsten Wochenendtrip gibts die begehrten Dinger.

Du wirst ab sofort unzählige Gelegenheiten haben, dein Meilenkonto zu füllen, und sollten dir für ein ganz besonderes Ziel – zum Beispiel deinen Jungfernflug in der ersten Klasse – noch Meilen fehlen, dann kaufe dir noch ein paar dazu. Das geht zwar nicht bei Miles & More direkt, dafür aber bei SPG, dem hervorragenden Hotelprogramm der Starwood-Hotels, und von da wandelst du deine Punkte einfach in Meilen um.

Kurzum: Keine Meile kriegen gibt's nicht mehr.

VON DER SUPERMARKT- KASSE IN DIE FIRST CLASS

Es ist ganz schön windig. Besser gesagt: Über weiten Teilen von Deutschland tobt ein Orkan. Zahlreiche Züge fahren nicht. Viele Flüge werden gestrichen. An den Schaltern des Frankfurter Lufthansa-Terminals bilden sich lange Schlangen. Die Lounges sind rappelvoll und in der Luft liegt diese angespannte Nervosität mit einem Tick genervter Aggressivität, die Airports immer dann erfüllt, wenn es alles andere als reibungslos zugeht.

Ich setze mich an meinen gedeckten Tisch. Nippe an meinem Glas Voss-Wasser und kann mich nicht entscheiden, ob ich als Vorspeise lieber die Tom-Kha-Gai-Suppe oder das Kürbiscarpaccio genießen soll. Was passt besser zum gegrillten Atlantiklachs, den ich dem Filet vom Rind vorgezogen habe? Ich sitze in der First-Class-Lounge der Lufthansa, und während im Trubel der Gänge und Warteschlangen das ein oder andere gereizte Wort fällt, bin ich gebettet in eine Oase der Ruhe. Nur ein älterer Herr bedient sich am opulenten Buffet und mir fällt ein, dass ich gern noch den toskanischen Risonisalat probieren möchte, als mir die Loungehostess mitteilt, sie kümmere sich darum, dass ich auf dem nächstmöglichen Flug nach Tegel einen Platz bekomme. Sie sagt das mit einer solchen Gelassenheit, dass ich nicht eine Minute lang daran zweifle. Hektik? Stress? Überall, aber nicht hier.

Vor etwa einer Stunde bin ich aus Los Angeles gelandet. Fit. Entspannt. Die meiste Zeit des Fluges habe ich geschlafen. In einem gemütlichen, geräumigen Bett. In meinem neuen, dezent grauen Van-Laack-Schlafanzug, den mir die freundliche Flugbegleiterin etwa 12.000 Meter über dem Atlantischen Ozean gegeben hat. Das Ticket hat 7.939 Euro gekostet. Aber nicht für mich. Ich habe nur rund 466 Euro bezahlt. Aber der Reihe nach ...

Als ich mir am 1. Januar überlege, was ich in diesem Jahr mit Punkten und Meilen erreichen möchte, muss ich daran denken, wie mich immer wieder viele Leute völlig ungläubig angucken, wenn ich ihnen sage, dass auch sie einmal pro Jahr einen Businessclassflug in die USA nehmen könnten, anstatt ihren wohlverdienten Urlaub mit wenigen Zentimetern Sitzabstand eingequetscht in der Holzklasse zu starten. Ohne im alltäglichen Leben mehr Geld auszugeben. Einfach nur, indem sie ihr Einkaufsverhalten optimieren.

Ich ernte ungläubiges Kopfschütteln, wenn ich Freunden erzähle, dass ich gerade für einige hundert Euro in der ersten Klasse der Lufthansa von Los Angeles nach Berlin geflogen bin. Den Rest habe ich praktisch mit Payback-Punkten bezahlt.

Mit Payback-Punkten First Class fliegen – das hört sich vielleicht verrückt an, ist es aber nicht. Es gibt unzählig viele Möglichkeiten, Payback-Punkte im alltäglichen Leben zu generieren. Für mich ist das ein gelernter Prozess und ich rate jedem, es mir gleichzutun. Es macht nämlich unheimlich viel mehr Spaß, ein wenig Luxus zu genießen, als seine clever gesammelten Punkte für Bratpfannen oder Pantoffeln auszugeben.

Dabei muss ich zugeben, dass auch ich manchmal in Prämienshops einkaufe – aber nur in den seltenen Fällen, in denen sonst meine wertvollen Punkte oder Meilen zu verfallen drohen.

Da ich nun weiß, dass jeder – auch du – jedes Jahr mindestens einmal in einem Businessclasssitz Platz nehmen könnte, um das Leben über den Wolken einige Stunden in vollen Zügen zu genießen, habe ich mich entschlossen zu beweisen, dass das auch eine Klasse besser geht. Ich will mit Payback-Punkten First Class fliegen!

Damit wir uns richtig verstehen: Ich rede von einem First-Class-Flug der Lufthansa zwischen Los Angeles und Berlin. Ich rede von einem One-Way-Flug. Einmal richtig Luxus im Jahr. Ein Flug, der rund 6.300 Euro kostet. Nicht mehr, aber eben auch meist nicht wirklich weniger.

Wenn ich ihn bei der Lufthansa als Prämienflug buche, dann werden 85.000 Miles-&-More-Meilen von meinem Konto abgesaugt. Nun muss ich also innerhalb der nächsten zwölf Monate 85.000 Miles-&-More-Meilen zusammenbekommen. Will ich das mithilfe innerdeutscher Flüge schaffen, müsste ich rund 340 mal im günstigsten Tarif hin- und zurückfliegen. Wenn ich pro Strecke für etwa 250 Meilen einen absoluten Schnäppchenpreis von 50 Euro ansetze, dann würden mich 85.000 Prämienmeilen 17.000 Euro kosten – Kreditkartengebühren noch nicht mitgerechnet. Der US-Präsident würde sagen: Kein guter Deal. Und in diesem Fall hätte er ausnahmsweise auch einmal recht.

Wenn mein Ziel zu erreichen also mit Lufthansa-Flügen – zumal die meisten von uns hauptsächlich innerdeutsch unterwegs sind – ein fast aussichtsloses Projekt zu sein scheint, muss es eine andere Lösung geben. Und die gibt es tatsächlich. Nicht nur für mich, sondern auch für dich.

Du hast diese Lösung in der Hand, sie umgibt dich in deiner Nachbarschaft, du hast sie in deinem Portemonnaie. Sie hat vier abgerundete Ecken und einige haben sie auch nur noch digital in ihrem Smartphone. Die Lösung ist (d)eine Payback-Karte.

Wenn du noch keiner der 21 Millionen Deutschen bist, die ein Payback-Konto haben, dann registriere dich erst, bevor du weiterliest. Denn ich bin ehrlich: Wenn du einmal im Jahr First Class oder mindestens Businessclass fliegen willst, zählt ab jetzt jeder Tag, jeder noch so kleine Einkauf.

Doch warum ist eine Payback-Karte dein Weg in die First Class? Ganz einfach: Du kannst Payback-Punkte jederzeit im Verhältnis 1 : 1 in Miles-&-More-Prämienmeilen umwandeln. Payback-Punkte sammeln kann dich also in die Businessclass oder First Class bei Lufthansa, Austrian Airlines, Swiss oder einer anderen Airline der Star Alliance bringen. Plötzlich ist dein Luxusflug in Reichweite!

Ich habe mich in den ersten Januartagen allerdings noch nicht auf das Sammeln neuer Punkte konzentriert. Mein erster relevanter Einkauf ist eine Flugbuchung mit Expedia Mitte Januar. Dafür gibt es 100 Punkte. Nun denn, es fehlen noch 84.900 Punkte. Aber ich habe ja auch noch über elf Monate Zeit...

Heute ist der 2. April. Mein Selbstversuch läuft seit drei Monaten. In diesem Jahr möchte ich nicht nur mindestens mit Meilenschnäppchen Businessclass fliegen, sondern zeigen, dass ich auch mit Payback-Punkten First Class fliegen kann – und zwar bei Lufthansa oder einer anderen Star-Alliance-Gesellschaft.

Ich bin gut im Plan. Mein Kontostand zeigt 20.528 Punkte an. Damit habe ich nach drei Monaten schon fast die Hälfte eines Hin-und-Rückflug-Tickets in der Businessclass mit den Lufthansa-Meilenschnäppchen beisammen. Aber zum First-Class-Flug fehlen noch 64.181 Punkte.

Du fragst dich, wie ich in der kurzen Zeit schon 20.528 Punkte habe sammeln können? Ganz einfach: Ich habe alle Payback-Promotions optimal genutzt, die sich mir angeboten haben. Dabei habe ich auch zwei größere Anschaffungen getätigt, auf die ich einige Zeit gewartet (und gespart) hatte. Das ist übrigens ein wichtiger Punkt beim Optimieren deines Einkaufsverhaltens: Du solltest anfangen, es zu planen. Ich kenne kaum jemanden, der ganz spontan einen neuen Laptop, ein Handy oder eine Kamera kauft. Das musst du auch überhaupt nicht, sondern du wartest mit größeren Anschaffungen, bis es die passende Promotion dafür gibt. Dafür solltest du immer mindestens zehnfache Punkte im Blick haben. Du kannst dir sicher sein, dass es diese Promotions bei vielen Payback-Partnern mehrmals im Jahr gibt.

Meine Einkaufsliste liest sich eigentlich ganz normal, mit dem Unterschied, dass ich nur mit Coupons einkaufe. So erhalte ich nicht nur einen Punkt für zwei Euro, sondern ein Vielfaches davon: Alnatura vergibt 75 Punkte für einen Einkauf, Rewe gibt zehnfache Punkte, ebenso Galeria Kaufhof und Staples, Conrad sogar zwölffache Punkte (sechsfach plus sechsfach bei Zahlung in der App), dito Cyberport und beim Leserservice erhielt ich für ein Hörzu-Jahresabo mit Coupon 11.060 Punkte für 106,60 Euro.

Der Kauf bei Cyberport ist leider mit Schwierigkeiten verbunden. Obwohl er im Februar getätigt wurde, waren Ende März die Punkte immer noch nicht auf meinem Kontoauszug zu sehen, woraufhin ich mit dem Payback-Serviceteam in Kontakt getreten bin. Am 31. März wurden 2.242 Punkte gutgeschrieben. Leider nur ein Bruchteil der Zwölffachpromotion, es fehlen noch mehr als 20.000 Punkte. Aufgrund der

Menge der zu erwartenden Punkte hatte ich beim Kauf jedoch vorsorglich Screenshots gemacht. Ich werde Payback noch eine Mail schreiben müssen. Denn die fehlenden Punkte brächten mich bereits fast in die Businessclass. Aber das reicht mir dieses Mal nicht: Ich werde mit Payback-Punkten First Class fliegen.

Du kannst aus der Liste oben ersehen, dass ich mit dem Hörzu-Jahresabo einen Kauf getätigt habe, der nicht unbedingt nötig war. Mit dem Abo habe ich allerdings meinen Eltern eine Freude machen können, denn es ist ihr Geschenk zum Mutter- und Vatertag. Ein weiterer wichtiger Hinweis, um dein Einkaufsverhalten zu optimieren: Erstelle dir eine Liste mit Geschenken, die du für Freunde und Familie kaufen möchtest. Kaufe sie nicht im Stress erst ein paar Tage vorher, sondern ganz entspannt dann, wenn es sich für dein Punktekonto lohnt.

Es ist Anfang August. Die ersten sieben Monate des Jahres sind an mir vorbeigerast und es ist Zeit, eine erste Bilanz meines Selbstversuches zu ziehen. Habe ich wirklich eine Chance, nur mit Payback-Punkten in der First Class der Lufthansa zu fliegen? Was muss ich die nächsten fünf Monate tun, um mein Ziel wirklich zu erreichen?

Die gute Nachricht spare ich mir nicht bis zum Schluss auf: Ich bin super im Plan. Auf meinem Konto befinden sich 60.505 Punkte. Wenn ich mir einfach nur das Ziel gesetzt hätte, Businessclass zu fliegen, hätte ich jetzt schon einen Hin- und Rückflug nach Los Angeles in der Tasche. Aber ich möchte in die erste Klasse. Da fehlen nun noch 24.495 Punkte. Nicht mehr, aber auch nicht weniger.

Die erste Topnachricht erreichte mich schon Anfang April: Große Freude, als 24.662 Punkte auf einmal nachträglich gutgeschrieben wurden. Wow, die Teilnahme an der In-App-Kauf-Promotion mit Zwölffachpunkten bei Cyberport hat mich ordentlich vorangebracht.

Nun zu den Payback-Aktionen und Coupons, die ich in den letzten Monaten, also von April bis August, genutzt habe:

dm: fünffache Punkte, Rewe: siebenfache Punkte, eBay: achtfache Punkte, Galeria Kaufhof: zehnfache Punkte, Rewe: noch mal fünfzehnfache Punkte, Flugbuchungen mit Expedia: 300 Punkte und noch einmal Rewe: mit dreifachen und zehnfachen Punkten, Staples: fünfzehnfache Punkte (fünffach plus zehnfach bei Zahlung in der App), Leserservice/Hörzu-

Jahresabo mit Coupon: 11.060 Punkte für 109,40 Euro – da musste ich einfach zuschlagen, es war zu attraktiv, Payback Pay: siebenfache Punkte.

New York, São Paulo, Tokio, Bali, Doha, Miami, Ägypten, Thailand, Kairo und Bangkog – in diesem Jahr bin ich fast mehr im Ausland gewesen als in Berlin. Und habe bisher höchstens die Hälfte der alltäglichen Einkäufe getätigt, die ich normalerweise machen würde. Darum habe ich zwei Turbos genutzt, die ich auch dir ans Herz legen möchte. Der erste heißt Payback Pay und bringt dir fast immer Bonuspunkte ein, indem du mit der App auf deinem Handy deinen Einkauf zahlst und den Betrag von deinem Konto abbuchen lässt. Welche Payback-Partner bei dieser Möglichkeit schon mit im Boot sind, führe ich ein wenig später auf. Turbo Nummer zwei sind Abos, die du zum Beispiel beim Leserservice der Deutschen Post oder auch beim Lesershop24 abschließen kannst und für die es immer wieder große Mengen an Punkten zu einem sehr attraktiven Preis gibt. Wenn du jedoch meist in deiner Stadt unterwegs bist und ein normales Einkaufsverhalten an den Tag legst, brauchst du ganz sicher keine Abos, um ausreichend Punkte für unser hehres Ziel auf dein Konto zu bekommen.

Es ist Mitte Dezember, die Uhr tickt. Mein Payback-Konto zeigt mir 79.884 Punkte an. Die ersten Weihnachtsgeschenke habe ich schon gekauft. Jetzt fehlen mir noch 5.116 Punkte bis zum Ziel. Ich habe Glück, denn im Dezember vergibt Miles & More einen Bonus von 25 %, wenn ich meine Payback-Punkte umwandle. Eine schöne Bescherung, die mir die Sicherheit gibt, dass es nur noch wenige Tage dauern wird, bis ich die Schwelle von 85.000 Punkten erreicht habe.

Zeit, endlich wieder einmal daheim einkaufen zu gehen. In der Tat war ich in diesem Jahr so viel auf Reisen, dass ich nicht häufig im Supermarkt zu Gast war. Mein Konto gibt mir darüber genau Auskunft: Nur vierzehnmal war ich in einem Supermarkt, zehnmal in der Drogerie und achtmal im Kaufhaus. Zu gern würde ich wetten, wie hoch mein Payback-Kontostand heute wäre, wenn ich, wie fast jeder sonst, mindestens einmal in der Woche einen Einkauf machen würde. Meinen Freifahrtschein in die erste Klasse hätte ich bestimmt schon im Frühherbst in der Tasche gehabt oder noch eher ... Ich bin gespannt, mit wie vielen Punkten ich heute nach Hause komme.

Der erste Halt ist der Biomarkt. Bei Alnatura kaufe ich Lebkuchen, die im Angebot sind, und zwei Sorten Raumspray. 17,84 Euro steht auf dem Kassenbon und ich gehe mit 17 Punkten nach Hause. Denkst du! Ich bekomme bei Alnatura einen Punkt pro ausgegebenem Euro. Da ich mit der App gezahlt habe, erhalte ich aber zusätzlich doppelte Punkte. Außerdem gibt es für meine Bezahlung mit Payback Pay 50 Bonuspunkte und obendrein habe ich einen Coupon genutzt, der mir für meinen heutigen Einkauf 100 Bonuspunkte gebracht hat. Übrigens selbst dann, wenn ich im Vorbeigehen nur einen Müsliriegel gekauft hätte ... Taschenrechner angeschmissen: 17 + 34 + 50 + 100 = 201 Punkte anstatt läppischer 17.

Gleich nebenan ist ein Drogeriemarkt von dm. Auch hier gibt es einen Punkt für jeden Euro auf dem Kassenzettel. Für 23 Euro kaufe ich ein, doch auf meinem Konto landen nicht 23, sondern 245 Punkte! Mit einem Coupon erhöhe ich die Gutschrift um das Fünffache. Für zwei Flaschen Spülmittel werden mir 25-mal so viele Punkte wie normal gutgeschrieben und wieder bezahle ich mit Payback Pay und freue mich über die Verdoppelung meiner Punkte. Letzte Station: der Rewe-City-Markt auf der anderen Straßenseite. Ich gucke mir vor jedem Einkauf noch einmal alle eCoupons an und achte auf die zusätzlichen Aktionen im Markt. Wenn für mich die richtigen Waren dabei sind, kaufe ich sie. In den Einkaufswagen wandert nichts, was ich nicht brauche – das sollte auch deine Devise bleiben. Du optimierst deine Einkäufe, aber gibst auf keinen Fall sinnlos Geld aus. Der Dreifachcoupon auf den gesamten Einkauf ist ein Bonus, aber alles andere als ein richtiger Turbo. Ich bin gespannt, wie viele Punkte auf meinem Kassenbon stehen, wenn ich 20 Minuten später wieder auf der Straße im nasskalten Dezemberwetter bibbere und an die Copacabana denke. Ich habe 35,17 Euro bezahlt. Kein üppiger Einkauf. Im Eingangsbereich stolperte ich über Dreißigfachpunkte auf Haferflocken und -milch, die ich lecker finde. Fünf Pakete wandern in den Wagen, macht 116 Bonuspunkte. Für eine Packung Tiefkühl-Gemüse winken jeweils 30 Punkte, zwei kaufe ich. Kurz vor dem Fest gibt es zehnfache Punkte auf Wein und Sekt. Zwei Flaschen erhöhen die Ausbeute um 27 Punkte. Duschgel und Deo wird verzehnfacht und die Rechnung zahle ich mit der App. 306 Punkte nehme ich aus dem Supermarkt mit.

Summa summarum bin ich 752 Punkte näher an meinem First-Class-Ticket. Wenn ich weder mit der App gezahlt noch die eCoupons aktiviert und optimiert eingesetzt hätte, wären auf meinem Konto 695 Punkte weniger. Vergiss das nie: Es ist nicht unbedingt ausschlaggebend, wie viel du ausgibst – über deinen Erfolg entscheidet allein das Wie und Wann. Dabei helfe ich dir gern: Dazu aktiviere deinen Gutschein-Code und gönne dir für drei Monate kostenlos den Umsonst-in-den-Urlaub-Memberservice! Er hilft dir dabei, keine wichtige Aktion mehr zu verpassen und jede Woche garantiert genau die richtigen Schritte auf dem Weg zu deinem Freiflug zu tun.

Du erinnerst dich an den Orkan und den Schlafanzug vom Anfang? Ich muss aufhören: Gerade kommt die freundliche Hostess an meinen Tisch, an dem ich mir noch einen warmen Apfelstrudel und geschäumten Cappuccino gegönnt habe. „Sie können gleich an Bord gehen, Herr Switalski, wir haben noch einen Platz für Sie auf der nächsten Maschine bekommen. Ich würde mich freuen, Sie bald wieder bei uns in der Lounge begrüßen zu können!", sagt sie und verabschiedet mich mit einem Lächeln. Bestimmt. Ganz bestimmt sogar.

PAYBACK

Der Meilenturbo unter den Punktesammlern

Payback ist das beliebteste und größte Bonusprogramm in Deutschland, mit über 20 Millionen Kunden. Es bedeutet auf gut Deutsch so etwas wie „Rückzahlung". Und der Name ist hier wirklich Programm und wird offensichtlich, sobald du dir das zugrundeliegende Prinzip genauer anschaust.

Die Funktionsweise ist ziemlich einfach: Du kaufst bei einem Partner von Payback ein und bekommst dafür Payback-Punkte. Die bekanntesten der über 600 Payback-Partner sind Rewe, Real, dm, MediaMarkt, ASOS und Apple. Es muss allerdings zwischen reinen Onlineshops und stationären Läden unterschieden werden, wobei die Auswahl an Onlineshops sehr viel größer ist.

Jeder Payback-Punkt hat den Gegenwert von einem Cent und je nach Partner bekommst du zwischen 0,5 und 4% des Warenwertes gutgeschrieben. Jedenfalls normalerweise. Denn mit den richtigen Aktionen können das auch schnell mal 25% werden und das klingt doch schon deutlich interessanter... Im Endeffekt würde es auch keinen großen Unterschied machen, wenn du anstatt eines Payback-Punktes einfach einen Teil deines ausgegebenen Geldes wieder zurückbekämst. Denn auch die Payback-Punkte kannst du, wenn du ein Minimum von 200 Punkten gesammelt hast, wiederum im Payback-Shop ausgeben. Und genau das machen auch die meisten Mitglieder. Aber das ist ganz sicher nicht das, was ich damit mache. Denn ein Payback-Punkt mag zwar einen Cent wert sein, aber das gilt nur für den Prämienshop von Payback selbst. Wenn du deine Punkte umtauschst, denn auch das geht, sieht das Ganze schon anders aus. Aber dazu später mehr. Jeder Payback-Punkt ist sozusagen eine „Rückzahlung" von deinem ausgegebenen Geld, nur eben in einer anderen Währung. Aber manchmal fällt es einem ein bisschen schwer, mit einer neuen Währung umzugehen. Weder weißt du genau, was sie eigentlich wert ist, noch wozu du sie am „gewinnbringendsten" ausgeben sollte. Aber in diesem Fall brauchst du dir darüber keine Sorgen zu machen, denn dafür hast du jetzt mich an deiner Seite!

Für mich gibt es nur einen Grund, Payback zu meinem derzeitigen Lieblingsprogramm im alltäglichen Leben zu küren: Mit Payback kann ich umsonst Luxus auf Reisen erleben!

Egal wie du deine Punkte sammelst: Sie haben eine Gültigkeit von 36 Monaten und verfallen dann jeweils zum 30. August. Es gibt jedoch auch Möglichkeiten, deine Punkte vor dem Verfall zu schützen, die du im Verlauf dieses Textes kennenlernen wirst.

Payback zu nutzen ist generell relativ einfach, denn es gibt im Endeffekt drei unterschiedliche Varianten: direkt im Laden um die Ecke, beim Onlineshopping oder beim Einkaufen mit der App.

PAYBACK-PUNKTE IM LADEN SAMMELN

Im stationären Handel gehst du einkaufen wie immer. Nur nicht vergessen: An der Kasse lässt du deine Payback-Karte scannen. Entweder gibt es sogar extra für diesen Zweck einen Scanner, den du eigenständig nutzen kannst, oder du gibst dem Kassenpersonal Bescheid, die die Karte für dich scannen. Übrigens, die Ausrede „Ich habe meine Karte vergessen" gibt es ab heute nicht mehr, denn die hast du ab jetzt ganz bequem in der App. Der Vorteil der Plastikkarte ist allerdings, dass du automatisch zwei Stück davon zugeschickt bekommst. Die eine ist für dich und die andere kannst du Freunden oder Verwandten geben, die mit dieser Karte auch Punkte für dich sammeln können. Allerdings: Wenn du ausschließlich dein Handy nutzt, kannst du natürlich auch beide Karten an Freunde oder Familienmitglieder geben, sodass ihr zu dritt jede Menge Punkte zusammenklauben könnt.

Du erhältst mindestens einen Payback-Punkt pro zwei ausgegebenen Euro. Und ein Punkt pro zwei Euro macht genau 0,5 % Cashback. Jedoch gibt es auch immer wieder besonders interessante Aktionen verschiedener Payback-Partner, die du auf keinen Fall verpassen solltest, um mehr aus deinen Punkten zu machen. Es ist keine Seltenheit, einen fünf-, zehn-, zwanzig- oder sogar dreißigfachen Punktemultiplikator für deinen nächsten Einkauf zu bekommen. Es gibt nur eine winzig kleine Hürde bei diesen Aktionen: Sie werden nicht automatisch für dich aktiviert. Tatsächlich bekommst du regelmäßig Post von Payback, die Coupons beinhaltet.

Diese Coupons sind es, die dir deinen Punktebooster ermöglichen. So gibt es neben zweifachen bis fünfzigfachen Punktemultiplikatoren zum Beispiel auch Bonuspunkte für einen Einkauf in einem ausgewiesenen Shop. Und auch hier tritt wieder dieses kleine Problem auf. Denn du musst dir den jeweiligen Coupon deiner Wahl herausreißen, mit in den Shop nehmen und dort an der Kasse aktivieren. Aktiviert wird er, indem er eingescannt wird, genau wie deine Karte. Das ist zwar nicht wirklich aufwendig oder besonders schwierig, aber es birgt die Gefahr, den entsprechenden Coupon zu vergessen (noch zu Hause oder sogar schon im Portemonnaie), und du trägst irgendwann einen Haufen Coupons mit dir herum.

Genau aus diesem Grund findest du die Coupons auch immer zur gleichen Zeit in deinem Payback-Onlinekonto oder in der App. Die kannst du online oder direkt mobil aktivieren – so hast du die Coupons immer dabei und sie werden bei deinem nächsten Einkauf auch wirklich berücksichtigt.

Nicht alle Coupons findest du bei Payback selbst, übrigens. Einige Läden bieten dir spezielle Bonusaktionen auf ihren eigenen Seiten oder direkt vor Ort beim Einkaufen an. Achte immer darauf! Das klingt im ersten Moment wie etwas Nerviges, ist es aber eigentlich gar nicht und rentiert sich noch dazu so sehr. Rewe zum Beispiel führt in jeder Woche Bonuspromotions für Produkte durch, bei denen du bis zu fünfzigfache Punkte einheimsen kannst. Diese Info findest du auf der Internetseite, im Prospekt, den du vielleicht im Briefkasten hast, und auf jeden Fall auch im Laden, meist prominent auf Plakaten im Eingangsbereich, am Payback-Aufsteller und auch direkt am entsprechenden Regal. Das ist kein großer Aufwand für dich – nur die Augen musst du offen halten.

PAYBACK-PUNKTE ONLINE SAMMELN

Dein Onlineeinkauf in mehr als 600 Partnershops kann über zwei Wege abgeschlossen werden: Entweder du kaufst bei den offiziellen Onlinepartnern auf der Website ein und das Punktesammeln ist in den Buchungsprozess integriert. Soll heißen, irgendwann während des Bezahlungsvorgangs musst du deine Payback-Kartennummer angeben und profitierst von Punkten. Es gibt allerdings auch jede Menge Onlineshops, wie zum Beispiel Zalando, bei denen das so nicht funktioniert. Um hier Punkte zu sammeln, musst du auf payback.de gehen und dort den Einkauf starten. Du klickst dann einfach auf „Zalando", wirst auf die entsprechende Seite weitergeleitet und kannst ab dann ganz normal deinen Einkauf inklusive Payback-Punkte durchführen. Dieses Vorgehen empfehle ich dir immer, weil so mit Sicherheit auch deine Coupons mit den Aktionspunkten gutgeschrieben werden. In einigen Shops, wie zum Beispiel beim Rewe-Lieferservice, der sich im Übrigen derzeit aufgrund sehr großzügiger Promotions mit bis zu 1.000 Bonuspunkten pro Einkauf empfiehlt, kannst du deine Payback-Kartennummer auch einmal hinterlegen und sie dann auf der Seite für deine zukünftigen Einkäufe speichern.

Ansonsten kann dir Pia (der Payback Internet Assistant) helfen, keine Punkte mehr zu verpassen. Pia ist eine Browsererweiterung, die dir hilft, so effektiv Punkte zu sammeln wie irgend möglich: Sie erinnert dich an Partnershops, du musst dich nicht mehr auf payback.de einloggen, um Punkte zu sammeln, du hast deine eCoupons direkt griffbereit und profitierst auch sonst in vielfältiger Weise mit dem kleinen Helfer. Und da du auf deiner Reise in die Businessclass ganz sicher keinen Punkt liegen lassen willst, ist Pia ein nützlicher Wegbegleiter.

PAYBACK-PUNKTE MOBIL SAMMELN

Die Payback-App für dein Smartphone bietet dir einen ganz enormen Vorteil: Du hast deine Karte immer dabei und kannst (eigentlich) keine Bonuspunkte mehr verpassen. Normalerweise werden dir deine Coupons per Post zugeschickt. Du hast also ein paar DIN-A4-Seiten mit

Punktemultiplikatoren vorliegen. Das ist jetzt nichts wirklich gravierend Schlimmes, aber es ist auch nicht besonders übersichtlich oder praktisch oder umweltfreundlich. In der Payback-App aber sind alle Coupons elektronisch gespeichert. So besitzt du eine übersichtliche Liste aller eCoupons jederzeit griffbereit auf deinem Handy. Sie sind sortiert nach dem jeweiligen Shop, gehen nicht verloren und sehen auch nicht nach zwei Tagen irgendwie zerknautscht aus. Und wenn es um die Nutzung der Coupons geht, wird es erst so richtig spannend: Du klickst auf dem entsprechenden Coupon bloß im Vorhinein auf „aktivieren" – und fertig. Die Aktivierung wird automatisch von der Payback-Karte registriert und bei deinem nächsten Einkauf wird, sobald du deine Karte scannst, der Coupon automatisch eingelöst.

Damit du keine Payback-Aktion verpasst und dadurch vielleicht wertvolle Punkte, gucke am besten mindestens einmal in der Woche in der App oder auf deinem Onlinekonto nach. Es gibt immer wieder neue Coupons. Aktiviere immer gleich alle, die für dich irgendeine Relevanz besitzen könnten. So hast du deinen Punktebooster ständig aktiviert. Du kannst die App selbstverständlich auch dafür nutzen, mobil einzukaufen. Um das mobile Shopping anzukurbeln, hat Payback in den vergangenen Monaten einige sehr attraktive Aktionen durchgeführt. Meist gab es zehn- oder fünfzehnfache Punkte für deinen Einkauf. Darauf solltest du unbedingt achten.

Dazu gibt es noch die interessante Payback-Pay-Funktion, die du über dein Smartphone nutzen kannst. Mit Payback Pay kannst du bargeldlos mit dem Handy bezahlen. Wie beim Einsatz deiner Kreditkarte wird der Betrag von deinem Bankkonto abgebucht, nur musst du jetzt nicht mehr deine kleine Plastikkarte herauskramen. Du entsperrst die Funktion im besten Fall einfach schnell mit deinem Fingerabdruck, scannst den entsprechenden QR-Code, der dir angezeigt wird, und schon hast du bezahlt, ganz ohne Portemonnaie. Das Beste daran ist, dass du dafür meistens zusätzlich mit allerhand Bonuspunkten belohnt wirst. In den letzten Monaten gab es bis zu siebenfache Punkte. Daher ist die Nutzung von Payback Pay auf dem Weg zu deinem Businessclassticket meist attraktiver als das Bezahlen mit der Kreditkarte – auch der Payback-Kreditkarte.

SO HOLST DU DAS BESTE AUS PAYBACK HERAUS

Kombinieren und Optimieren ist mein Motto. Ich habe es oben bereits erwähnt. Entweder du bekommst 0,5 % des Geldwerts in Punkten zurück oder sogar ein Vielfaches. Denke bitte auch daran, das Kleingedruckte auf den Coupons zu lesen. Bei Coupons, die in der Drogerie oder im Supermarkt zum Beispiel ein bestimmtes Produkt bewerben, gibt es nämlich manchmal noch einige Bonuspunkte mehr, wenn du zwei statt nur eines der Produkte kaufst.

Dass du ab jetzt also immer die Übersicht bewahren solltest, ist dir wohl klar, aber was mit Optimieren gemeint ist, fragst du dich vielleicht …

Ganz einfach: Um das Maximum an möglichen Punkten herauszuholen, und genau das willst du ja, solltest du genau wissen, wann du wo einkaufen musst. Auch das lässt sich ziemlich leicht an einem Beispiel zeigen: Es ist Ende Februar und du gehst bei dm einkaufen. Du weißt, dass es momentan keine Coupons gibt, deswegen brauchst du auch keine Sorge zu haben, Punkte zu verpassen. Aber es ist eben an der Zeit, einmal wieder ein paar neue Zahnbürstenköpfe zu kaufen. Die sind teuer, aber wenn du sie im großen Paket kaufst, sparst du immerhin. Du bezahlst dann zwar vielleicht 40 Euro, bist dafür für das Jahr aber auch erst einmal versorgt. Dazu kommen dann noch Zahnpasta, Reinigungsmittel fürs Bad und ein paar Gelegenheitskäufe. Du kommst am Ende auf immerhin 50 Euro, die du an der Kasse brav mit Payback Pay zahlst, wo du gerade mit den doppelten Punkten belohnt wirst.

Zu Hause angekommen checkst du deine Payback-App, um zu sehen, ob du endlich die 10.000 Punkte geknackt hast. Und dabei fällt dir auf, dass es zwar heute keinen Coupon gab, aber eine Woche später genau die, die du gut hättest gebrauchen können! Leider kommst du dann aber nur auf 10 Euro für deinen Einkauf, denn du hast ja eigentlich alles gerade eingekauft, was du brauchst. Hier kommt jetzt die richtige Planung ins Spiel: Hättest du gewusst, dass ab nächster Woche eine punktebringende Aktion läuft, hättest du ganz anders einkaufen können. Es geht dabei übrigens nicht darum, krampfhaft zu versuchen den Einkaufswagen mit möglichst teuren Produkten zu füllen. Vielmehr solltest du das, was du wirklich brauchst, einfach clever und gut geplant einkaufen. Und dabei geht es eben nicht nur darum, die richtigen Dinge am richtigen Ort zu kaufen, sondern auch zum richtigen Zeitpunkt. Klar wird es immer wieder spontane Käufe geben und ganz sicher ist es auch gesund und lecker, einiges frisch zu kaufen, aber den Großteil deiner Einkäufe kannst du problemlos ein- oder zweimal im Monat oder sogar nur einmal im Jahr erledigen – und dabei so richtig schön dein Punktekonto füllen.

Um bei dem Beispiel mit den Zahnbürstenköpfen zu bleiben: Du hättest einfach noch eine Woche warten und dann sogar möglicherweise gleich zwei Pakete kaufen können. Du weißt, du brauchst eine bestimmte Menge davon. Du weißt, es gibt regelmäßig attraktive Bonuscoupons. Verbinde diese Erkenntnis und vervielfache deine Punkte! Genau das macht den Unterschied von Hunderten oder gar Tausenden Punkten auf deinem Konto aus.

TURBO: PAYBACK PLUS

Payback Plus ist ein gutes, neues Extra, das du dir auf jeden Fall angucken solltest. Im Grunde ist Payback Plus ein Monatsabo von Payback, das dir einige Vorteile rund ums Punktesammeln bietet. Dazu muss allerdings gesagt werden, dass sich dieses Programm momentan noch in der Betaphase befindet, also noch getestet wird. Das kann dazu führen, dass die hier angegebenen Informationen von heute auf morgen nicht mehr aktuell sind, da in der Testphase noch sehr viel … na ja, eben getestet wird. Es gibt derzeit drei Pakete: Payback Plus Online, Payback Plus Basic und Payback Plus Turbo.

Der Online-Tarif kostet dich pro Monat lediglich 99 Cent und du bekommst dafür schon ein paar ziemlich interessante Vorteile. Ein Vorteil, der nicht zu verachten ist und im Paket mit jeder Abovariante kommt, ist der ausgesetzte Punkteverfall. Damit das allerdings auch wirklich funktioniert, musst du mindestens eine Transaktion in 36 Monaten erledigen. Aber das sollte dir nicht weiter schwerfallen. Außerdem bekommst du 10 % Rückerstattungen auf Einkäufe im Payback-Prämienshop. Dafür muss die Bestellung lediglich teurer als 999 Punkte sein. Die 10 % Rückerstattung gibts dann in Form von Payback-Punkten auf dein Konto. Außerdem warten noch einige monatliche Sonderaktionen der Payback-Partner auf dich, die du nur als Plus-Kunde nutzen kannst. Dazu gehören Bonuspunkte für bestimmte Angebote oder auch Punktemultiplikatoren. Das Alleinstellungsmerkmal des Online-Tarifs sind aber die beworbenen 6.000 Payback-Bonuspunkte, die du jedes Jahr bekommst! Das ist natürlich sehr interessant, hat aber eine Voraussetzung. Du musst nämlich dafür jeden Monat fünfmal für mindestens 10 Euro online einkaufen. Das macht dann im Jahr also mindestens 600 Euro, was wiederum die 6.000 Punkte erklärt. Das Tolle ist aber, dass du bei bis zu sechs Bestellungen pro Monat immer 100 Bonuspunkte erhältst, was ein weiterer Vorteil des Online-Tarifs ist. Wenn du keine fünf Onlineeinkäufe pro Monat schaffst, dann lohnt sich dieses Angebot natürlich nicht. Für alle anderen aber eine schnelle Rechnung: Die 100 Bonuspunkte würdest du fünfmal pro Monat über zwölf Monate erhalten, was ebenfalls 6.000 Bonuspunkte ergibt. 600 Euro pro Jahr für 6.000 Bonuspunkte plus sechzigmal 100 Bonuspunkte ergibt insgesamt 12.000 Punkte für nur 611,88 Euro (600 Euro Ausgaben plus 11,88 Payback Plus Basic), was einen Preis von 0,5 Cent pro Punkt bedeutet. Das ist absolut unschlagbar und kann nur von Payback zu so günstigen Konditionen angeboten werden!

Der Basic-Tarif kostet dich pro Monat 3,99 Euro, also knapp 48 Euro pro Jahr. Viele der Vorteile überkreuzen sich bei den unterschiedlichen Abovarianten. Zum Beispiel wird auch bei diesem Tarif der Punkteverfall ausgesetzt. Auch die 10 % Rückerstattungen im Prämienshop sowie die exklusiven Angebote für Payback-Plus-Kunden sind enthalten. Das Besondere am Payback-Plus-Basic-Tarif ist der enthaltene Punktemultiplikator. Du bekommst nämlich auf jeden Einkauf einen dreifachen Punktebooster. Egal ob online, offline oder mobil. Das klingt natürlich wirklich interessant, es wird aber noch interessanter: Denn das Großartige an dieser Aktion ist vor allem, dass der Multiplikator mit anderen Payback-Aktionen kombinierbar ist. Angenommen, es gibt einen siebenfachen Multiplikator, was tatsächlich häufiger vorkommt, und du machst einen Einkauf, der dich 50 Euro kostet, dann werden die nicht nur mit sieben, sondern zusätzlich noch einmal mit dem Faktor zwei multipliziert. Aus 50 Euro werden also Ruckzug 250 statt 225 Punkte. Allerdings darfst du auf diesem Weg nur 3.000 Zusatzpunkte pro Monat sammeln.

Bleibt noch der Payback-Plus-Turbo-Tarif. Der ist glücklicherweise relativ schnell erklärt. Denn die allgemeinen Vorteile, also Punkteverfall, Sonderaktionen und Rückerstattung im Prämienshop, sind natürlich auch hier enthalten. Für 7,99 Euro pro Monat bekommst du eine Smartphone- und Tabletversicherung und einen erhöhten Punktemultiplikator mit fünffacher Punktezahl. Bei dem Beispiel von oben mit dem siebenfachen Multiplikator und Ausgaben von 50 Euro bekämst du noch einmal 100 Punkte mehr. Leider ist jedoch auch dieses Angebot auf 3.000 Zusatzpunkte pro Monat beschränkt. Es sollten, gerade im Vergleich zum Basic-Tarif, mindestens 5.000 Punkte erlaubt sein, aber vielleicht wird das in Zukunft noch angepasst… Das Programm ist ja, wie gesagt, noch in der Betaphase.

PAYBACK-PUNKTE EINLÖSEN

Du hast also, egal ob mit Turbo oder ohne, mittlerweile ein paar Punkte gesammelt. Was machst du jetzt damit? Genau das Gleiche wie alle anderen auch: ausgeben! Allerdings natürlich etwas schlauer als die meisten anderen Menschen. Wenn ich überlege, was wohl andere mit ihren Punkten machen, fällt mir ein Wort ein: Pfannen! Pfannen oder andere Haushaltsprodukte aus dem Payback-Shop kaufen. Mein Buch heißt aber ja nicht „Umsonst in die Küche", sondern „Umsonst in den Urlaub". Wie also kommst du jetzt mit deinen Payback-Punkten zu kostenlosen Upgrades in die Businessclass?

Zum Glück ist das ganz einfach. Wer schon einmal durch mehrere Länder gereist ist, dem mag eines aufgefallen sein: Je öfter du Geld umtauschst, desto weniger hast du am Ende übrig. Angenommen, du startest mit 100 Euro und wechselst sie in US-Dollar. In Deutschland konntest du dir mit 100 Euro genau 100 Stücke Kuchen kaufen. In Amerika bekommst du mit dem heutigen Wechselkurs für dein Geld 118 Dollar. Auf den ersten Blick wirkt das wie mehr Geld. Aber in Amerika sind leckere Backwaren Mangelware, weswegen du plötzlich nur noch 50 Stücke Kuchen bekommst. Diese Kuchenknappheit zwingt dich, deine Urlaubspläne zu überdenken und die Grenze nach Mexiko zu überqueren. Aus deinen 118 US-Dollar werden dadurch 2.220 Mexikanische Peso. Und die Kuchen dort sind nicht nur köstlich, sondern auch noch praktisch umsonst! Du bekommst sage und schreibe 250 Stücke Kuchen für dein Geld!

Mit dieser kleinen Geschichte will ich verdeutlichen: Dein Geld wird zu keinem Zeitpunkt mehr, in der Realität würde es bei jedem Mal Umwechseln sogar weniger werden. Und trotzdem bekommst du plötzlich in Mexiko viel mehr Kuchen für dein Geld. Was lässt sich daraus schließen? Dass der relative Wert des Geldes von Land zu Land stark schwanken kann. Du kannst aus 100 Euro nämlich entweder 50 Stücke Kuchen machen oder eben 250 Stücke. Und genau das Gleiche lässt sich auf deine im wahrsten Sinne wunderbaren Payback-Punkte anwenden. Die Kuchen sind dabei deine gewünschten Prämien, die unterschiedlichen Länder die Punktetransferpartner und die Payback-Punkte sind das Geld. Es gilt also, das Land zu finden, das die köstlichsten Kuchen anbietet, und das möglichst billig. Die Lösung dieser Aufgabe heißt Miles & More! Denn glücklicherweise ist Miles & More ein Transferpartner von Payback. Dort kannst du deine Punkte im Verhältnis 1 : 1 in Prämienmeilen umwandeln und dann damit die begehrten Kuchen, äh, ich meine natürlich Prämienflüge und Upgrades kaufen.

Jetzt ist nur noch die Frage zu klären, ob deine Punkte dadurch an Wert verlieren oder gewinnen. Das lasst sich leicht überprüfen: Bei Miles & More werden Prämienflüge in unterschiedlichen Preiskategorien angeboten. Momentan reicht es zu wissen, wie viel diese Angebote kosten. Da sich das Ganze natürlich auch nach der Länge der Flugstrecke richtet, nehmen wir als Beispiel einen Hin- und Rückflug von Berlin nach Los Angeles. Der kostet in der Businessclass normalerweise 105.000 Meilen und in der First Class 170.000 Prämienmeilen. Mithilfe der sogenannten Meilenschnäppchen kannst du einen Businessclassflug allerdings schon für 55.000 Meilen buchen. Jetzt musst du nur noch vergleichen, was du für 55.000 Punkte im Payback-Prämienshop abstauben könntest und was im Vergleich der Businessclassflug wert ist. Ein iPhone SE mit 64 Gigabyte bekommst du im Prämienshop für 54.000 Punkte. Teilt man jetzt den tatsächlichen Kaufpreis durch die Anzahl an Punkten, die man dafür bezahlen muss, ermittelt man den Wert eines einzelnen Punktes. Je höher der liegt, desto besser ist das natürlich. Das iPhone kostet, online erworben, etwa 469,90 Euro, wodurch ein Payback-Punkt hier den Wert von etwas weniger als 0,9 Cent besitzt. Für ungefähr die gleiche Anzahl an Punkten bekommen wir auch einen Businessclassflug von Berlin nach Los Angeles und zurück. Die Preise schwanken natürlich, deine Ersparnis wird sich aber bestimmt auf um die 2.500 Euro belaufen. Was bedeutet, dass jeder Punkt einen Wert von über 4,5 Cent besitzt, was ziemlich genau dem fünffachen Wert eines Payback-Punktes im Prämienshop entspricht. Oder, um es noch attraktiver klingen zu lassen: Durch die Umwandlung der Payback-Punkte in Miles-&-More-Meilen mit einem Meilenschnäppchen als Verwendungszweck hat sich der Wert eines Punktes um 400 % gesteigert! Selbst wenn das iPhone also doppelt so viel wert und der Businessclassflug nur halb so teuer wäre, wäre eine Miles-&-More-Meile immer noch mehr wert als ein Payback-Punkt. Ich hoffe, damit konnte ich dir begreiflich machen, wie nützlich die Umwandelfunktion für dich und dein Punktekonto ist.

Um deine Payback-Punkte umzuwandeln, brauchst du übrigens ein Minimum von 200 Stück. Die Umwandlung an sich musst du nicht einmal manuell erledigen, denn du kannst auch ein Meilenabo einrichten. Dann werden zweimal im Jahr (immer Anfang März und Anfang September) alle Payback-Punkte, die zu diesem Zeitpunkt auf deinem Punktekonto erfasst und freigegeben sind, automatisch auf dein Miles-&-More-Konto übertragen. Mehrmals pro Jahr gibt es Aktionen, die dich motivieren sollen, das Abo einzurichten. Tu es einfach, wenn es einen interessanten Bonus gibt. Auch mit bereits aktiviertem Meilenabo kannst du zwischendurch nach Belieben Punkte in Prämienmeilen umwandeln. Das kann sich richtig lohnen. Es gab schon Sonderaktionen, bei denen ein Bonus von 25 % ausgeschüttet wurde.

AB IN DIE BUSINESSCLASS –
DAS SCHAFFST DU EASY!

Wow, denkst du vielleicht gerade und siehst dich mit einem Glas Champagner in der Hand das Leben über den Wolken genießen. Dann macht sich Zweifel breit. Schaff ich das wirklich? Ist das nicht doch sehr kompliziert? Nein, das ist es nicht. Es gibt mehr als 40 Partner(unternehmen) mit Filialen und über 600 Onlineshops, in denen du Payback-Punkte sammeln kannst. Du bist ständig von ihnen umgeben, du musst sie nur kennen.

Wie einfach es ist, mit Payback-Punkten vorn zu sitzen, habe ich für dich in meinem Selbstversuch getestet. Mach es einfach nach! Du wirst es lieben.

Der Upgrade-Guru sagt

+ Deine Payback-Mitgliedschaft ist ein absolutes Muss.
+ Einfach zu nutzen, leicht zu sammeln.
+ Regelmäßige Coupon-Bonusaktionen.
+ Durch die 1:1-Umwandlung zu Miles & More kommst du einfach an dein Businessclassticket.

Gesamtnote: 2

DEUTSCHLAND CARD *Die Karte für 20 Millionen*

Die DeutschlandCard GmbH ist der Mitbewerber von Payback und wurde im Jahr 2006 gegründet. Rund 20 Millionen Teilnehmer sind in dem Programm eingeschrieben. Wenn man das überträgt, besitzt jeder vierte Deutsche eine solche Karte. Das klingt nicht nur nach viel, sondern ist es auch. Im Endeffekt unterscheiden sich die DeutschlandCard und das Payback-Programm hauptsächlich durch ihre jeweiligen Partner. Der wichtigste Partner der DeutschlandCard ist Edeka, aber auch l'tur, Porta Möbel, Marktkauf, Esso, Netto und über 400 Onlineshops wie zum Beispiel eBay sind Teil des Programms. Genau wie bei Payback lässt du einfach an der Kasse deine Karte scannen und wirst dafür mit Punkten belohnt. Im Normalfall gibt es für zwei Euro einen Punkt.

Und wie genau hilft uns die DeutschlandCard auf unserem Weg umsonst in den Urlaub? Noch bis vor einiger Zeit hätte ich diese Frage ganz leicht mit „topbonus" beantwortet. Denn genau so, wie man bei Payback seine Punkte im Verhältnis 1:1 in Miles-&-More-Meilen umwandeln kann, konnte man das auch mit seinen DeutschlandCard-Punkten zu topbonus tun. Doch leider ist Air Berlin nun insolvent und die Zukunft von topbonus ungewiss.

PUNKTE SAMMELN MIT DER DEUTSCHLANDCARD

Wie gesagt, du bekommst im Normalfall einen Punkt für zwei Euro. Diese Punkte sind dann ab dem Tag ihrer Ausschüttung genau 36 Monate gültig, ohne Chance auf Verlängerung der Ablauffrist. Um Punkte zu sammeln, gibt es drei verschiedene Möglichkeiten: mit der Karte, online und in der App. Um die Karte nutzen zu können, musst du dich natürlich erst einmal bei dem Programm anmelden. Das ist kostenlos und circa eine Woche nach der Anmeldung bekommst du zwei Karten nach Hause geschickt. Eine dieser Karten musst du im Internet registrieren. Diese Karte ist dann nur für dich gültig und personalisiert. Die andere Karte muss nicht registriert werden und kann einfach an einen Freund oder Verwandten gegeben werden. Diese Person kann dann die Karte genauso nutzen wie du deine und die Punkte fließen auf ein gemeinsames Konto. So kann das Punktesammeln natürlich deutlich beschleunigt werden.

Auch DeutschlandCard bietet dir die Möglichkeit, Coupons zu nutzen. Es gibt die Variante eines Turbocoupons, der dir beispielsweise zehnfache Punkte auf deinen Einkauf bietet, und die Bonuspunktevariante, bei der du zum Beispiel für einen Versicherungswechsel 10.000 Punkte einheimsen kannst.

Wenn du online einkaufen willst, brauchst du prinzipiell nur deine zehnstellige Kartennummer und etwas Geld auf dem Konto. Du gehst auf die Website der DeutschlandCard und klickst da den Onlineshop deiner Wahl an. Dann gibst du die Nummer an, die du auf der Rückseite deiner Karte findest, anschließend auf „Zum Shop", sodass du auf die Website des jeweiligen Shops weitergeleitet wirst. Von dort aus kannst du dann ganz normal shoppen und dabei Punkte sammeln. Aber auch hier gibt es die Möglichkeit, mit Coupons schneller Punkte zu sammeln. Und da diese Coupons exklusiv nur für den Onlinebereich anwendbar sind, lohnt es sich durchaus, beide Varianten nach den besten Angeboten zu prüfen.

Interessant ist noch, dass die DeutschlandCard einen eigenen Reiseshop hat. Dort kannst du bei jede Menge Onlinereisebüros deinen Urlaub buchen und bekommst bis zu 1.000 Punkte gutgeschrieben. Sogar Airlines sind im Reiseshop vertreten. Beispielsweise kannst du mit Condor 200 Punkte auf deine nächste Flugbuchung bekommen und beim Flug selbst noch Miles & More oder Mileage von Alaska Airlines sammeln.

Als letzte Sammelvariante gibt es bei der DeutschlandCard noch die App, die dir eine ganze Reihe von Vorzügen bietet. Beispielsweise hast du deinen aktuellen Punktestand jederzeit im Blick bzw. in der Tasche. Noch praktischer sind allerdings die noch verfügbaren oder bereits genutzten Coupons, die du ebenfalls auf einen Blick abrufen kannst. Und durch Standortübermittlung kannst du auch jederzeit auf einer interaktiven Karte Geschäfte und Filialen in der Nähe sehen, verbunden mit den jeweils noch gültigen Coupons.

Es gibt auch einige Gewinnspiele und Aktionen, an denen du nur über die App teilnehmen kannst. Ein Nachteil der App: Deine Karte ist nicht in der App integriert, du musst also deine Plastikkarte immer dabeihaben.

PUNKTE EINLÖSEN MIT DER DEUTSCHLANDCARD

Mit der DeutschlandCard ins Flugzeug zu steigen ist aufgrund des Wegfalls von Air Berlin als Tauschpartner gerade leider nicht mehr so leicht. Was allerdings nicht heißen soll, dass du mit deiner DeutschlandCard nicht auch umsonst in den Urlaub fahren kannst. Das geht zum Beispiel, indem du Reisen mit sonnenklar.TV buchst. Allerdings ist der Ablauf recht kurios, deswegen möchte ich ihn dir kurz erläutern. Wenn du deine Reise bei sonnenklar.TV buchst, musst du ein kleines Formular ausfüllen. Dort ist auch der Unterpunkt „DeutschlandCard" aufgeführt. Dort gibst du deine Kartennummer ein und kreuzt an, dass du mit Punkten bezahlen willst.

Und jetzt kommt das Kuriose: Denn dann musst du die Reise mit Bargeld bezahlen und erst einmal antreten. Sobald du zurück bist, wird dir innerhalb von drei Wochen ein Scheck über die Höhe deiner Urlaubskosten ausgestellt. Mit dem holst du dir dann von der Bank dein Geld zurück.

Ein anderer DeutschlandCard-Reisepartner ist MediKur, ein Anbieter von Kurreisen in Europa, Israel und Jordanien.

Auch bei Daydreams kannst du Punkte in Gutscheine für Übernachtungen einlösen. Normalerweise kosten drei Nächte dort 1.499 Punkte, bei manchen Aktionen geht dieser Preis aber auch bis auf 999 Punkte herunter. Allerdings sei erwähnt, dass du Frühstück und Abendessen immer selbst dazuzahlen musst. Du hast die Möglichkeit, aus über 2.000 Hotels zu wählen, die sich allesamt in Europa befinden, zum Beispiel in Spanien, Frankreich, Italien, Schottland, aber natürlich auch in Deutschland. Zu den Hotels gehören Häuser von Best Western und Fletcher.

Wenn du lieber mit dem Auto in den Urlaub fahren möchtest, könntest du bei Esso volltanken. Für 100 Punkte bekommst du jeweils einen Euro

Rabatt. Wenn du das einmal vergleichst, fällt dir auf: Tanken ist kein guter Deal. 1.500 Punkte für den Daydreams-Gutschein im Wert von 49,90 Euro mit drei Hotelübernachtungen oder 1.500 Punkte für 15 Euro Rabatt beim Tanken – da ist Daydreams der klare Sieger. Du musst zwar zwei Mahlzeiten pro Tag zu dir nehmen, aber das macht man im Normalfall ja sowieso. Und selbst wenn man eine Übernachtung günstig bei 30 Euro ansetzt, sparst du immerhin 90 Euro statt nur 15. Ansonsten stehen rund 200 Prämien zur Auswahl, die du dir im Prämienshop mit Punkten kaufen kannst. Die Punkte lassen sich auch direkt in den Partnershops verwenden, um damit einen Teil oder auch deinen ganzen Einkauf zu zahlen. Dafür benötigst du 100 Punkte; zwar bieten auch nicht alle Partner diesen Service an, Edeka, Marktkauf und Netto allerdings schon.

Deine Karte ist für diesen Fall mit einer vierstelligen PIN versehen, die du in solchen Situationen angeben musst. Bei Edeka kannst du außerdem ab 100 Punkten auch einen Gutschein ausstellen lassen oder das Geld auf dein Konto überweisen lassen. Dann hat ein Punkt einen Gegenwert von einem Cent, für 100 Punkte gibt es also logischerweise einen Euro Rabatt. Es gilt zu hoffen, dass topbonus bald wieder Einlösemöglichkeiten auch in der Business Class bei Partner-Fluggesellschaften freischalten kann. Dann gewinnt die Deutschlancard über Nacht wieder enorm an Attraktivität.

Der Upgrade-Guru sagt

+ Einfach zu handhaben.
+ Viele Sammelpartner.
– Die App muss noch mit der Karte aufgerüstet werden.
– Solange der Tauschpartner für Flüge fehlt, leider nur noch zweite Wahl.

Gesamtnote: 4

ALLES WIRD GUT

(oder auch nicht)

Ich brauche kein Geheimnis daraus zu machen: Air Berlins topbonus war in den letzten Jahren mein favorisiertes Programm in Deutschland. Das hängt mit vielem zusammen, beispielsweise mit der unglaublichen Kreditkarte, mit der du für jeden ausgegebenen Euro nicht nur eine Prämien-, sondern auch eine Statusmeile sammeln konntest. Absolut einzigartig in der Welt der Kreditkarten. Bei topbonus handelte es sich generell um ein sehr großzügiges Programm, mit vielen Möglichkeiten, einfach super Meilen zu sammeln. Egal ob beim Fliegen, bei Umfragen, bei Hotelbewertungen oder der Empfehlung der Kreditkarte an Freunde. Auch Air Berlin war für mich eine gute Airline, mit der ich viel und gern geflogen bin. In erster Linie, weil ich die oft lustige und meist direkte Art des Umgangs zwischen fliegender Mannschaft und Passagieren erfrischend anders fand. Deswegen war es für mich ein wirklich schwarzer Tag, als die Insolvenz von Air Berlin bekannt gegeben wurde. Und das lag nicht nur an meinen Hunderttausenden Meilen, die plötzlich nichts mehr wert zu sein schienen, sondern einfach an dem Programm und der Airline selbst.

Allerdings gibt es einen Hoffnungsschimmer. Denn topbonus wurde schon seit längerer Zeit als eigenständige Gesellschaft geführt. Zwar zog die Insolvenz von Air Berlin in der ersten Konsequenz auch die Insolvenz von topbonus nach sich, jedoch habe ich von Anfang an daran geglaubt, dass sich dafür ein Investor finden wird. Ob Mehrheitsgesellschafter Etihad Airways oder jemand anderes. Ich beobachte seit Wochen gespannt die Entwicklung, die das ehemalige Bonusprogramm von Air Berlin mitmacht.

Was soll ich hier und heute sagen? Ich bin guter Dinge, denn ich habe das Gefühl, dass die Geschäftsführung und die Mitarbeiter von topbonus ihr Bestes geben. Immer wieder gibt es gute Nachrichten. Du konntest deine Meilen wieder auf Flügen mit Etihad einlösen, wenn auch nur in der Economyclass. Für kurze Zeit konntest du Meilen für verfallene Air-Berlin-Prämienflüge wieder aktivieren, um die genannten Etihad-Flüge zu buchen. Germania ist als fliegender Sammelpartner neu dabei und die Option, auch bald auf deren Strecken Meilen einlösen zu können, wurde bereits kommuniziert. Auch British Midland Airways hat sich schon in den Kreis der neuen Sammelpartner eingereiht.

Wie genau es mit topbonus weitergeht, lässt sich schwer sagen, jedoch ist vieles in Bewegung. Es besteht die Möglichkeit, dass beim Erscheinen dieses Buches topbonus schon der Vergangenheit angehört. Dass die Landesbank Berlin allerdings sogar wieder Statusmeilen gutschreibt und du auch mit deinem Platin-Status die Platinum Sixt Card erhältst, deutet auf ein gutes Ende hin. Ich tippe jedoch darauf, dass die Mannschaft um Anton Lill versuchen wird, ein Bonusprogramm nach dem Muster von American Express Rewards auf die Beine zu stellen. Mit vielen Optionen zum Sammeln und der Möglichkeit, die Meilen bei unterschiedlichen Fluggesellschaften einzusetzen. Eine interessante Vorstellung. Meine Meilen behalte ich noch. Wohl annehmend, dass es vor einem echten topbonus-Neustart sicherlich einen Cut geben wird und die Meilen einer mehr oder weniger großen Inflation ausgesetzt werden.

Der Upgrade-Guru sagt

Meilen behalten und abwarten.

Gesamtnote: derzeit ohne

FLUG-ALLIANZEN

3 x weiter: Mehr Vorteile, mehr Meilen

Es gibt weltweit genau drei wichtige Luftfahrtallianzen: die Star Alliance, die oneworld Alliance und das SkyTeam. Eine Luftfahrtallianz bedeutet, dass sich eine Gruppe von unabhängigen Fluggesellschaften zu einer strategisch kooperierenden Gemeinschaft formt. Und diese Gemeinschaften machen dein Leben als Flugpassagier um einiges leichter.

DIE STAR ALLIANCE

Du kannst beispielsweise bei jedem Flug mit einer der 28 teilnehmenden Airlines der Star Alliance deine Meilen bei Miles & More gutschreiben lassen. Denn du fliegst möglicherweise nur einmal in deinem Leben mit Adria Airways, weswegen sich eine Mitgliedschaft in deren Bonusprogramm für dich nicht lohnen würde. Dank der Luftfahrtallianz gehen dir deine Meilen aber nicht verloren. Und natürlich kannst du deine Meilen bei den teilnehmenden Gesellschaften nicht nur sammeln, sondern auch ausgeben.

Absolut praktisch ist auch, dass du einige Statusvorteile bei allen Airlines innerhalb der Allianz nutzen kannst, wenn du bei einer der Gesellschaften über einen Status verfügst. Mit einem Lufthansa-Senator-Status kommst du innerhalb der Star Alliance beispielsweise in den Genuss von Prioritybehandlung bei Gepäck, Check-in, Boarding und mehr, bekommst zusätzliches Freigepäck und Zugang zu den knapp 1.000 Star-Alliance-Lounges. Allerdings gibt es auch Statusvorteile, die nicht von einer Airline auf die Allianz übertragen werden können. Beispielsweise kommst du mit einem Miles-&-More-Status zwar in den Genuss von Vorteilen auf Eurowings-Flügen, weil Eurowings eine Partnerairline der Lufthansa ist. Da Eurowings jedoch kein Mitglied der Star Alliance ist, würde dir ein Star-Alliance-Gold-Status von Asiana nicht die Türen zu einer Eurowings-Lounge öffnen.

Es gibt weitere Vorteile, von denen du profitierst, auch wenn du sie möglicherweise gar nicht bewusst wahrnimmst. Wer auf einem Vergleichsportal im Internet einen Flug zu einem abgelegen Ziel sucht, dem werden beispielsweise Routen mit drei oder sogar mehr verschiedenen Airlines angezeigt. Und trotzdem brauchst du nur ein einziges Ticket und musst auch nur an eine einzige Airline dein Geld bezahlen. Das liegt an den vereinheitlichten Buchungssystemen, der Abstimmung des Flugbetriebs aufeinander und dem sogenannten „Codesharing", das den einzelnen Gesellschaften ermöglicht, sich gegenseitig Sitzplätze in ihren Flugzeugen zu verkaufen. Eine weitere Besonderheit sind die Round-the-World-Tickets (kurz RTW). Wie der Name schon sagt, kannst du mit einem solchen Ticket einmal die Welt umrunden. Dabei gibt es normalerweise zwischen 3 und 15 Zwischenstopps, während die Reise zwischen 10 und 365 Tage andauern kann. Je nachdem wie viele Stopps du geplant hast und wie lang die Reise ist, unterscheiden sich die Preise. In der Economy geht es in der Basisversion bei etwa 1.300 Euro los, in der Businessclass ab 2.200 Euro. Da das Ganze natürlich durch die vielen Zwischenstopps und Entscheidungsmöglichkeiten ziemlich kompliziert sein kann, bietet oneworld eine Onlinetrainingsakademie an, bei der du bei erfolgreichem Abschluss ein „Rund um die Welt oneworld Explorer-Spezialist"-Diplom bekommst. Nice to have.

Die Star Alliance ist die größte Luftfahrtallianz der Welt und wurde am 14. Mai 1997 gegründet. Momentan ist es ein Verbund von 28 Fluggesellschaften, die täglich 18.400 Flüge zu 1.300 Zielen in 191 Ländern weltweit anfliegen. Jährlich werden über 600 Millionen Passagiere befördert. Neben den Gründungsmitgliedern Lufthansa, United Airlines, Thai Airways, SAS und Air Canada sind beispielsweise auch TAP, Air China und Asiana Airlines mit von der Partie. Das absolute Alleinstellungsmerkmal der Star Alliance ist übrigens, dass du innerhalb des Verbundes Upgrades mit Prämienmeilen bei den einzelnen Airlines erwerben kannst. Das ist bei den anderen Allianzen leider nicht möglich.

Der erste Status, den du bei der Star Alliance erlangen kannst, ist der Silver-Status, mit dem du allerdings nicht viel anfangen kannst. Du wirst lediglich im Falle eines ausgebuchten Fluges in der Warteliste mit höherer Priorität eingestuft. Diesen Status erhältst du zum Beispiel als Lufthansa-Frequent-Traveller.

Der Gold-Status bietet dir da schon ganz andere Vorteile. Dazu gehören Priorität beim Check-in, Boarding und bei der Kofferausgabe. Neu dazugekommen ist der Gold-Track, der eigentlich das Gleiche ist wie die Fast Lane beim Security Check und dir jede Menge Zeit sparen kann. Außerdem erhältst du bis zu 20 Kilogramm Freigepäck und Loungezugang zu den entsprechenden Lounges der unterschiedlichen Airlines. Eigentlich solltest du an fast jedem Flughafen der Welt eine Star-Alliance-Lounge finden, insgesamt gibt es rund 1.000 davon. Um den Gold-Status zu erlangen, benötigst du bei der Lufthansa den Senator-Status, was wiederum 100.000 gesammelten Statusmeilen entspricht. Bei Asiana aber müsstest du in nur zwei Jahren nur 40.000 Statusmeilen sammeln. Es lohnt sich also zu vergleichen, welcher Status bei welcher Airline dir welchen Status in der jeweiligen Allianz ermöglicht.

DIE ONEWORLD ALLIANCE

Die oneworld Alliance wurde zwei Jahre nach der Star Alliance gegründet, und zwar am 1. Februar 1999. Momentan gehören dem Verbund 13 Mitglieder an. Es werden insgesamt 1.000 Ziele in knapp 160 Ländern angeflogen. Mit 3.400 Maschinen werden über 500 Millionen Passagiere im Jahr befördert. Seit 2003 wurde die oneworld Alliance ununterbrochen vierzehnmal in Folge bei den World Travel Awards zur weltweit führenden Luftfahrtallianz gewählt. Zu den wichtigsten Mitgliedern gehören American Airlines, British Airways, Cathay Pacific, Iberia, LATAM und Qatar Airways.

Du kannst bei oneworld drei verschiedene Level erreichen, die nach den Edelsteinen Rubin, Saphir und Smaragd benannt sind, allerdings auf

Englisch. Der erste Status ist Ruby. Für diese Mitgliedschaftsstufe gibt es, ungeachtet der Airline und der gebuchten Kabinenklasse, bevorzugte Sitzplatzwahl und Reservierungen sowie die Bevorzugung auf der Warteliste. Du bekommst den Ruby-Status zum Beispiel als Qatar-Silver-, American-Airlines-Gold- oder British-Airways-Bronze-Mitglied.

Der mittlere Status heißt Sapphire. Mit diesem Status gibt es unabhängig von deinem Ticket auch den Businessclass-Check-in, bevorzugtes Boarding sowie Gepäckausgabe und den überaus praktischen Zugang zu über 650 Flughafenlounges, einschließlich der Businessclasslounges, für dich und deinen Begleiter. Neu dazugekommen ist Freigepäck bis zu 23 Kilogramm bei den oneworld-Fluggesellschaften. Für den Sapphire-Status benötigst du beispielsweise den Qatar-Gold-Status, den British-Airways-Silver- oder den American-Airlines-Platinum-Status.

Der höchste Status heißt bei der oneworld-Allianz Emerald, also Smaragd, auf gut Deutsch. Sehr viele zusätzliche Boni werden dir hier nicht geboten. Aber immerhin gibt es jetzt auch die Abkürzung vorbei an der Securityschlange. Auch ein First-Class-Check-in ist jetzt für dich freigeschaltet. Das Interessanteste ist allerdings, dass dir jetzt der Zutritt zu den oneworld First-Class-Lounges gestattet wird. Mit Erreichen des American-Airlines-Executive-Platinum-, des British-Airways-Gold-, des Qatar-Platinum- und etlicher anderer hoher Status wird oneworld Emerald für dich freigeschaltet.

DAS SKYTEAM

Diese Allianz besteht aus 20 Mitgliedern, dazu gehören beispielsweise Delta Air Lines, China Southern Airlines, Air France-KLM und Aeroflot. Die einzige Fünf-Sterne-Airline in diesem Verbund ist übrigens Garuda Indonesia. Es werden mit 14.000 täglichen Flügen etwas mehr als 900 Ziele in knapp 170 Ländern angeflogen. Insgesamt werden damit 475 Millionen Passagiere in 1.104 Maschinen befördert, was weniger ist als bei der oneworld-Allianz.

Du kannst beim SkyTeam zwei unterschiedliche Status innehaben, den Elite- und den Elite-Plus-Status. Beim Elite-Status erhältst du direkt eine relativ große Menge an Boni – jedenfalls verglichen mit dem ersten Status der beiden anderen Allianzen. So gibt es direkt 10 Kilogramm Freigepäck auf Flügen mit dem SkyTeam und Prioriät bei Check-in und Boarding. Um den Elite-Status zu erhalten, brauchst du beispielsweise einen Flying-Blue-Silver-Status. Die jeweiligen Statusentsprechungen findest du übrigens immer auf der Seite der jeweiligen Allianz.

Ab Flying Blue Gold gibt es dann den Elite-Plus-Status. Dieser Status kommt in Verbindung mit dem Loungezugang zu 465 SkyTeam Lounges daher. Außerdem schaltest du dich für die sogenannte SkyPriority frei, womit dir bevorzugte Serviceleistungen in über 1.000 Flughäfen auf der ganzen Welt geboten werden. Dazu gehörten Check-in, Gepäckannahme, Sicherheitskontrolle, Boarding, Gepäckabfertigung und auch die Passkontrolle. Ein ziemliches Rundumpaket also.

ECONOMY ODER BUSINESS?

Das ist hier die Frage ...
Ich hab es getestet!

Endlich ist es so weit: Mein erster Flug in der Business Class steht an und ich muss gestehen, ein bisschen aufgeregt bin ich schon. Es geht in acht Stunden von Berlin-Tegel nach New-York-JFK. Eigentlich weiß ich gar nicht, was mich erwartet. Klar, Priority-Check-in, viel Beinfreiheit, besseres Essen, ein Loungezugang. Aber ist das überhaupt so toll und ist es das normalerweise so teure Ticket wirklich wert?

Urlaub verbunden mit Fliegen bedeutet automatisch Stress. Wem macht es schon Spaß, vier Stunden vor Abflug zu Hause loszufahren, nur weil man theoretisch in einen Stau geraten könnte oder weil vielleicht der Zug ausfällt? Und passiert so etwas dann tatsächlich, ist man trotz des eingeplanten Zeitpuffers sofort total in Panik und fürchtet, seinen Flug zu verpassen. Und passiert es nicht? Dann ist man Stunden zu früh am Flughafen, streunt durch die Duty-free-Shops und lässt sich auf den Laufbändern im Schneckentempo hin- und hergleiten. Jedenfalls sind das meine altbewährten Taktiken zum Zeitvertrieb. Schlimm ist das Ganze vor allem bei Rückflügen nach Deutschland. Man kennt beispielsweise den Flughafen nicht, was zwar die erste Stunde Laufbandriding ziemlich interessant macht, allerdings andere Probleme mit sich bringt, wie beispielsweise die Schwierigkeiten bei der Erstellung eines groben Zeitplans für den Aufenthalt, um am Ende nicht doch noch den Flieger zu verpassen. Und das Allerschlimmste ist: kein Internet! Langeweile oder Stress sind also vorprogrammiert. Jedenfalls im Ecotarif ...

Natürlich kann dich dein Businessclassticket nicht vor einem Zugausfall oder Stau bewahren. Aber es kann dir trotzdem sehr, sehr viel Stress ersparen. Denn sollte dein Zug ausfallen und du kommst nur 30 Minuten vor Abflug an, ist das Problem nur halb so groß. Denn mit Priority-Check-in und Fast-Lane bist du im Eiltempo am Gate. Ich bin allerdings gute 90 Minuten vor dem Boarding am Flughafen. Mein Check-in habe ich bereits online abgeschlossen, deswegen muss ich eigentlich nur noch meinen Reisepass vorzeigen, den QR-Code scannen lassen und dann kann ich auch schon meinen Koffer abgeben. An der langen Schlange darf ich natürlich vorbeigehen und durch eine gläserne Schiebetür an der Seite direkt zum Priority-Check-in. Von der Eingangstür bis zur Abgabe meines Koffers vergehen kaum 4 Minuten, anstatt der üblichen 20. Ein Zustand, an den ich mich direkt gewöhnen könnte. Danach gehe ich zum Securitycheck und auch dort gilt: Wer ein Businessclassticket in Händen hält, der darf abkürzen. Schnell das Ticket gescannt, durch einen Extraeingang getreten und schon verkürzt sich die Wartezeit auch in diesem Bereich um bestimmt 75 Prozent. Das führt zwar zu einigen kurzen Auseinandersetzungen mit Economypassagieren, die sich betrogen fühlen, aber wer mehr „zahlt", der bekommt ganz einfach auch mehr. Vielleicht passen ein Businessclassflug und ein 24-jähriger Passagier in den Augen der anderen nicht so richtig zusammen. Doch das ist mir völlig egal, denn mit einem Prämienticket passt jeder nach vorn ins Flugzeug.

Kurz vor knapp am Flughafen anzukommen ist bei der Geschwindigkeit, mit der ich die üblichen Problemzonen am Flughafen passiere, also schon mal kein Problem mehr. Aber was passiert, wenn man die bereits erwähnten vier Stunden zu früh erscheint? Zum Glück gibt es auch hier Abhilfe. Einfach ab in die Lounge! Welche einem offensteht, hängt davon ab, an welchem Gate man abfliegt und von welchem Flughafengebäude aus es losgeht.

In der Lounge gibt es für mich Softdrinks, Tee, Kaffee, Bier und Wein sowie kleinere Snacks und richtige Mahlzeiten. Dort genieße ich eine kleine Zwischenmahlzeit vor dem Boarding und ruhe mich in meinem gemütlichen Stuhl aus, mit Ausblick auf den Runway. Obwohl unerfahren, bin ich doch schlau genug, mich nicht zu sehr vollzustopfen. Denn auf das Essen im Flugzeug freue ich mich fast am meisten.

Als das Boarding beginnt, darf ich als Businessclasskunde schon wieder an der Schlange vorbeiziehen und als Erster in das Flugzeug bzw. in den Bus. Die Businesslane wird separat von der normalen Schlange geführt und ich werde direkt mit den maximal fünfzehn anderen Businessclasspassagieren und jenen, die aufgrund ihres hohen Status Priorityboarding nutzen dürfen, in einem eigenen Bus zum Flugzeug gefahren. Normalerweise knüpft man dort als Economypassagier zwangsläufig die ersten Kontakte, da man, wie die Ölsardinen gedrängt, dicht an dicht die Fahrt „genießen" muss.

Im Flugzeug selbst gehts dann also zum ersten Mal nach links und damit nach vorn für mich. Ich schreite durch einen geöffneten Vorhang und befinde mich in einer neuen, mir bis dato völlig unbekannten Welt. Eine kleine Armee aus freundlichen und hilfsbereiten Flugbegleiterinnen und Flugbegleitern begrüßt mich und begleitet mich zu meinem Sitz. Im Vorderteil des Flugzeugs findet erst einmal ein kleiner Champagnerempfang statt. Außerdem erwartet mich ein Kulturbeutel – Profis nennen ihn Amenity-Kit –, ausgestattet mit Schlafbrille, Zahnbürste, Ohrenstöpseln, Socken und anderen Hygieneartikeln. Das Ganze kommt ziemlich hochwertig und irgendwie auch praktisch daher, vor allem die Stöpsel und die Brille gefallen mir gut. Da ich als einer der Ersten im Flugzeug bin, gilt es, eine Wartezeit von circa 20 bis 30 Minuten zu überbrücken. In dieser Zeit mache ich mich erst mal mit der Bedienung des Sitzes vertraut. Wer schon einmal in einem neueren Mercedes der Oberklasse gesessen hat, wird einige der Funktionen wiedererkennen. Aber eben nur einige.

Der Sitz lässt sich per Knopfdruck nach vorn und hinten fahren, die Rückenlehne in verschiedene Positionen bringen, der Abstand zur Fußstütze ist verstellbar, man kann ihn als Bett in eine vollständige Liegeposition bringen und gefühlt auch auf den Kopf drehen. Von der Massagefunktion ganz zu schweigen. Die lässt sich zwar nicht mit einer richtigen Massage vergleichen, trotzdem genieße ich die erste halbe Stunde.

Schließlich heben wir ab. Ich wende mich dem Highlight des Fluges zu, dem Essen. Zuerst einmal muss ich überrascht feststellen, dass es tatsächlich eine Menükarte gibt. Während ich sie durchstöbere, bekomme ich

einen Gin Tonic serviert, daran könnte ich mich doch glatt gewöhnen ...
Auf der Karte stehen Gerichte wie Garnelen mariniert mit Knoblauch
und Chili in Kokosnuss-Curry-Sauce mit Brokkoliröschen und asiati-
schen Nudeln in Sojasauce. Oder gegrilltes Hähnchenbrustfilet an
Pesto-Rosso mit Rahmkartoffeln und sautiertem Staudensellerie. Oder
Lammmedaillons in delikater Sauce provençale mit Rosmarin-Polen-
ta-Galletinis und Rustica-Karotten. Als Nachtisch gibt es Saint-Nectaire
und Frischkäse mit Kornblumen oder französische Apfeltarte. Oder,
oder, oder. Denn das ist noch nicht einmal alles an Hauptgerichten.
Snacks wie Nüsse, Chips und andere Kleinigkeiten kann ich mir den
ganzen Flug über bestellen. Außerdem ist im Menü eine mehrseitige
Weinkarte enthalten.

Meine Wahl fürs Essen fällt übrigens auf Bresaola an weißem Blumen-
kohltimbale mit Frischkäse als Vorspeise. Ich bin mir zwar selbst nach
der freundlichen Erklärung meines Flugbegleiters noch nicht ganz sicher,
was das ist, kann aber im Nachhinein mit 100%iger Sicherheit behaupten,
dass es absolut lecker war. Als Hauptgericht folgt dann slow cooked Beef
mit Apfelrotkohl an Pilzragout mit Knöpflinudeln. Auch das ist ziemlich
wohlschmeckend, obwohl ich schon nach der Vorspeise gesättigt bin.
Die Snacks in der Lounge waren wohl doch ein wenig zu verführerisch.
Aber so satt, dass ich mir die französische Apfeltarte als Nachtisch nicht
auch noch schmecken lassen könnte, bin ich dann auch wieder nicht. Wofür verfüge ich schließlich über einen Dessertmagen, nicht wahr?

Bemerkenswert ist übrigens auch, dass ein Becher in der Businessclass
zum Glas wird und aus Plastikbesteck wird Metall. Das Tischchen wird mit
einem Tuch aufgedeckt und es fehlt eigentlich nur noch die Kerze für das
abgerundete Restaurantfeeling. Aber anscheinend haben Airlines gewis-
se Vorbehalte beim Thema Feuer ... Wein gibt es für mich nicht, jedoch
lasse ich mir einen Whisky (Chivas Regal 12 Jahre) sowie einen Cognac
(Martell VSOP Médallion) schmecken. Außerdem gibt es drei sogenannte
Fliegercocktails, die man sich im Flugzeug bestellen kann. Nach einigen
Stunden Flug habe ich tatsächlich Lust auf etwas Erfrischendes und überlege mir, einen der drei zu bestellen, werde jedoch darauf hingewiesen,
dass ein Campari O wohl die noch erfrischendere Variante wäre. Gesagt,
getan, bereut. Aber das ist natürlich Geschmackssache.

Grundsätzlich ist der Service super, jede meiner Fragen wird beantwortet, man erhält heiße feuchte Tücher zum Reinigen der Hände (und des Gesichts, wie ich hoffe). Außerdem sind alle Flugbegleiterinnen und Flugbegleiter gut gelaunt und unterhalten sich mit mir. Die Zeit vergeht wie im Flug, auch wenn dieser Witz mittlerweile alt ist. Über die Ankunft lässt sich eigentlich nicht viel sagen, außer vielleicht, dass ich etwas wehmütig bin, als der Flug vorbei ist. Aber, na ja, alles hat ein Ende. Beim Aussteigen passiert übrigens nicht sehr viel, jeder geht so hinaus, wie es ihm beliebt, da gibt es keine Sonderbehandlung mehr. Bei der Gepäckausgabe ist mein Gepäck jedoch unter den ersten zehn, und da es in Amerika nicht ganz so leicht ist, durch die Passkontrolle zu kommen, ich aber Glück habe, bin ich dank des Prioritygepäcks tatsächlich der Erste, der sich seinen Rucksack vom Gepäckband holt. Ein erhabenes Gefühl.

MEIN FLUG IN DER ECONOMY

Dieses Kapitel werde ich etwas knapper fassen, da die meisten das Gefühl, in der Economy zu fliegen, ja nur zu gut kennen.

Der Weg von der Flughafentür bis zum Terminal ist im New Yorker JFK-Flughafen ein gutes Stück länger als in Berlin. Noch länger dauert er natürlich, weil ich keinerlei Vorzüge genießen darf. Also ganz normal ab in die Schlange beim Check-in, ganz normal in die Schlange für den Securitycheck und ganz normal in die Schlange zum Boarding. Wie immer bekleckere ich mich nicht mit Ruhm, da mir nach 20 Minuten Wartezeit beim Check-in-Schalter auffällt, dass der nur für Personen ist, die noch nicht online eingecheckt haben. Also raus aus der Schlange, rein in die Schlange nebenan und noch mal 20 Minuten warten. In dieser Zeit hätte ich in Tegel bereits zehnmal quer durch den Flughafen rennen können.

Wie lang die Wartezeiten sind, ist natürlich auch eine Frage des Timings. In der Rushhour kann das schnell über eine Stunde werden, mitten in der Nacht ist es teilweise auch in einer Minute möglich.

Insgesamt bin ich jedoch auch mit dem Flug in der Economy recht zufrieden, er dauert ja auch nicht allzu lange. Klar, man kann weder den Sitz noch das Essen noch den Service in irgendeiner Weise mit der Businessclass vergleichen, aber für einen schlichten Economyflug war alles wirklich gut. Vor allem im Vergleich zu meinen letzten innereuropäischen Flügen, bei denen ich meist nicht einmal mehr einen Plastikbecher Wasser angeboten bekommen habe.

Ich bin sogar überrascht, auch in der Economy ein kleines Carepaket vorzufinden, inklusive Ohrenstöpsel, Schlafbrille, Zahnbürste und eines Paars Socken.

Auch das Essen ist in Ordnung. Nicht unbedingt superlecker, aber auch nicht superschlecht. Und der Service ist freundlich. Zwar kommt in der Businessclass ein Angestellter auf vielleicht vier Passagiere und in der Economy vermutlich ein Angestellter auf fünfzig Reisende, doch sind die Flugbegleiterinnen auf meinem Flug sehr umgänglich. Service ist eben auch immer eine Sache der Menschen, die ihn ausüben.

Die Sitze sind in Ordnung. Glücklicherweise ist der Rückflug von New York aufgrund des Golfstroms und der daraus entstehenden Luftzirkulationen knapp 90 Minuten kürzer als der Hinflug. Das freut mich auch sehr, weil ich nach 7 Stunden tatsächlich langsam an meiner Sitzgrenze angekommen bin. In der Businessclass hat jeder immer direkten Zugang zum Gang, in der Economy hat ihn in einer Reihe meist nur die Hälfte der Passagiere. Ich zum Beispiel nicht.

Bei Ankunft in Tegel bin ich dann, obwohl der Flug grundsätzlich gut war, so gerädert, dass ich tatsächlich Angst habe, im Stehen einzuschlafen. Vor allem, weil die Gepäckausgabe einmal wieder über 30 Minuten dauert. Aber immerhin: Ich bin gut angekommen!

Und hier erkennst du leicht und direkt den Unterschied zwischen der Economy- und der Businessclass: Denn eine „Immerhin bin ich gut angekommen"-Mentalität wirst du bei deinem Businessclassflug nicht entwickeln (müssen). In der Businessclass fängt der Urlaub nämlich schon dann an, wenn du dich das erste Mal in die (meist nicht vorhandene) Warteschlange stellst, oder spätestens, sobald du in deinen gemütlichen Liegestuhl sinkst. Und ich habe eine sehr gute Nachricht für dich: Wenn du dieses Buch aufmerksam liest, wirst auch du bald vorn Platz nehmen. Versprochen.

MEILEN SAMMELN

beim Fliegen & drumherum – die Fluggesellschaften

Der Weg ist das Ziel, heißt ein Sprichwort, das ich seit Jahren wörtlich nehme. Meine Freunde fragen mich immer, ob mich das viele Fliegen nicht anstrenge oder zumindest langweile. Tut es nicht. Ganz im Gegenteil. Wenn du in der Business- oder First Class ganz relaxed die Menükarte studierst und dich wie im guten Restaurant zwischen den Leckereien kaum entscheiden kannst, würde es dir doch ähnlich ergehen.

Das Meilensammeln ist bei den Fluggesellschaften in den letzten Jahren mit den günstigen Tickets schwieriger geworden, aber es gibt immer noch unzählige Möglichkeiten für dich, schnell an deinen Prämienflug heranzukommen.

Die Airlines unterscheiden zwischen Prämien- und Statusmeilen. Prämienmeilen benötigst du zum Buchen deines Freiflugs oder für dein nächstes Upgrade. Statusmeilen, die du nur beim Fliegen bekommst, entscheiden über Benefits und Vorteile, die du bei deiner favorisierten Fluggesellschaft und deren Allianz bekommst.

Welche Fluggesellschaften und Programme für dich die richtigen sind, entscheidest du mit deinem Flugverhalten. Lebst du in Deutschland, wird sicher ein Programm dabei sein, das dir zusagt.

LUFTHANSA

Der Porsche unter den Airlines

Manchmal ist es wie Kleeblattzählen: Ich lieb sie, ich lieb sie nicht. Die Lufthansa. Unsere große deutsche Airline. Die zweitgrößte Fluggesellschaft Europas. Sie genießt weltweit noch immer einen hervorragenden Ruf. Allein 2017 wurde die Lufthansa bei den Skytrax World Airline Awards als „Beste Airline in Europa", „Beste Airline in Westeuropa" und für „Bestes First-Class-Lounge-Dining" ausgezeichnet. Sie erhielt als erste europäische Fluggesellschaft von Skytrax fünf Sterne – eine Auszeichnung, die ich allerdings nicht nachvollziehen kann. Klar, das First-Class-Terminal in Frankfurt ist spektakulär.

Einmal Lufthansa First sollte sich jeder noch gönnen, solange es sie noch gibt, denn die ersten Klassen werden Schritt für Schritt abgeschafft. Ein echtes Luxuserlebnis, schon allein weil man vom Terminal zum Flughafen mit einem Porsche über das Rollfeld gefahren werden kann! Die Lufthansa bringt dich mit ihren Tochtergesellschaften Swiss, Austrian Airlines, Brussels Airlines und Eurowings allein von Frankfurt aus zu 157 verschiedenen Zielen. Schwerpunkte sind Europa, Nord- und Südamerika, Asien und der Nahe Osten. Allein von der Lufthansa starteten im Jahr 2016 über eine Million Flugzeuge. Und was sie nicht anfliegt, steuert eine der 28 Partnergesellschaften der Star Alliance an: das größte Bündnis von Fluggesellschaften, mitgegründet von der Lufthansa.

Miles & More nennt sich das Bonusprogramm der Lufthansa, das in diesem Jahr 25jährigen Geburtstag feiert. Mit rund 30 Millionen Teilnehmern ist es das größte Bonusprogramm in Europa, womit die Wahrscheinlichkeit hoch ist, dass du ohnehin schon eine Miles-&-More-Karte hast, zumindest eine blaue. Und wenn nicht, wird es Zeit, dass du eine beantragst, denn an Miles & More kommst du in Deutschland nicht vorbei.

IN VIER STUFEN ZUM TOPMITGLIED: DIE STATUSLEVEL DER LUFTHANSA

Bei Miles & More gibt es vier verschiedene Statuslevel. Den Status des Miles-&-More-Teilnehmers erhält man ab der ersten Prämienmeile. Danach folgen der Frequent-Traveller-, Senator- und HON-Circle-Member-Status. Jeder Status ist zwei Kalenderjahre gültig. Die jeweils nötigen Statusmeilen für den Fortbestand des Status müssen in einem der beiden Kalenderjahre vor Ablauf des Status neu erworben werden.

Für den Frequent-Traveller-Status benötigst du 35.000 Statusmeilen oder 30 Linienflüge, Senator wirst du mit 100.000 Meilen und für den HON-Circle-Member-Status benötigst du sogar 600.000 HON-Circle-Meilen in zwei aufeinanderfolgenden Jahren. Der Frequent-Traveller-Status ist mit einigen Tricks leicht zu erreichen. Beim Senator-Status wird es schon schwieriger. Hier lohnt sich als Alternative ein Blick auf Asiana, Aegean oder TAP. Den HON-Status bekommt nur, wer wirklich extrem viel fliegt – faktisch unmöglich viel. Nicht nur weil 600.000 Meilen, die nur in der Businessclass oder ersten Klasse gesammelt werden können, extrem viel sind, sondern auch weil man dieses Ziel in zwei Jahren hintereinander erfüllen muss. Die Abkürzung HON steht übrigens für „honorary", also „ehrenvoll".

Deine
Statusvorteile
BEI LUFTHANSA

Deine ersten Vorteile kannst du ab dem Status des Frequent Travellers genießen. Sehr interessant ist zum Beispiel die unbegrenzte Meilengültigkeit, solange du mindestens diesen Status innehast. Auch interessant sind natürlich die 25 % zusätzlichen Prämien-, Status-, Select- und HON-Circle-Meilen. So kannst du die nächste Mitgliedsstufe schneller erreichen. Außerdem gibt es den Businessclass-Check-in bei den Miles-&-More-Airlinepartnern, was deine Wartezeiten deutlich reduzieren kann. Zusätzlich direkt den Zugang zu Businesslounges und ein weiteres kostenloses Gepäckstück in der Economyclass, zwei in der Premium Economy und der Businessclass und sogar drei in der First Class. Alle diese Vorteile gibt es natürlich auch mit dem Senator-Status. Mit ihm kannst du dich außerdem über zwei Upgradevoucher in die nächsthöhere Kabinenklasse im Flugzeug freuen, wann immer du den nächsten Status erreichst oder einfach nur den Senator-Status erfolgreich verlängerst. Du bekommst noch dazu ein weiteres Freigepäckstück. Also zwei in der Economy, drei in der Premium Economy und der Businessclass und vier in der First Class, womit du gefühlt ein halbes Lagerhaus füllen kannst. Außerdem gibt es jetzt nicht nur Zugang zu den Business-, sondern auch zu den Senator- und Star-Alliance-Lounges. Als Zeichen des Vertrauens ist es dir sogar erlaubt, dein Miles-&-More-Konto um bis zu 50.000 Meilen zu überziehen! Die Meilen musst du natürlich zurückzahlen. Und schließlich kannst du die Senator Premium Awards nutzen: Für den 1,5-fachen Meilenpreis gibt es hier verbesserte Buchungsmöglichkeiten bei Prämienflügen.

Und dann ist da noch der HON-Circle-Member-Status ... Solltest du zu der Handvoll Personen gehören, die sich diesen quasi-legendären Status erfliegen konnte, warten erst einmal sechs Upgradevoucher auf dich, die du dir allerdings auch mehr als verdient hast. Als Edelmitglied spricht man dir außerdem eine Buchungsgarantie bis 24 Stunden vor Abflug in den für die Kabine jeweils hochwertigsten Buchungsklassen zu. Dein Loungezugang wird um die Lufthansa-First-Class-, die Swiss-First- und die Austrian-HON-Circle-Lounge erweitert. Und wer von Frankfurt aus fliegt, darf sogar jedes Mal das Erste-Klasse-Terminal nutzen, egal mit welchem Flugticket. Und da Genießen allein keinen Spaß macht, gibt es direkt den Senator-Satus für deinen Ehe- oder Lebenspartner obendrauf. Und das Vertrauen in dich wächst sogar auf 100.000 Meilen an, die du von jetzt an überziehen darfst.

MEILEN SAMMELN BEI MILES & MORE

Bei Miles & More kannst du auf viele verschiedene Arten Meilen sammeln. Auf Flügen mit 38 verschiedenen Airlines kannst du Prämien- und Statusmeilen sammeln, bei einigen Airlines auch HON-Circle-Meilen. Bei Hotelbuchungen über das interne Miles-&-More-Hotelportal sammelst du mindestens 1.000 Meilen pro Nacht.

Es gibt auch eine Lufthansa-Kreditkarte, die extrem interessant sein kann, um Meilen zu sammeln. Bei Bestellung der „Gold"-Kreditkarte gibt es einen Willkommensbonus in Form von Prämienmeilen. Kreditkarteninhaber sind nicht vom Meilenverfall bedroht. Du sammelst Meilen, wann immer du die Karte einsetzt, selbst bei Überweisungen. Außerdem gibt es zwischen 2.500 und 10.000 Meilen für jede erfolgreiche Empfehlung, selbst wenn du selber keine Lufthansa-Kreditkarte besitzt.

Es gibt auch noch eine günstigere Blue-Variante, die allerdings keinen Versicherungsschutz bietet.

Eine andere Methode, Meilen zu sammeln, ist das Abschließen von Zeitschriftenabonnements und der Kauf von Büchern bei Miles-&-More-Partnershops wie Thalia oder auch Buch.de. Bei Büchern gibt es normalerweise nur eine Meile pro ausgegebenem Euro, bei Abos bekommst du Meilen für teilweise unter einen Cent. Zusätzlich zur Zeitung oder Zeitschrift, die abonniert wird, wohlgemerkt!

Auch in diversen über miles-and-more.com zu erreichenden Onlineshops, bei Mietwagenbuchungen, Kreuzfahrten und wechselnden Partnern gibt es Meilen zu holen. Die vermutlich für viele Leute interessanteste Methode, Miles-&-More-Meilen zu sammeln, sind allerdings Payback-Punkte. Denn sie können in einem Verhältnis von 1 : 1 in Prämienmeilen umgetauscht werden.

Natürlich kannst du auch auf normalen Lufthansa-Flügen Meilen sammeln. Wie viele, hängt jeweils von deiner Buchungsklasse ab. Außerdem wird die Vergabe von Prämienmeilen ab März 2018 geändert und ist ab diesem Zeitpunkt umsatzbasiert. Die Lufthansa folgt damit den großen US-Fluggesellschaften und Air France-KLM.

Im Endeffekt bekommst du beim Fliegen umso mehr Meilen, je teurer dein Ticket ist. Das heißt im Klartext: Wenn du günstig fliegst, bekommst du auch viel weniger Meilen. Eine Tatsache, die auch Miles & More nicht schönreden kann.

Ab März 2018 nutzen unter anderem Lufthansa, Swiss, Austrian Airlines, Eurowings und Brussels Airlines den Flugpreis als Berechnungsgrundlage für deine Prämienmeilen. Der Flugpreis setzt sich aus dem Ticketpreis und den von den Miles-&-More-Partnern erhobenen Zuschlägen zusammen. Für deine gezahlten Steuern und Gebühren gibt es keine Meilen. Der Preis wird dann jeweils mit einem Faktor zwischen 4 und 6 multipliziert. Dieser Faktor ist abhängig von deinem Vielfliegerstatus und der jeweiligen Airline, die den Flug durchführt: Bist du nur ein Miles-&-More-Teilnehmer und besitzt noch keinen Frequent-Traveller-, Senator- oder HON-Circle-Member-Status, wird der Flugpreis zur Kalkulation deiner Prämienmeilen mit dem Faktor 4 multipliziert. Solltest du jedoch einen Status innehaben, richtet sich der Faktor nach der jeweils den Flug durchführenden Airline. Wird der Flug von Lufthansa, Swiss, Austrian Airlines, United Airlines, Air Canada, LOT Polish Airlines, Croatia Airlines, Adria Airways oder Air Dolomiti durchgeführt, gilt der Faktor 6, bei Eurowings und Brussels Airlines und allen anderen Miles-&-More-Partner-Airlines der Faktor 5.

Du kannst das nur umgehen, wenn dein Ticket von einer anderen Partnerfluggesellschaft ausgestellt wird, denn in diesem Fall werden deine Prämienmeilen weiter nach Buchungsklasse und Entfernung berechnet. Von diesen Veränderungen werden die Statusvorteile noch nicht berührt. Auch wenn es scheint, als würde der Executivebonus wegfallen, also die 25 % Bonusmeilen, sind diese bereits in den Faktoren eingerechnet.

Wichtig für HON-Circle-Mitglieder und Senatoren: Die Vergabe von Status-, Select- und HON-Circle-Meilen wird wie gewohnt nach der bisherigen Systematik durchgeführt und dort greift auch der Executivebonus ganz normal. Du musst aber davon ausgehen, dass Miles & More auch hier den anderen Gesellschaften folgen wird, die umsatzbasierte Programme anbieten, sodass sicher bald die Vergabe der Statusmeilen angepasst wird.

Viele Meilen zu sammeln ist also insbesondere in den günstigen Tarifklassen deutlich schwerer geworden. Da müsstest du ganz schön viel

fliegen, um ausreichend Meilen für dein Businessclassticket zusammen-
zubekommen. Deshalb heißt es ab jetzt gerade auf dem Boden: Keine
Meile liegen lassen! Besonders beim Online Shopping optimiert einkaufen!

MEILEN EINLÖSEN BEI MILES & MORE

Deine Meilen sind zu wertvoll, um sie zu verschwenden, darum macht
das Einlösen für normale Economytickets fast nie Sinn. Denn Steuern
und Gebühren musst du trotzdem zahlen und (fast) immer ist dann ein
normaler Spartarif günstiger als der Einsatz von Meilen.

Am meisten lohnt es sich, die eigenen Prämienmeilen für Businessclassflüge oder Upgrades in die nächsthöhere Klasse umzuwandeln. Für
einen regulären Prämienflug in der Businessclass von Deutschland nach
Nordamerika musst du 52.500 Meilen pro Strecke berappen, nach Afrika
bis zu 35.000, nach Südafrika sogar schon 52.500 Meilen und nach Asien
geht es für 67.500 Prämienmeilen pro Strecke.

Für Businessclasstickets kannst du auch die sogenannten „Meilenschnäppchen" nutzen. Sie werden am Anfang jeden Monats veröffentlicht
und bringen dich teilweise für fast 50 % weniger rund um den Globus.

Bei Lufthansa kannst du auch mit Meilen First Class fliegen – und wie
gesagt: Gönn dir diesen Luxus einmal! Los geht es da ab 85.000 Meilen
pro Strecke in die USA und nach Südafrika. Für 105.000 Meilen kommst
du nach Asien oder auch nach Südamerika. Zum Beispiel mit dem längsten Lufthansa-Flug nach Buenos Aires.

Auch Upgrades sind eine super Methode, die eigenen Meilen sinnvoll
einzusetzen. Du kannst von fast allen Economybuchungsklassen in die
Premium Economy und Businessclass upgraden. Aus den Economyklas-
sen geht es auf der Strecke Deutschland–Nordamerika für 35.000 bis
50.000 Meilen in die Businessclass. In die First Class kannst du übrigens nur aus der Businessclass upgraden. In die USA und nach Kanada
brauchst du dafür genau 50.000 Meilen.

Natürlich hat die Lufthansa mit dem World Shop auch einen eigenen
Onlineshop, wo du jede Menge Produkte für Meilen kaufen kannst. Das

ist zwar oft keine sehr lukrative Variante, aber bevor die Meilen verfallen, solltest du dort zugreifen.

Und fast überall, wo du Meilen sammeln kannst, kannst du auch welche ausgeben. Das bedeutet: Meilen für Mietwagen, Hotels, Gutscheine für diverse Partnershops und sogar Tickets für den FC Bayern München. Und wenn du etwas Gutes tun möchtest, kannst du auch zwischen 3.000 und 50.000 Meilen der Help Alliance spenden.

Der Upgrade-Guru sagt

+ Für jeden in Deutschland, Österreich und der Schweiz ein Muss.
+ Miles-&-More-Status nach dem Erreichen zwei Jahre gültig.
+ Unzählig viele Möglichkeiten, als Nichtflieger Meilen zu sammeln.
+ Payback-Punkte 1 : 1 in Miles-&-More-Prämienmeilen umzuwandeln.
– Nur der wenig attraktive Frequent-Traveller-Status ist leicht zu erreichen.

Gesamtnote: 2

EUROWINGS/ GERMANWINGS

Zwillingstöchter von Lufthansa

Eurowings und Germanwings sind Töchter der Lufthansa. Seit Oktober 2015 sind diese beiden Fluglinien allerdings „scheinfusioniert". Germanwings fliegt jetzt im Auftrag von Eurowings, damit alle Flüge von einer einzelnen Marke angeboten werden. Eurowings ist übrigens kein Mitglied der Star Alliance. Anders ist das beispielsweise bei Swiss, die zwar auch eine Lufthansa-Tochter ist, aber von sich aus der Allianz beigetreten ist. Solltest du ein Flugzeug in Schwarz-Gelb erspähen, ist das vielleicht der Airbus A320–200 von Eurowings. Als Partner von Borussia Dortmund fliegt Eurowings mit dieser Maschine die Fußballstars zu ihren Champions-League-Spielen.

Wenn sie gerade nicht die Fußballmannschaft spazieren fliegt, konzentriert sich die Airline auf innerdeutsche, europäische und zunehmend auch Langstreckenziele. Von Köln aus werden Destinationen in Mittel- und Nordamerika, Asien, Afrika und dem Nahen Osten angeflogen. Nach der Pleite von Air Berlin wird allerdings auch verstärkt Düsseldorf in den Fokus genommen. Seit November 2017 werden die ersten Langstreckenziele in der Karibik angeflogen. Ab April gibt es Direktflüge von Düsseldorf nach New York und Miami, Langstreckenflüge aus München sollen schon bald folgen. Düsseldorf ist nach München übrigens die zweitreichste Stadt Deutschlands, mit vielen international ansässigen Unternehmen. Und da es gleichzeitig der Heimatflughafen von Eurowings ist, wird von dort aus mit dem Beginn des Sommerflugplans 2018 auch die neue Eurowings-Businessclass getestet. Die bisher veröffentlichten Infos deuten darauf hin, dass hier das derzeitige Lufthansa-Businessclassniveau angestrebt wird. Nicht *over the top,* aber für eine Günstigairline, als die Eurowings noch positioniert ist, schon fast eine Revolution.

Eine der Besonderheiten bei Eurowings ist das Bonusprogramm Boomerang, das von Germanwings ins Leben gerufen wurde. Zu Beginn musste jedes Mitglied noch eine Gebühr von 5 Euro zahlen, mittlerweile ist die Mitgliedschaft allerdings kostenlos.

Deine Statusvorteile

BEI EUROWINGS/GERMANWINGS

Eine absolute Besonderheit ist, dass du im Boomerang Club keine Statusmeilen sammeln kannst und es daher auch keinen Boomerang-Status gibt, auf den du hinarbeiten kannst. Doch du kannst mit Eurowings-Flügen deinen Lufthansa-Status verbessern. Im teuersten Eurowings-Tarif, Best, kannst du sogar die begehrten HON-Circle-Meilen sammeln, die es sonst nur in der Business- und First Class der Lufthansa gibt. Das geht allerdings nur dann, wenn du Miles & More als dein favorisiertes Programm zum Meilensammeln auswählst. Das bedeutet, dass du dann keine Boomerang-Meilen auf Flügen mit Eurowings sammelst, sondern nur bei Miles & More. Wenn du mit Eurowings unterwegs bist, kannst du mit deinem Status der Lufthansa auch einen Großteil, wenn auch nicht alle Vorteile nutzen. Als Frequent Traveller beispielsweise erhältst du den Prioritycheck-in, einen 25%igen Meilenbonus und du darfst Skigepäck mitnehmen. Dir stehen im Best- und Smart-Tarif die Lufthansa-Businessclass-lounges und die Lounges von Austrian Airlines, Brussels Airlines und Swiss in Deutschland und Europa zur Verfügung.

Senatoren und HON-Circle-Member dürfen natürlich alle Lufthansa- und Partnerlounges in Deutschland und Europa nutzen. Außerdem darfst du jetzt auch die Security-Fast-Lane benutzen und kannst bei Buchung eines Companion-Awards 50% der Kosten für den Flug deines Partners sparen.

Wie viele Meilen du bei einem Flug sammelst, hängt mit der jeweiligen Buchungsklasse und dem Ticketpreis zusammen. Es gibt drei unterschiedliche Tarife beim Boomerang Club: Basic, Smart und Best.

Im Spartarif Basic erhältst du reguläre Prämienmeilen und musst für die meisten weiteren Extras bezahlen. Es lohnt sich allerdings, einen genaueren Blick auf die Preise zu werfen, da sie sich von Tarif zu Tarif unterscheiden. Gegen Aufpreis gibt es im Basic-Tarif Snacks und Getränke, zusätzliche Gepäckstücke und Sitzplatzreservierungen.

Der Smart-Tarif ist der Standardtarif von Eurowings. Fast alle Vorteile, die du im Basic-Tarif kaufen kannst, sind hier inklusive. Das bedeutet, dass Essen, Gepäck und ein Wunschplatz gratis sind. Lediglich für einen Sitz mit größerer Beinfreiheit musst du zwischen 4 und 6 Euro extra zahlen. Als Lufthansa-Statusinhaber kannst du natürlich auch auf ausgewählten Flughäfen in die Lounges gehen.

Der letzte Tarif ist der Best-Tarif, der auch „Komforttarif" genannt wird. In diesem Tarif ist es dir möglich, die bereits erwähnten HON-Circle-Meilen zu sammeln, die es sonst nur in der Business- und First Class gibt. Snacks und Getränke sind nicht mehr nur inklusive, sondern es gibt leckeres Catering. Natürlich sind alle Vorteile des Smart-Tarifs im Best-Tarif enthalten, jedoch ist auch ein Sitz mit mehr Beinfreiheit hier gratis. Außerdem gibt es bei Verfügbarkeit automatisch einen freien Nebenplatz für dich und in ausgewählten Flughäfen kommst du auch als Nichtstatusinhaber in die Lounge. Zu guter Letzt gibt es jetzt auch den Priority-Check-in und in ausgewählten Flughäfen auch eine Security-Fast-Lane für dich. Diese Klasse ist also nicht unbedingt mit einer Businessclass, aber durchaus mit einer Premium Economy zu vergleichen.

Die Vorteile und Preise dieser Tarife sind jedoch nur auf der Kurz- und Mittelstrecke in dieser Form verfügbar. Auf der Langstrecke ändern sich hauptsächlich die Preise für die jeweiligen Extras. Soll heißen, ein Extrakoffer kostet im Basic-

MEILEN SAMMELN IM BOOMERANG CLUB

Du kannst auf Eurowings-Flügen entweder Boomerang-Meilen oder
Miles-&-More-Prämien- und Statusmeilen sammeln.

Der Boomerang Club ist, genau wie mittlerweile auch Miles & More,
umsatzbasiert und du bekommst 10 Meilen pro Euro Umsatz. Dabei
zählt der gesamte Ticketpreis, also inklusive Steuern und Gebühren. Auf
einem Flug von Köln nach Miami kannst du im Best-Tarif zum Beispiel für
rund 1.500 Euro fliegen und sammelst dafür 15.000 Meilen.

Da Eurowings eine Tochter von Lufthansa ist, ist sie auch mit dem
Miles-&-More-Programm verknüpft. Das bedeutet, dass du, wenn
du möchtest, auch einfach Miles-&-More-Meilen auf Flügen mit Eurowings sammeln kannst. Und dafür bekommst du ganz normal deine
nunmehr umsatzabhängigen Prämien- und Statusmeilen. Dein Ticketpreis abzüglich Steuern und Gebühren wird mit dem Faktor vier zur
Berechnung deiner Prämienmeilen multipliziert. Solltest du einen Status innehaben, erhöht sich der Faktor auf 5. Angenommen, auch die
Lufthansa bietet einen Flug nach Miami für den gleichen Preis von 1.500
Euro an, dann setzt sich dieser Preis auch durch die fälligen Steuern
und Gebühren zusammen, die bei Miles & More nicht mitgezählt werden, wenn es darum geht, Meilen zu sammeln. Deshalb werden also
schon einmal zwischen 400 und 500 Euro wieder abgezogen. Dann
ist noch ausschlaggebend, ob du einen Miles-&-More-Vielfliegerstatus
innehast oder nicht. Bist du beispielsweise Frequent Traveller, wird der
Ticketpreis mit dem Faktor 5 multipliziert, ohne Status nur mit dem
Faktor 4. Du siehst also: Du kannst nur rund 5.000 Lufthansa-Prämien-
meilen mit diesem Flug verdienen, was lediglich einem Drittel der Meilen entspricht, die du im Boomerang Club bekommen würdest.

Andere Methoden, um im Boomerang Club Meilen zu sammeln, bietet beispielsweise Eurowings Holidays durch Pauschalreisen, bei denen duFlug und Hotel kombiniert erwerben kannst. Dadurch kannst du teilweise richtig sparen und parallel auch noch Meilen sammeln. Hier sammelst du jedoch nicht 10 Meilen pro Euro, sondern einen Festbetrag pro Strecke. Das sind zwischen 250 und 750 Meilen, plus eine Meile pro Euro Reisewert zusätzlich. Fliegst du für 1.000 Euro nach New York, dann bekommst du 1.750 Boomerang-Meilen.

Ansonsten kannst du Prämienmeilen beim Boomerang Club auf den bekannten Wegen sammeln: beim Fliegen, beim Schlafen in verschiedenen Hotels wie Radisson und den Hilton-Honors-Hotels, bei Partnerairlines und anderen Sammelpartnern. Genau wie die Lufthansa bietet Eurowings jedoch eine weitere, oftmals sehr interessante Möglichkeit an, Meilen zu sammeln. Im Boomerang-Club-Medienshop kannst du nämlich Abos für verschiedene Zeitschriften abschließen und bekommst bis zu 45.000 Meilen. Abos sind eine der lukrativsten Möglichkeiten, Meilen zu sammeln, vor allem wenn man sich auch noch tatsächlich für die jeweilige Zeitschrift interessiert. Allerdings ist es deutlich lukrativer, die Meilen über den Leserservice mit Payback-Punkten zu kaufen und diese dann umzuwandeln. Dabei kannst du manchmal Meilen für unter einen Cent sammeln. Im Boomerang Club bist du von diesen Werten meilenweit entfernt. So gibt es beispielsweise für 114,40 Euro für ein Abo der „Gong" 3.500 Payback-Punkte. Beim Boomerang Club erhältst du nur 3.500 Meilen, was einen Preis von knapp drei Cent bedeutet.

Theoretisch noch interessanter, da es vollkommen kostenlos ist, wäre eine Mitgliedschaft bei e-Rewards. Dort musst du einfach online an für dich passenden Umfragen teilnehmen und wirst dann je nach Zeitaufwand mit Opinion Points entlohnt, die du im Verhältnis 1 : 4 umwandeln kannst. Damit lassen sich ein paar Hundert Meilen pro Woche sammeln, viel mehr allerdings auch nicht. Vor allem die erste Umfrage ist dank eines 500-Meilen-Bonus sehr interessant. Auch bei HolidayCheck kannst du aus dem Nichts Meilen erschaffen. Hier streichst du nämlich 100 Meilen pro Bewertung ein, und da auch Kurzbewertungen möglich sind, kann man recht fix die eine oder andere

Meile mitnehmen. Außerdem gibt es noch eine Eurowings-Kreditkarte, mit der du pro ausgegebenem Euro eine Boomerang-Club-Meile sammeln kannst.

MEILEN EINLÖSEN IM BOOMERANG CLUB

Boomerang-Meilen können nur auf Flügen mit Eurowings ausgegeben werden. Der Preis richtet sich jeweils nach der Destination des Prämienflugs und der gebuchten Klasse, also Basic, Smart oder Best.

Für einen Flug innerhalb Deutschlands, Europas und nach Nordafrika benötigst du im Basic-Tarif 10.000 Meilen, im Smart 15.000 und im Best 40.000. Die Langstrecke kostet dich 40.000 Boomerang-Meilen im Basic-Tarif, 60.000 im Smart- und 80.000 Meilen im Best-Tarif. Solltest du einen Hin- und Rückflug buchen wollen, verdoppelt sich der Preis jeweils.

Von Köln/Bonn nach Miami kostet dich ein Prämienflug im Basic-Tarif 80.000 Meilen, im Smart- 120.000 und im Best- 160.000 Meilen plus 114,55 Euro. Das scheint auf den ersten Blick recht teuer zu sein, allerdings kannst du im Boomerang Club auch sehr schnell Meilen sammeln, zumindest auf Flügen. Denn beim Boomerang Club wird ja der gesamte Ticketpreis inklusive der Steuern und Gebühren mit dem Faktor 10 multipliziert, wohingegen bei der Lufthansa der Ticketpreis abzüglich der Steuern und Gebühren maximal mit dem Faktor 5 multipliziert wird.

Aber du kannst Miles-&-More-Meilen bei Eurowings natürlich nicht nur sammeln, sondern auch ausgeben. Das ist vor allem deshalb interessant, weil die Steuern und Gebühren auf Eurowings-Flügen deutlich günstiger sind als bei Lufthansa-Flügen. Das liegt daran, dass bei der Lufthansa noch sogenannte „carrier imposed surcharges", also Treibstoffzuschläge bezahlt werden müssen, die bei Eurowings schlicht wegfallen. Bei Eurowings findet man selbst auf der Langstrecke selten Flüge, bei denen mehr als 100 Euro dazugezahlt werden müssen, wohingegen bei Lufthansa schnell 500 Euro fällig werden. Möchtest du mit Eurowings fliegen, aber mit Miles-&-More-Meilen zahlen, kostet dich ein Hin- und Rückflug von Köln/Bonn nach Miami im Basic-Tarif 44.000 Meilen, im Smart 60.000 und im Best 105.000 Meilen. Zusätzlich zahlst du für den Hinflug 80,74 Euro und für den Rückflug 33,81 Euro Steuern und Gebühren. Das macht also insgesamt 105.000 Meilen und 114,55 Euro im Best-Tarif von Eurowings, was 55.000 Meilen günstiger ist, als wenn du mit Boomerang-Meilen buchen würdest.

Es hängt also sehr davon ab, wie häufig du mit einer der beiden Airlines fliegst und wie du deine Meilen hauptsächlich sammelst. Wenn du nie oder selten mit Eurowings fliegst und dementsprechend keine Meilen beim Fliegen sammelst, dann würde ich dir auf jeden Fall empfehlen zu Miles & More zu wechseln. Die Möglichkeiten, hier Meilen außerhalb vom Fliegen zu sammeln, sind deutlich leichter.

EASYJET

Kauf dir deine Vorteile!

Seit Anfang Januar mischt easyJet den innerdeutschen Flugverkehr auf: Die britische Billigairline fliegt vorerst mit 12, ab Sommer 2018 voraussichtlich sogar mit 25 Flugzeugen von und nach Berlin Tegel, womit sich 9 bis 10 Millionen zusätzliche Passagiere transportieren lassen. Das ist, insbesondere nach der Pleite der Air Berlin und den daraus folgenden gestiegenen Ticketpreisen durch die Alleinstellung der Lufthansa Group, für den innerdeutschen Flugverkehr eine begrüßenswerte Erleichterung. Von Berlin gehen wöchentlich mehr als 250 Flüge von easyJet nach München, Frankfurt am Main, Stuttgart und Düsseldorf, von denen allein über 100 bereits auf die Strecke nach München entfallen. Es darf angenommen werden, dass easyJet die Zahl der jährlich zu befördernden Passagiere von und nach Berlin auf 15 Millionen ausbauen kann, wodurch die Airline zur Nummer eins in der Hauptstadt avancieren würde.

easyJet ist nach Ryanair die zweitgrößte Billigairline in Europa. Anders als viele vergleichbare Fluggesellschaften gilt easyJet als fairer Arbeitgeber, dessen Personal besser bezahlt wird und auch über eigene Tarifverträge verfügt. Das Unternehmen wurde im Oktober 1995 gegründet und erreichte bereits vier Jahre später die Schwelle von einer Million online verkaufter Flüge. Die Airline sammelte auf dem Weg dahin einiges an Preisen ein, wie den der besten Billigairline in Europa, und konnte 2005 bereits seinen hundertmillionsten Fluggast begrüßen. Heute werden mehrere Hundert Routen mit über 300 Flugzeugen innerhalb Europas und Nordafrikas beflogen.

Der niedrige Preis, den man für easyJet-Tickets bezahlen darf, setzt sich übrigens aus einer Vielzahl an Komponenten zusammen. Wirtschaftlich gesehen betreibt easyJet ein sogenanntes *No-frills*-Prinzip. Das kann passend übersetzt werden mit „ohne Schnickschnack". Wer bereits einmal mit einer easyJet-Maschine geflogen ist, wird das auf die eine oder andere Art gespürt haben. Beispielsweise gibt es keine kostenlosen Mahlzeiten oder Getränke, man kann Tickets nur übers Internet oder Callcenter kaufen und natürlich werden die Flugzeuge extrem eng bestuhlt. Das führt im Positiven übrigens dazu, dass die Airline bei den Emissionen pro Kopf deutlich niedrigere Werte erreicht als andere Airlines, die natürlich weniger Personen auf den gleichen Strecken befördern. Kein Schnickschnack bedeutet bisher auch – im Gegensatz zu Norwegian, beispielsweise – kein Bonusprogramm. Doch auch bei easyJet kannst du dir Vorteile sichern.

EASYJET PLUS

Mit einem Ticket von easyJet wird dir zwar ein Flug von A nach B versprochen, viel mehr bekommst du für dein Geld allerdings auch nicht. Es gibt natürlich kostenpflichtige Extras, die deinen Flug komfortabler gestalten können. Du kannst sie entweder beim Ticketkauf dazubuchen oder du holst dir das easyJet-Plus-Abo. Damit werden dir verschiedene Vorzüge auf jedem Flug von easyJet zugesichert, zum Beispiel die Reservierung eines Sitzplatzes deiner Wahl, sogar einer mit extra Beinfreiheit, ein spezieller Gepäckabgabeschalter, bei dem du Zeit sparen kannst, die Nutzung der Fast Lane bei der Sicherheitskontrolle, du darfst als Erster an Bord gehen und du kannst kostenlos auf einen früheren Rückflug am gleichen Tag deines ursprünglichen Fluges umbuchen, wenn sich an deiner Reiseplanung etwas ändert. Mit am attraktivsten ist allerdings das zusätzliche Handgepäck, das du als Plus-Mitglied auf allen Flügen mitnehmen kannst. Eine solche easyJet-Plus-Mitgliedschaft kostet dich jährlich 199 Pfund (ca. 225 Euro) für die Hauptkarte, 169 Pfund (ca. 190 Euro) für eine Partnerkarte und 120 Pfund (ca. 135 Euro) für jedes Kind.

Ob sich das für dich lohnt oder nicht, kommt natürlich ganz darauf an, wie oft du mit easyJet fliegst. Ein Sitzplatz mit extra Beinfreiheit kostet zwischen 13 und 34 Euro, Aufgabegepäck zwischen 12 und 45 Euro.

Angenommen, du fliegst jeden zweiten Monat mit easyJet und buchst jedes Mal einen komfortablen Sitzplatz, dann macht das bei zwölf Flügen (sechsmal hin, sechsmal zurück) bei einem durchschnittlichen Preis von 20 Euro pro Reservierung bereits 240 Euro. Da würde sich die Plus-Mitgliedschaft schon lohnen.

Wie viel dir die anderen Boni wert sind, musst du selbst entscheiden. Fast Lane, mehr Handgepäck (spart Aufgabegepäckgebühren) und Priorityboarding bekommst du bei vielen Fluggesellschaften erst mit einem höheren Status. Fakt ist daher, dass sich das Programm durchaus lohnen kann, je nachdem wie oft und wie du fliegst.

Der Upgrade-Guru sagt

+ Statt darauf zu warten und vorher viel fliegen zu müssen, kaufst du dir deine Statusvorteile.
+ Mehr Platz, mehr Gepäck, schnell durch die Sicherheitskontrolle und als Erster im Flieger – wenn du öfter fliegst, rechnet sich die Plus-Mitgliedschaft sehr schnell.
- Fehlen nur noch die Meilengutschriften und der Loungezugang.

Gesamtnote: 3+

CONDOR
Keine Eintagsfliege

Du kennst die Eintagsfliegen? Den Werbeslogan der Condor, wenn es um günstige Flugangebote geht? Condor ist eine deutsche Fluggesellschaft mit langer Tradition, die unter anderem von der Lufthansa mitgegründet wurde. Heute ist sie eine Tochtergesellschaft des englischen Tourismuskonzerns Thomas Cook Group. Ab Deutschland fliegt dich Condor zu rund 80 Destinationen in Europa, Amerika, Afrika und Asien.

Condor verfügt über kein eigenes Bonusprogramm. Du kannst dich stattdessen entscheiden, ob du lieber bei Miles & More oder im sogenannten Mileage Plan, dem Bonusprogramm von Alaska Airlines, sammeln möchtest.

Die Alternative Meilen im Alaska Mileage Plan zu sammeln, ist prinzipiell interessant. Dazu musst du aber wissen, dass du mit deinen Alaska-Meilen keine Prämienflüge oder Upgrades bei Condor erwerben kannst, nur bei Alaska Airlines und seinen Partnern. Bei Miles & More geht das hingegen schon, die Anzahl entspricht den Werten, die du auch für Lufthansa-Flüge auf vergleichbaren Strecken einsetzen müsstest. Auch die Miles-&-More-Prämienmeilen auf Condor-Flüge richten sich nach der jeweiligen Buchungsklasse und Streckenlänge. Es gelten feste Meilenwerte. Auf der Kurz- und Mittelstrecke kannst du je nach Klasse zwischen 125 und 600 Meilen sammeln. Auf der Langstrecke gibt es in den unterschiedlichen Economytarifen zwischen 250 und 750 Meilen, in der Premiumklasse 1.250 Meilen und in der Business 2.500 Meilen. In den Buchungsklassen F, N, S und X sammelst du allerdings gar keine Meilen. Du siehst: Als Turbo für dein Miles-&-More-Konto eignen sich bei Condor nicht einmal die Businessclassflüge.

Vielleicht magst du jetzt überrascht sein, dass Condor eine eigene Businessclass anbietet. Dabei handelt es sich tatsächlich um eine Businessclass, die sicher nicht mit dem Luxus von Qatar oder Singapur

Airways mithalten kann, doch um Längen besser ist, als man von einem Urlaubsflieger erwarten würde. Auch das Preis-Leistungs-Verhältnis ist stimmig. Es erwartet dich ein Sitz, der sich dank einer Neigung von 170 Grad in ein Bett umbauen lässt und immerhin 1,80 Meter lang ist. Du kannst an Bord eine Auswahl an Wein, Spirituosen und Champagner sowie ein Menü mit drei Hauptgängen deiner Wahl genießen. Und natürlich sind auch Priorityboarding, Priority-Check-in und Prioritysecuritycheck inklusive sowie zusätzliches Hand-, Sport- und Freigepäck.

Bei Alaska wiederum richten sich die gesammelten Meilen zwar auch nach Strecke und Buchungsklasse, es gibt allerdings keine festen Meilenwerte, sondern eine prozentuale Auszahlung, die sich an der Länge der Flugstrecke orientiert. In der Economy erhältst du zwischen 50 % und 100 % der Basismeilen deiner Flugstrecke. In der Premium Economy bekommst du 100 % Basismeilen, zusätzlich noch einen 25 %-Kabinenbonus, also insgesamt 125 % der Meilen. Den Meilenvogel kannst du in der Businessclass abschießen. Da gibt es 100 % Basismeilen, einen 100 %-Kabinenbonus und dann noch mal einen 100 %-Extrabonus, wodurch du auf 300 % Meilen kommst. In der Businessclass bekommst du mit einem Flug von München nach Recife in Brasilien 14.400 Meilen im Mileage Plan gutgeschrieben, wohingegen du bei Miles & More mit 2.500 Meilen abgespeist wirst.

Sowohl bei Miles & More als auch beim Mileage Plan sammelst du nur Prämienmeilen und keine Statusmeilen.

Mit den Mileage-Plan-Prämienmeilen kannst du natürlich bei Alaska Airlines und ihren Partnern fliegen. Dazu gehören British Airways, American Airlines und Emirates. Solltest du nicht genügend Prämienmeilen durch Flüge bei Condor oder einem der anderen Airlinepartner bei Alaska sammeln können, um einen Prämienflug zu ergattern, stehen dir natürlich auch andere Wege offen. Wie bei allen größeren Programmen kannst du Meilen mit Mietwagenpartnern wie Avis, Hertz und Budget oder mit Übernachtungen bei Hilton, IHG, Marriott, Best Western oder Starwood sammeln. Deine Alaska-Meilen verfallen übrigens nicht, solange du mindestens alle 24 Monate wenigstens eine Meile sammelst oder ausgibst. Das ist vor allem dann relevant, wenn du in diesem Programm nur sehr langsam Meilen sammeln kannst oder willst.

Condors eigene Flugsuchmaschine kann auf eine recht einzigartige Weise genutzt werden, um Topangebote zu finden. Dafür musst du auf der Website von Condor „Buchen & Planen" auswählen und dann „Angebote". Anschließend kannst du dir ein Ziel aussuchen und einen Reisezeitraum von einem Monat festlegen. Ein Abflugort ist optional. Gibst du keinen an, sucht Condor alle möglichen Abflughäfen heraus und vergleicht deren Preise. So siehst du beispielsweise auf einen Blick die Preise für Flüge nach Mauritius ab Tschechien, Dänemark, Polen, Frankreich, Belgien und vielen weiteren europäischen Städten. Und die sind meist ziemlich günstig, insbesondere Traumdestinationen wie die Seychellen und Mauritius kannst du so zum guten Preis erreichen.

Der Upgrade-Guru sagt

+ Condor ist ein solider Ferienflieger mit einem interessanten Streckennetz.
+ Attraktiv: Wenn du Businessclass fliegst, erhältst du im Mileage Plan ein Vielfaches der Miles-&-More-Meilen.
− Ein eigenes Meilenprogramm wird nicht angeboten.

Gesamtnote: 3

AMERICAN AIRLINES

Upgrades ohne Ende!

„Möchten Sie heiße Kirschen als Topping?", fragt mich die Flugbegleiterin irgendwo zwischen London und New York, als ich mich gerade für ein Eis als Dessert entschieden habe. „Und Schlagsahne?", fügt sie lächelnd hinzu. Klar. Und auch Nusssplitter und noch ein wenig Karamellsoße. Die volle Ladung Kalorien vor dem Schlafengehen. Abnehmen geht anders, denke ich, als ich den Eisbecher genüsslich löffle. Der Eisbecher mit dem kalten Süßen von Ben & Jerry's mit den geilsten Toppings über den Wolken ist ein Grund, die Businessclass der American Airlines einmal zu testen. Es lohnt sich. War sie lange Zeit als recht altbacken und unbequem verschrien, wurde die Flotte in den letzten Jahren ordentlich aufpoliert.

American Airlines ist eine amerikanische Fluggesellschaft (Überraschung) mit Sitz in Texas. Sie wurde 1930 gegründet und galt in den 1950er-Jahren als die zweitgrößte Fluggesellschaft der Welt, nach der russischen Aeroflot. Nach der Übernahme von Trans World Airlines 2001 galt sie sogar als größte Airline der Welt, ehe sie 2009 von ihrem amerikanischen Konkurrenten Delta Air Lines überholt wurde. 2011 meldete American dann Insolvenz an, fusionierte allerdings zwei Jahre später mit US Airways, stoppte damit das Insolvenzverfahren und ist seitdem wieder die größte Airline der Welt. Außerdem ist American auch Gründungsmitglied der Luftfahrtallianz oneworld.

Wichtigstes Drehkreuz auf dem europäischen Kontinent ist London-Heathrow. American fliegt in Deutschland lediglich Frankfurt und München an. Ein dichtes Netz besteht zwischen den einzelnen US-Bundesstaaten, der Karibik und Mittelamerika.

Ein Sturm der schlechten Laune wehte durchs Internet, als American Airlines im vorletzten Jahr als letzte der drei großen amerikanischen Fluggesellschaften ihr Meilenprogramm auf eine Berechnung nach Umsatz umstellte und gleichzeitig noch einige Benefits einkassierte. Ich selbst hatte zu der Zeit gerade meine Status-Challenge erfolgreich absolviert und war zum Executive Platinum gekürt worden. Diese Challenge wird übrigens eigentlich immer angeboten und lohnt sich für dich, wenn du in kurzer Zeit mehrere Strecken mit American in der Business oder First fliegen solltest. Du erhältst dafür einige ziemlich krasse Vorteile und mit Emerald den höchsten Status in der oneworld-Allianz.

AAdvantage ist das Vielfliegerprogramm von American Airlines. Es wurde am 1. Mai 1981 gestartet und ist damit das am längsten existierende Vielfliegerprogramm der Welt und das zweite seiner Art überhaupt. Das erste Bonusprogramm wurde bereits zwei Jahre früher von Texas International Airlines gestartet.

Wie es dazu kam? Im Jahr 1978 wurde in Amerika ein Gesetz verabschiedet, das den Markt für kommerziellen Flugverkehr öffnete. Vorher war der gesamte Flugverkehr staatlich reguliert gewesen. Das führte nun natürlich zu erhöhtem Wettbewerbsdruck unter den verschiedenen, nun privaten Fluggesellschaften. Um die wichtigsten Kunden zu binden, wollten die Airlines sie für ihre Treue belohnen. Die Kunden bekamen günstigere Preise und kostenlose Upgrades zur Verfügung gestellt. In einer Zeit ohne das Internet war das übrigens gar nicht so leicht umzusetzen. Tatsächlich wurde so vorgegangen, dass man das eigene Reservierungssystem nach ständig wiederkehrenden Telefonnummern durchsuchte. Und die 130.000 aktivsten Vielflieger wurden dann automatisch in das neue Bonusprogramm übertragen.

Mit rund 70 Millionen Mitgliedern zählt AAdvantage zu den größten Vielfliegerprogrammen der Welt. Außerdem kooperierte die Airline als erste mit einer weiteren internationalen Fluggesellschaft, nämlich mit British Airways. Ab 1982, also nur ein Jahr nach der Gründung, konnten daher bereits Meilen auf Flügen mit der europäischen Fluglinie gesammelt werden. Nach wie vor ist British Airways und damit auch Iberia ein wichtiger Partner von American – aus diesem Grund kannst du mit deinen AAdvantage-Meilen auch Upgrades bei beiden Airlines bekommen.

Deine Statusvorteile

Es gibt insgesamt fünf verschiedene AAdvantage-Status. Hast du den Prozess deiner Registrierung abgeschlossen, bist du ein AAdvantage-Mitglied. Danach folgen Gold, Platinum, Platinum Pro und Executive Platinum.

Die ausgezahlten Prämienmeilen richten sich nach Ticketpreis und deinem jeweiligen Status. Als Standardmitglied bekommst du 5 Meilen pro Dollar, als Executive-Platinum-Mitglied dank eines 120%igen Bonus jedoch 11.

Die Qualifikation für den Gold-Status läuft bei American ein wenig anders ab als bei den meisten anderen Airlines. Ein notwendiges Kriterium ist das Erreichen des EQD-Wertes von 3.000 USD. EQDs sind anrechnungsfähige Ausgaben, die bei American auf Basis des Ticketpreises vor Steuern und Gebühren angerechnet werden. Das ist, insbesondere weil der Gold-Status der niedrigste Status ist, ein echter Hammer. Bei Alaska Airlines und den oneworld-Fluglinien wird der Ticketpreis allerdings auf Basis eines Prozentsatzes der Flugstrecke ermittelt. In der Eco werden beispielsweise 5 % und in der First Class 20 % der Entfernungsmeilen als EQDs gutgeschrieben. Findest du einen günstigen Flug, zum Beispiel in der Qatar-Businessclass nach Neuseeland, die es ab und zu für um die 1.600 Euro gibt, kannst du die 3.000 Dollar praktisch in einem Flug sammeln. Denn nach Neuseeland sind es knapp 10.000 Meilen und du bekommst 20 % der Entfernungsmeilen. Das macht pro Strecke also 2.000 USD und mit einem Hin- und Rückflug knackst du schon die Schwelle von 3.000 USD.

Das allein reicht allerdings noch nicht aus. Denn neben der Ausgabengrenze musst du auch noch entweder genügend Statusmeilen sammeln (EQMs) oder genügend Flugsegmente

(EQSs) absolvieren. Für den Gold-Status sind das entweder 30 EQSs oder 25.000 EQMs.

Solltest du diese Ziele erreicht haben, bekommst du unbegrenzte, automatisch angeforderte Upgrades auf Flügen bis zu 500 Meilen (800 Kilometer) innerhalb Amerikas, Priority-Check-in und Boarding, ein Gepäckstück zusätzlich, Sitzplatzreservierungen ohne Aufpreis und einen Meilenbonus von 40 %. Außerdem gibt es alle 12.500 Statusmeilen vier sogenannte 500-Meilen-Upgrades.

500-Meilen-Upgrades können genutzt werden, um in die nächsthöhere Kabinenklasse eingestuft zu werden. Bei Flügen unter 500 Meilen ist dieses Upgrade kostenlos, für Flüge, die länger als 500 Meilen sind, benötigst du ein 500-Meilen-Upgrade. Allerdings gelten diese Upgrades nur in Amerika. Die bekommst du, wie gesagt, alle 12.500 EQMs pro Kalenderjahr oder du kaufst sie dir. Ein einzelnes Upgradezertifikat kostet 40 Dollar. Aus dem neuen Basic-Economy-Tarif funktioniert das jedoch nicht.

Für den Platinum-Status benötigst du genau die doppelten Werte der Gold-Qualifikation. Also 50.000 EQMs oder 60 EQSs sowie 6.000 EQDs. Dafür erhältst du natürlich alle Vorteile eines Gold-Mitglieds und zusätzlich zwei Gepäckstücke kostenfrei, Priorität bei der Gepäckausgabe und schon 60 % Bonusmeilen.

Um Platinum Pro zu erreichen, benötigst du die dreifachen Werte des Gold-Status. Also 75.000 Meilen, 90 Flüge und 9.000 USD. Dafür bekommst du einen sehr guten Bonus. Denn es gibt für dich unbegrenzt automatisch angeforderte Gratisupgrades bei Flügen über 500 Meilen im amerikanischen Streckennetz. Unbegrenzt und automatisch, wohlgemerkt aber nur nach Verfügbarkeit und erst nach den Executive-Platinum-Mitgliedern. Außerdem darfst du dich über 80 % Bonusmeilen freuen.

Als Letztes kommt der Executive-Platinum-Status. Der Satus, den ich ungern verlieren möchte. Viermal Gold-Status macht einmal Executive-Platinum-Status. Soll heißen: 100.000 Meilen oder 120 Flüge und genau 12.000 US-Dollar. Dafür bekommst du deine wunderbaren, unbegrenzten Upgrades jetzt auch auf

Prämienflügen! Du darfst außerdem drei Gepäckstücke mitnehmen und deinen Flug kostenlos sogar am Flugtag noch ändern. Außerdem gibt es einen saftigen 120 % Bonus auf deine
gesammelten Meilen. Das Beste kommt jedoch zum Schluss: Als
Executive-Platinum-Mitglied hast du vier Upgrades pro Jahr im
gesamten Streckennetz frei. Die kannst du nutzen für Flüge von
den USA nach Europa, Südamerika, Australien oder Asien. Wenn
du nicht ausreichend Meilen zur Verlängerung zusammen-
bekommst, kannst du den Status durch Zahlung von 1.000 bis
2.500 USD um ein Jahr verlängern.

Es gibt noch einen weiteren Status, aber nur auf Einladung.
Er wird anscheinend ab einem Umsatz von 45.000 US-Dollar pro Jahr verliehen. Der „Concierge Key" ist ein wenig mit
dem HON-Status bei der Lufthansa zu vergleichen. Du hast die
höchste Upgradepriorität und wirst, wenn es mal eng beim
Umsteigen wird, auch mit einer Limousine direkt zur Maschine
chauffiert.

Ergänzend für alle gibt es das Million-Miler-Programm: AAd-
vantage-Mitglieder, die 1.000.000 Meilen auf Flügen mit American Airlines gesammelt haben, erhalten den lebenslangen
Gold-Status. Für 2.000.000 Meilen gibt es den lebenslangen
Platinum-Status.

MEILEN SAMMELN BEI AADVANTAGE

Du kannst natürlich bei Flügen mit American Airlines Meilen sammeln.
Dafür gibt es übrigens immer ein Minimum von 500 Meilen, egal wie
lang die Strecke ist. Ansonsten kannst du auch bei den oneworld- und
sämtlichen anderen Partnerairlines Meilen sammeln. Laut eigenen Angaben gibt es mehr als 1.000 Möglichkeiten, Meilen mit den American-Air-
lines-Partnern zu sammeln. Darunter sind die üblichen Verdächtigen wie
Mietwagen, Hotels, Restaurants und Onlineshops. Nicht überraschend
ist die Liste der jeweiligen Partner ganz schön lang. Aber was sollte man

vom ältesten und größten Airlinebonusprogramm der Welt sonst erwarten? Es gibt allein 13 verschiedene Mietwagenanbieter, bei denen du Meilen sammeln kannst, inklusive Avis, Budget, Sixt und Europcar. Auch die Hotelpartner sind breit gefächert. Von Marriott über Starwood, Best Western, Carlson bis hin zu Wyndham und vielen weiteren. Mit Ausnahme von Accor sind die größten Hotelketten der Welt alle vertreten. Natürlich kannst du deine Hotelpunkte auch in Meilen umwandeln. Außerdem gibt es AA Cruises. Dort kannst du über ein American-Airlines-Portal Kreuzfahrten buchen und Meilen sammeln.

Solltest du nicht genug Meilen auf dem Konto haben, kannst du dich auch mit einem Freund zusammentun und deine Meilen auf sein Konto übertragen. Das kostet dich 12,50 Dollar pro 1.000 Meilen. Eine andere Option ist, sich die Meilen einfach selbst zu kaufen. 1.000 Stück kosten 29,50 USD, 150.000 Stück 4.425 USD. Das ist eine ganz gewaltige Menge Meilen, die man sich auf einmal kaufen kann. Mehrmals im Jahr gibt es Meilen mit recht hohen Rabatten oder Boni zu kaufen.

Eine weitere interessante Option gibt es noch, und zwar das Reaktivieren von Meilen. Egal wann deine Meilen abgelaufen sind, was in der Regel nach 18 Monaten Inaktivität passiert: Du kannst sie dir wieder zurückholen. Dabei kostet dich die 1. bis 5.000 Meile 40 USD. Die Preise sinken jedoch mit steigender Meilenzahl. So kosten beispielsweise 75.000 Meilen 500 USD, 150.000 Meilen noch 900 USD und schließlich das Maximum zwischen 250.000–500.000 Meilen noch 2.000 USD. Wenn du mehr als 500.000 Meilen reaktivieren möchtest, kannst du den Prozess auch zweimal durchführen.

MEILEN EINLÖSEN BEI AMERICAN AIRLINES

Die Menge der benötigten Meilen für Prämientickets richtet sich bei American Airlines sehr stark nach dem jeweiligen Reisedatum. Es wird unterschieden zwischen den „MileSAAver Awards", also günstigeren Flügen in der Nebensaison, und den „AAnytime Level 1–2".

Meine Erfahrungen mit den MileSAAver-Tarifen sind übrigens sehr gut. Meist sind sie ausreichend verfügbar, da auch immer gleich British Airways, Iberia und wichtige andere oneworld-Partner abgefragt werden. Wie viel kosten also Prämienflüge ab Europa? Für einen Flug in die USA benötigst du in der Businessclass im MileSAAver-Tarif 57.500 Meilen und in der First Class 85.000. Mit deinen Meilen kommst du durch die oneworld-Partner auf jeden Kontinent, und zwar zu knapp 1.000 verschiedenen Destinationen.

Du kannst deine Meilen auch für Upgrades für dich und deine Freunde nutzen, solltest du gerade keine 500-Miles-Upgrades mehr übrig haben. Ein Upgrade zählt für maximal drei Flugsegmente, also ist zweimal Umsteigen inklusive. Es gibt insgesamt vier verschiedene Upgradekategorien ab Europa. Du kannst für 25.000 Meilen plus 350 USD ein Upgrade aus der ermäßigten Economy buchen, oder für 15.000 Meilen aus dem Standard-Economy-Tarif. Um aus der ermäßigten Businessclass ein Upgrade zu bekommen, benötigst du ebenfalls 25.000 Meilen, allerdings plus 550 USD. Vom Standard-Businessclass-Tarif aus fallen die 550 USD Zusatzgebühr weg.

Ansonsten kannst du deine Meilen bei Hotels oder Mietwagenanbietern lassen. Oder du buchst oder verlängerst deine Admirals-Club-Mitgliedschaft. Der Admirals Club bietet dir Loungezugang und kostenlose Zusatz- und Serviceleistungen. In Deutschland gibt es beispielsweise einen in Frankfurt. Insgesamt gibt es etwas mehr als 15 Standorte, die wie die Businessclass von American Airlines gerade komplett renoviert und verbessert wurden.

Jammern auf hohem Niveau, habe ich gedacht, als die vielen negativen Stimmen zur Umstellung des Programms laut wurden. Verglichen mit europäischen Programmen ist AAdvantage aus meiner Sicht immer noch höchst attraktiv. Vergleichst du den Executive-Platinum-Status mit dem Senator bei Miles & More, gibt es doppelt so viele Upgrades, nämlich vier statt zwei. Beim Meilenbonus von 120 % fällt der Unterschied noch krasser aus, denn bei der Lufthansa bekommst du gerade einmal 25 %. Und bei den Amerikanern gibt es die 120 % auch, wenn du eine andere oneworld-Fluggesellschaft nutzt. Das Beste aber sind die unlimitierten Upgrades in die Businessclass innerhalb der USA. Davon können Senatoren hierzulande nur träumen.

Der Upgrade-Guru sagt

+ Status durch eine Kombination aus Umsatz und Meilen oder Segmenten.
+ Auf den ersten Blick schwierig zu erreichen, in der Realität aber leichter, als du denkst.
+ Großzügiger Topstatus: unlimitierte Upgrades in den USA und 120 % Meilenbonus.

Gesamtnote: 2

DER LÄNGSTE FLUG DER WELT

Qatar mag Superlative. Es ist kein Zufall, dass die Airline den längsten Flug der Welt anbietet. Auf der mit 14.535 Kilometern längsten Nonstop-Strecke zwischen Doha und dem neuseeländischen Auckland durchquerst du zehn Zeitzonen und überfliegst fünf Länder. Beim ersten Rekordflug waren laut Qatar vier Piloten und fünfzehn Flugbegleiter an Bord und es wurden unterwegs insgesamt 1.100 Tassen Tee und Kaffee sowie 2.000 kalte Getränke und 1.036 Mahlzeiten serviert. Ich habe nicht mitgezählt, was ich auf der Strecke konsumiert habe, aber dieses Abenteuer habe ich mir selbstverständlich nicht nehmen lassen und mich mit der Boeing 777–200LR von Katar nach Neuseeland aufgemacht. Als ich im Bus sitze und zur Maschine gefahren werde, überkommt mich kurz ein mulmiges Gefühl. Seit Jahren bin ich Strecken von mehr oder weniger zwölf Stunden Flugzeit gewohnt. Rio de Janeiro, Miami, San Francisco – beim Gedanken an die Flugzeit bleibe ich in der Regel gelassen. Doch nun, kurz vor dem Boarding von Flug QR 920, stelle ich mir zum ersten Mal seit Langem die Frage, was wohl passiert, wenn mich plötzlich Flugangst überkommt. Ich erinnere mich schnell daran, wie traurig ich war, als der Erstflug um Monate verschoben wurde und ich jeden Tag zählte, bis ich endlich hier sitzen durfte ... Flugangst? Jetzt? Kaum habe ich es mir auf meinem Platz 6A gemütlich gemacht und an meinem Glas „So Jennie" genippt, ist dieser skurrile Gedanke auch sofort wieder verflogen. Da begrüßt mich auch schon die Flugbegleiterin wie gewohnt mit meinem Namen und als ich auf ihre Frage, woher ich gerade komme, „Berlin" antworte, erzählt sie mir von ihrem Besuch im Katz Orange beim letzten Layover in meiner

Heimat. Es ist eines der Geheimnisse aus den Schulungsunterlagen der Qatar-Crews, das ich gern lüften würde: Wie schaffen sie es nur immer wieder, dass du dich schon nach wenigen Minuten an Bord wirklich zu Hause fühlst? Mein Zuhause für die nächsten 16 Stunden und 20 Minuten hat einen großen Tisch zum Arbeiten, einen großen Bildschirm, um mir neue und alte Filme anzuschauen, und ein großes, bequemes Bett, um ausgiebig zu entspannen. In meinem Amenity-Kit finden sich Lotion, Socken, eine Schlafbrille und Lippenpflege. Damit ich mich auch richtig wohlfühle, reicht mir Surya, meine Flugbegleiterin von der thailändischen Trauminsel Krabi, einen kuscheligen Schlafanzug von The White Company und Puschen. Ich liebe Puschen im Flugzeug. So kann es die nächsten 16 Stunden weitergehen, denke ich, als ich meinen Sitz zum Bett ausgefahren, mein Kopfkissen an die richtige Position manövriert habe und kurz nach dem Start das erste Mal die Augen schließe. Es ist schließlich noch mitten in der Nacht.

„Als sie schliefen" steht auf einem kleinen Aufsteller auf meinem Sideboard, als ich einige Stunden später zum ersten Mal wach werde. Auf Qatar-Flügen wirst du in der Businessclass erst dann geweckt, wenn es gar nicht mehr anders geht. Zum Beispiel beim Landeanflug. Deshalb bin ich noch nicht in den Genuss meiner kleinen Schale mit Nüssen und meines allerliebsten Mocktails „Apple Cooler" gekommen. Mit frischer Minze, versteht sich. Surya ist noch im Dienst und deckt meinen Tisch. Beim Frühstück habe ich die Qual der Wahl und entscheide mich für Bircher Müsli, griechischen Joghurt mit Kompott, geröstetes Granola mit Nüssen und Rührei mit Tomaten. Dazu gibt es einen frisch gebrühten Cappuccino und einen Smoothie aus Datteln mit Zimt. Ich lasse es mir gut gehen und gehe in der Tat auch einige Schritte in der Kabine auf und ab. Der Flug ist gut gebucht. In der Business sind nur noch wenige Plätze frei. Viele andere Passagiere schlafen noch. Das könnte auch meine Lieblingsbeschäftigung auf diesem Flug sein. Gedacht, getan und schon mache ich wieder ein wenig die Augen zu …

Als ich das nächste Mal aufwache und die Landkarte auf meinem Bildschirm studiere, befinden wir uns auf der Höhe von Denpasar auf Bali. 4.469 Meilen und 7 Stunden und 37 Minuten habe ich noch vor mir, bis die Maschine früh morgens auf AKL, dem Auckland International

Airport, landen wird. Mich dürstet es nach einer kleinen Erfrischung. Mir wird ein heißes Tuch gereicht und ich bestelle einen Gurken-Apfel-Energizer mit frischer Minze. Energie kann ich gebrauchen für die letzten Stunden. Ich gehe zum Bad, das in der 777–200 sehr geräumig ist. Es liegen ausreichend Zahnputzsets und auch Rasierapparate bereit. Ich creme meine Hände mit der Lotion von Rituals ein. „Infinity" heißt sie und überzeugt durch ihren zarten Duft von Mandarine und Minze, die anscheinend nicht nur im Berliner Prenzlauer Berg, sondern auch auf diesem Flug angesagt ist.

Ich fühle mich pudelwohl und erstaunlich munter. Auf dem großen Tisch vor mir haben nicht nur mein Laptop, sondern auch mein Notizblock und ein paar Zeitschriften Platz gefunden, sodass ich einiges erledigen und meine Zeit sinnvoll nutzen kann. Der Wermutstropfen ist auf diesem ultralangen Flug das fehlende Internet. Wi-Fi bietet Qatar Airways bisher leider nur im Dreamliner an, dem A350 und A380. Wenn ich keine Mails beantworten kann, die ich noch gar nicht kenne, dann nehme ich mir eben die Menükarte zur Hand und stelle mir mein Abendessen zusammen. Das Schöne an jedem Qatar-Flug ist das Dine-on-demand-Prinzip. Du kannst zu jeder Zeit des Fluges aus der Menükarte wählen. Das gibt dir maximale Freiheit, deine Zeit an Bord selbstbestimmt zu verbringen. Es ist etwa zwei Stunden vor der Landung, also ca. zwei Uhr morgens Ortszeit in Neuseeland. Das Gefühl für Zeit habe ich schon verloren. Genau der richtige Moment für mein Abendessen, denke ich und lasse mir zur Vorspeise einen Salat von Tintenfisch und Enokipilzen servieren, garniert mit Schnittlauch und geröstetem Sesam. Der Salat schmeckt genauso lecker wie der anschließende Lammrücken in Kräuterkruste mit Rosmarin-Jus, zu dem ich ausnahmsweise eine Pineapple-Margarita trinke. Ich bin happy.

Der Pilot hat auf die Tube gedrückt. Vielleicht hat uns auch der ein oder andere Windstrom in den letzten 15 Stunden Rückenwind verliehen. Auf jeden Fall landen wir rund 45 Minuten früher als geplant.

Ich habe die Zeit an Bord von QR 920 genossen und freue mich schon jetzt auf den Rückflug. Als ich am nächsten Tag auf mein Meilenkonto blicke, erfreue ich mich gleich doppelt: Die Strecke habe ich meinem AAdvantage-Konto gutschreiben lassen und der Flug hat mich meinem

Ziel, den Executive-Platinum-Status bei American Airlines zu halten, wieder ein gutes Stück näher gebracht. In den knapp 16 Stunden an Bord habe ich außerdem 13.518 Elite Qualifying Miles (EQMs), 2.253 Elite Qualifying Dollars (EQDs) und mit meinem 120%igen Executive-Platinum-Bonus mehr als 22.000 Prämienmeilen erflogen. Sozusagen fast im Schlaf ...

QATAR AIRWAYS

Die beste Businessclass der Welt

Katar ist nicht nur in vier Jahren Gastgeber der wohl heißesten Fußball-WM aller Zeiten, sondern auch Heimat der gleichnamigen Fluggesellschaft, die in den letzten Jahren einen kometenhaften Aufstieg erlebt hat und immer mehr Fans dazugewinnt. Vor allem in der exzellenten Businessclass. Sie bietet uns den längsten Flug der Welt, ist laut Skytrax eine der neun Fünf-Sterne-Fluggesellschaften der Welt und wurde 2017 zur beliebtesten Airline gewählt. Auch wenn ich die Bewertungen von Skytrax nicht immer nachvollziehen und teilen kann – bei Qatar Airways haben sie mehr als recht.

Seitdem die Golfstaaten, Ägypten, der Jemen und Mauretanien auf Initiative von Saudi-Arabien im Juni 2017 ihre diplomatischen Beziehungen zu dem Wüstenemirat Katar abgebrochen, den Luftverkehr gestoppt und die Grenzen geschlossen haben, wirbt die Fluggesellschaft noch preisaggressiver um ihre Kunden. Ein Sale jagt den nächsten und von vielen Abflughäfen gibt es regelmäßig sehr günstige Angebote. Für mich ist das jährlich wiederkehrende Qatar-Travel-Festival der beste Zeitpunkt, um mich mit Tickets einzudecken – so günstig kommst du sonst das ganze Jahr über nicht wieder weg.

Von Berlin, Frankfurt und München aus werden Ziele auf allen Kontinenten angeflogen. Das Beste an einem Langstreckenflug mit Qatar ist, neben dem hohen Komfort, das Umsteigen am Flughafen Doha. Wenn du dich jetzt fragst, warum Umsteigen überhaupt gut sein kann, wird es Zeit, dass du dir einen Businessclassflug mit Qatar gönnst. Dabei ist es ziemlich egal, ob du dir ein Ticket kaufst oder es mit Meilen buchst. Hauptsache, du testest meine derzeitige Lieblingsairline.

Das Umsteigen in Doha macht deshalb so viel Freude, weil der moderne Hamad International Airport einer der besten Flughäfen der Welt ist. Und da bin ich nicht der Einzige, der das so sieht. Denn HIA – so die Abkürzung – steigt im Ranking der Top-100-Airports von Skytrax immer weiter nach oben. Belegte er 2016 noch Platz 10, war er 2017 bereits auf Platz 6 vorgerückt. Wenn du das Glück hast, als Business- oder gar First-Class-Passagier dort anzukommen oder von dort abzufliegen, kommst du außerdem in den Genuss der absolut überwältigenden Lounges.

Das Bonusprogramm von Qatar Airways nennt sich Qatar Privilege Club. Damit das Meilenspiel nicht zu einfach wird, hat sich der Privilege Club ein recht eigenes Vokabular aufgebaut. Prämienmeilen heißen hier Qmiles und Statusmeilen Qpoints.

Qmiles werden dir wie normale Prämienmeilen gutgeschrieben. Sie haben eine Ablauffrist von drei Jahren und werden alle sechs Monate auf ihre Gültigkeit überprüft. Besonders ist jedoch, dass du bei Qatar auch eine Fristverlängerung kaufen kannst. Für zwölf Monate zahlst du 0,02 USD pro Meile. Genauso viel kostet es, deine Qmiles wieder von den Toten auferstehen zu lassen. Denn für 0,02 USD kannst du deine Meilen, die in der letzten Periode abgelaufen sind, wieder für zwölf Monate reaktivieren.

Die Menge an Qmiles, die dir auf Flügen gutgeschrieben werden, hängt wie immer von der jeweiligen Buchungsklasse sowie der Länge des Fluges ab. Es gibt vier Economyclass-, vier Businessclass- und drei First-Class-Tarife. Im günstigsten Economytarif gibt es 25 % Meilen zu machen, die in 25er-Schritten bis auf 100 % in der höchsten Economybuchungsklasse ansteigen. In der Businessclass gibt es 125% Meilen für die ersten beiden Tarife, danach 175 % und 200 %. In der First Class bekommt man einen Meilenbonus von entweder 200 % oder 300 %.

Der Privelege Club bietet dir mehrmals im Jahr attraktive Promotions, um noch schneller deinen Kontostand zu erhöhen. Bei der mit Abstand verrücktesten, von der ich je gehört habe, hättest du zum Beispiel sage und schreibe eine halbe Million Qmiles auf deinem Konto verbuchen können, wenn du in einem Jahr auf allen Erstflügen zu neuen Qatar-Zielen an Bord gewesen wärest. Wenn neue Destinationen ins Streckennetz aufgenommen werden, winken immer hohe Bonusmeilen – oft bis zu 14.000. Den Vogel schießt auch hier das Travel-Festival ab, bei dem es nicht nur extrem günstige Angebote in der Economy- und Businessclass, sondern auch bis zu vierfache Meilen für deine Flüge gibt. Auf meinem Flug von Doha nach Tokio habe ich 36.523 Meilen gesammelt. 9.006 Basismeilen im günstigsten Businesstarif, 500 Bonusmeilen für meine Onlinebuchung und weitere 27.017 Bonusmeilen dank des Festivals. Mit einem einzigen Flug hatte ich plötzlich ausreichend Meilen für ein Upgrade von der Economy in die Business auf meinem Konto: Der Hin- und Rückflug hat mir also gleich ein komplettes Businessclassticket gebracht. Hört sich nicht nur nach einem perfekten Deal an, ist es auch.

Um einen höheren Status zu erlangen, benötigst du Qpoints. Qpoints kannst du auf allen Qatar-Airways- sowie auf allen oneworld-Flügen sammeln. Die Menge richtet sich nach dem Tarif, der Strecke und der jeweiligen Airline. Alle Punkte, die du innerhalb von zwölf Monaten sammelst, werden dir für deinen Status angerechnet. Dabei gibt es jedoch keinen festen Rahmen, wie z. B. vom 1. Januar bis zum 31. Dezember, sondern die 1zwölf Monate starten an dem Tag, an dem du buchst.

Es gibt insgesamt vier Status, und zwar Burgundy, Silver, Gold und Platinum. Burgundy gibt es bereits für die bloße Anmeldung. Für Silver brauchst du 150 Qpoints, für Gold 300 und für Platinum 600 Stück. Wenn du bereits einen Status besitzt und ihn verlängern willst, dann benötigst du nur noch eine reduzierte Anzahl an Qpoints. Bei Silver sind das 135, bei Gold 270 und bei Platinum 540. Außerdem ist ein Minimum von vier Flugsegmenten oder 20 % der Qpoints nötig, die du auf Flügen mit Qatar Airways gesammelt hast.

Deine Statusvorteile

Bis auf die Möglichkeit, mit dem Qmiles-Sammeln zu starten, bietet dir eine Burgundy-Mitgliedschaft noch keine wirklich relevanten Vorteile. Als Silver-Mitglied, was dem oneworld-Status Ruby entspricht, bekommst du 25 % Bonusmeilen, Priority-Check-in, 10 kg zusätzliches Gepäck, Loungezugang, Priority-Boarding und kostenlose Sitzplatzreservierung.

Qatar-Gold- und oneworld-Sapphire-Mitglieder kommen in die Vorzüge von 75 % Bonusmeilen, 15 kg Freigepäck, Lounge-Zugang für dich und eine weitere Person, bevorzugte Gepäckausgabe und natürlich alle Vorteile, die du schon als Silver-Mitglied genießen konntest. Du bekommst 40 Qcredits, die du für Upgrades oder Zusatzleistungen einsetzen kannst. Mit diesen Credits kannst du zum Beispiel von Berlin nach Bangkok ein Upgrade in die Businessclass bekommen.

Als Mitglied der Platinum-Stufe bei Qatar, was Emerald in der oneworld-Allianz entspricht, gibt es 100 % Bonusmeilen, 20 kg Freigepäck, Loungezugang für dich und zwei weitere Personen, 60 Qcredits und deine Qmiles verfallen nicht mehr.

Um dir in Doha eine Enttäuschung zu ersparen, möchte ich dir an dieser Stelle den Loungezugang ein wenig näher erläutern: Es gibt sechs Lounges im Transitbereich des Hamad International Airport. Die Oryx-Lounge, zu der du dir auch als Economy-Passagier den Zugang mit 55 Dollar kaufen kannst. Die Al-Maha-Lounge, in die du zum Beispiel mit deinem Priority Pass kommst. Die Businessclass- und First-Class-Lounge, die Al-Mourjan-Businesslounge und die Al-Safwa-Lounge. Die Krux steckt, wie so oft, im Detail. Wenn bei den Statusvorteilen im Privilege Club und bei oneworld von Loungezugang gesprochen wird, meint Qatar Airways die Business- und First-Class-Lounge. Was jedoch einer

Mogelpackung entspricht. Die echte Business-Lounge, die dich – auf jeden Fall beim ersten Besuch – umhauen wird, ist nämlich die Al-Mourjan-Businesslounge. Hier erhältst du jedoch nur mit einem bezahlten oder im Vorfeld upgegradeten Businessclassticket Einlass. Wenn du dein Ticket erst am Flughafen in Doha upgraden lässt, dann musst du dich mit der oneworld-Businesslounge zufriedengeben. Zwischen diesen Lounges liegen Welten. Der Unterschied zwischen der First-Class-Lounge und der Al-Safwa-Lounge beträgt dann schon Lichtjahre. Nur mit einem bezahlten First-Class-Ticket kannst du dort Platz nehmen und dich wie in einem hypermodernen, durchgestylten Palast (vielen) weltlichen Gelüsten zuwenden, inklusive perfekten Fünf-Gänge-Dinners im À-la-carte-Restaurant. Während dir in der ganz kleinen, bescheidenen, meist überfüllten First-Class-Lounge-Schwester gerade noch ein recht einfallsloses, reduziertes Speiseangebot am Selbstbedienungsbuffet angeboten wird. Das ist ein großer Unterschied zu anderen oneworld-Gesellschaften wie British Airways, die ihren Statuskunden den gleichen Zugang wie First-Class-Reisenden ermöglicht.

MEILEN SAMMELN IM PRIVILEGE CLUB

Wie genau das Meilensammeln mit Qatar-Airways-Flügen funktioniert, haben wir uns bereits angeschaut. Jedoch kannst du auch bei allen oneworld-Gesellschaften und vier weiteren Airlines (GOL, MEA, Royal Air Maroc und seit November 2017 auch Bangkok Airways) Qmiles sammeln.

Ansonsten unterscheidet sich das Privilege-Programm vom Meilensammeln her nicht von anderen Bonusprogrammen. Das heißt, du kannst in diversen Hotels, mit Mietwagenfirmen und Onlineshops Meilen sammeln. Auffällig ist bei Qatar jedoch, dass zwar das Partnernetzwerk recht breit gefächert ist, du allerdings neben Mietwagen und Hotels eigentlich keine weiteren attraktiven Sammelmethoden zur Auswahl hast. In Deutschland kommen als weitere Partner noch die Chic-Outlets und die Onlinesprachschule Language Direct infrage. Außerdem kannst du auch deine American-Express-Membership-Rewards-Punkte im Verhältnis 5 : 4 umtauschen.

Wie gesagt, du kannst auch Qmiles kaufen, jedoch nur unter der Voraussetzung, dass du mindestens 3.000 Qmiles „normal" gesammelt hast. Es sind immer 1.000 Meilen gebündelt und jedes Bündel kostet zwischen 30 und 35 USD, je nachdem, wie viele du auf einmal kaufst. Je mehr du kaufst, desto günstiger wird ein Bündel nämlich. Bei 60.000 Qmiles pro Kalenderjahr ist jedoch Schluss.

Für Familienmitglieder gibt es außerdem noch die Option „My Family". Mit diesem Programm kannst du die Prämienmeilen von bis zu neun Personen (Kinder, Eltern, Ehepartner) auf deinem Account sammeln. Allerdings lohnt sich das nicht immer und nicht für jeden. Denn auf Flügen sammelst du mit dem Burgundy-Status lediglich 25 % der Prämienmeilen, mit Silver gibt es 50 % und ab Gold sammelst du schließlich die volle Meilenmenge. Solltest du beispielsweise nur einen Partner haben, der für das Programm als Teilnehmer infrage kommt, und du besitzt nur den Burgundy-Status, kann es sogar schlauer sein, die Meilen auf zwei separaten Accounts zu sammeln.

MEILEN EINLÖSEN IM PRIVILEGE CLUB

Generell möchte ich sagen, dass sich bei Qatar das Sparen auf einen Business- oder sogar First-Class-Flug wirklich lohnt. Denn wenn du schon Businessclass fliegst, dann doch wenn möglich direkt die beste, nicht? Auf dem Weg zur besten Airline der Welt hat sich Qatar unter anderem auch den Preis für die beste Business Class der Welt geschnappt. Beim besten First-Class-Produkt landete Qatar übrigens 2017 „nur" auf Platz acht. Die ersten drei Plätze gingen bei dieser Kategorie an Etihad, Emirates und Lufthansa. Auch hier bin ich anderer Meinung, wie du in meinem Erste-Klasse-Test nachlesen kannst.

Die Meilen, die du für deinen Prämienflug brauchst, kannst du übrigens mit dem QCalculator auf der Website von Qatar für jede Strecke leicht berechnen.

Natürlich sind auch bei Qatar Upgrades eine gute Wahl. Du kannst aus der Economy- sogar bis in die First Class upgraden. Von Berlin nach Bangkok kostet ein Businessclassticket 75.000 Meilen. Upgrades in die Businessclass kosten je nach Tarif 51.000 oder 60.000 Qmiles und in die First Class 102.000 und 120.000 Meilen aus der Eco- und 60.000 Qmiles aus der Businessclass. Ein Upgrade kannst du übrigens entweder direkt im Internet durchführen oder auch erst bei deiner Ankunft am Flughafen. Selbst wenn du wenige Tage vorher noch eine negative Antwort auf deine Anfrage bekommst, solltest du es am Flughafen probieren. Auf fast jedem Flug gibt es noch ein freies Plätzchenen bei den Vornesitzern. Du wendest dich zum Beispiel in Doha direkt nach deiner Ankunft an den Transferschalter. Sollte noch ein Platz für dich frei sein, werden die nötigen Meilen von deinem Konto abgezogen und du darfst dich eine Kabinenklasse höher amüsieren und meine Lieblingsdrinks „Apple Cooler" und „So Jennie" genießen.

Solltest du nicht genug Qmiles für dein Ticket beisammenhaben, kannst du auch einen Teil davon mit „normalem" Geld bezahlen. Dafür benötigst du allerdings ein Minimum von 50 % des Ticketpreises in Meilen. Natürlich kannst du auch Zusatzgepäck mit deinen Qmiles erwerben.

Noch eine andere Möglichkeiten, die Punkte auszugeben, wäre zum Beispiel die Umwandlung deiner Qmiles in Le-Club-AccorHotels-Bonuspunkte. Dafür brauchst du ein Minimum von 4.500 Qmiles, wofür du 1.000 Accor-Punkte bekommst. Das ist aber ein extrem schlechter Wechselkurs und daher für mich und dich ein absolutes No-Go.

Möchtest du deine Qmiles lieber an einen Freund oder Bekannten übertragen, geht auch das in 1.000er-Blocken, für die du jeweils 15 USD zahlst. Maximum sind auch hier 60.000 Qmiles pro Jahr.

Der Upgrade-Guru sagt

+ Immer wieder sehr günstige Angebote für die beste Businessclass der Welt.
+ Oftmals großzügige Bonuspromotions.
+ Leicht Upgrades zu bekommen – oft direkt vor Abflug einfacher.
+ Für einen Gold-Status brauchst du nur zweieinhalb Hin- und Rückflüge von Deutschland nach Asien – hast aber außer gutem Meilenbonus nicht die allerbesten Vorteile.
– Strenge Loungepolitik in Doha: Dein Platin-Status bringt dich mit Economyticket nur in die Lounge „zweiter Klasse"

Gesamtnote: 2

BRITISH AIRWAYS

Mehr als der kürzeste Flug der Welt

Mir ist gerade etwas schwindelig. Ist das wirklich die Skyline von Manhattan, auf die ich da mit dem Yellow Cab zufahre? Ich reibe mir kurz die Augen: Ja, ich bin nicht in einem schlechten Traum, sondern auf dem Weg vom Flughafen JFK nach New York City. Dabei saß ich vor etwas weniger als vier Stunden noch in London-Heathrow in der Concorde-Lounge und habe gefrühstückt...

Außer der Concorde gibt es bis heute kein vergleichbares Flugzeug, das dich in einer Rekordzeit von 2 Stunden, 54 Minuten und 45 Sekunden von London nach New York bringen kann. Mein Flug mit dem Vogel, der 2.150 Stundenkilometer oder Mach-2-Überschallgeschwindigkeit erreichte, ist bis heute mein schönstes Erlebnis, das ich mir mit Meilen ermöglicht habe. Das Ticket für den Hin- und Rückflug kostete schon zur Jahrtausendwende rund 10.000 USD. Für mich kostete es gar nichts, denn mein Ticket habe ich komplett mit Meilen von meinem British-Airways-Executive-Club-Konto bezahlt.

Die Airline hat ihre Concorde geliebt, obwohl sie immer im Verlust geflogen ist. Vielleicht hat British Airways deshalb den Betrieb der legendären Concorde erst nach der Air France eingestellt, und zwar am 24. Oktober 2003. Die letzten beiden Tickets für einen Concorde-Flug waren zugunsten einer Wohltätigkeitsveranstaltung des US-Fernsehsenders NBC für rund 51.000 Euro über das Internetauktionshaus eBay versteigert worden.

British Airways ist die nationale Fluggesellschaft Großbritanniens, mit Sitz in London und Heimflughafen London-Heathrow. Sie gehört zu den weltweit größten Airlines und ist eines der Gründungsmitglieder der globalen Luftfahrtallianz oneworld. Tatsächlich ist British Airways seit der Fusion mit der spanischen Fluggesellschaft Iberia die drittgrößte Airline Europas. Die Fluggesellschaft gehört zu einer der wenigen, die Ziele auf sechs Kontinenten anfliegen.

Auch wenn Qatar Airways einen Anteil von 20 % an der Muttergesellschaft von British Airways hält, ist sie das perfekte Gegenstück zu Gulf Air. Qatar bietet den längsten Flug der Welt an, British Airways hingegen den kürzesten! Flug Nummer 8872 zwischen den schottischen Okney-Inseln Westray und Papa Westray dauert im Durchschnitt zwei Minuten.

Das Bonusprogramm von British Airways ist der Executive Club. Die Prämienmeilen, die du dort sammeln kannst, werden Avios genannt, die Statusmeilen heißen Tier Points. Diese Statuspunkte laufen alle zwölf Monate ab. Sobald du beitrittst, hast du den Blue-Status inne, danach folgen Bronze, Silver und Gold.

Deine Avios sind 36 Monate gültig. Wenn du in diesem Zeitraum jedoch irgendeine Transaktion durchführst, also Kaufen, Einlösen oder Teilen, wird das Verfallsdatum deiner gesamten Avios wieder auf 36 Monate zurückgesetzt. Hast du also einen Freund im Executive Club, reicht es, alle drei Jahre genau einen Punkt von einem Konto auf das andere zu übertragen, und für beide Parteien ist der Punkteverfall wieder ausgesetzt. Eine andere Möglichkeit ist zum Beispiel, bei einer Hilton-Übernachtung im Hilton-Honors-Programm „Punkte + Meilen" auszuwählen und schon ist dein Konto aktiv.

Ich selbst habe einmal diesen Zeitpunkt verpasst und mein Konto wurde geschlossen, meine Avios und meine Lifetime-Statuspunkte sind verfallen. Selbst meine allerliebsten Anrufe im Callcenter blieben ohne Effekt. Verständlich, da es sonst gar nicht erst Regeln im Programm geben müsste. Ärgerlich für mich. Ärgerlich letztendlich auch für British Airways, da sie mit mir einen langjährigen Fan und einiges an Flugaufkommen verloren haben.

Die Anzahl an gesammelten Avios auf British-Airways- und Partnerflügen richtet sich wie immer nach dem jeweils gebuchten Tarif. In der

Economy gibt es drei Tarife, für die du jeweils 25 %, 50 % oder 100 % der geflogenen Meilen bekommst. In der Premium Economy gibt es entweder 100 % oder 150 %, in der Business 150 % oder 250 % und in der First Class schlussendlich 250 % oder 300 %.

Deine Statusvorteile
BEI BRITISH AIRWAYS

Zum Erreichen des nächsten Levels benötigst du Statuspunkte oder Tier Points. Da es schwierig ist, sich darunter konkret etwas vorzustellen, hier ein Beispiel: Von London nach New York sammelst du in der Economy, je nach Tarif, zwischen 20 und 70 Punkte, in der Business 140 und in der First 210 Punkte.

Um Bronze zu erreichen, benötigst du 300 Statuspunkte. Dafür wirst du beim Check-in und Boarding prioritär behandelt, hast die Möglichkeit, sieben Tage vor Abflug kostenlos deinen Sitzplatz auszuwählen, und bekommst immerhin 25 % Bonus-Avios.

Nach dem Ausscheiden von Air Berlin aus der oneworld-Allianz bot British Airways einen Statusmatch auf Bronze an. Den habe ich genutzt, um mich langsam wieder an den Executive Club heranzutasten. Leider wurde ich von der chaotischen Abwicklung schon beim ersten neuen Flirt enttäuscht.

Für Silver benötigst du die doppelte Menge an Tier Points, also 600 Stück. Dafür kannst du zum Zeitpunkt der Buchung deinen Wunschplatz wählen, bekommst Zugang zu den Businesslounges, freies Zusatzgepäck und 50 % Bonus-Avios.

Sobald du 1.500 Statuspunkte erreicht hast, bekommst du den Gold-Status. Dafür gibt es dann auch First-Class-Check-in und -Boarding, Zugang zu den First-Class-Lounges, mehr verfügbare Prämienflüge und 100 % Bonusmeilen.

Eine Besonderheit im Executive Club sind die Lifetime-Statuspunkte, die du vom Start deiner Mitgliedschaft an sammelst. Wenn du 35.000 Statuspunkte erreicht hast, wirst du dein ganzes restliches Leben lang den Gold-Status behalten. Dafür brauchst du auf der Langstrecke 167 Flüge in der First Class oder 250 Flüge in der Businessclass. Wenn du die Statuspunkte zum Beispiel bei Qatar Airways sammelst, benötigst du nur rund 63 Business Hin- und Rückflüge von Deutschland nach Asien, da immer ein Umstieg in Doha erforderlich ist und dir jede Teilstrecke 140 Statuspunkte auf dein Executive-Club-Konto bringt.

MEILEN SAMMELN IM EXECUTIVE CLUB

Natürlich gibt es Meilen für jeden Flug mit British Airways und allen oneworld-Partnerfluggesellschaften. Auch bei 12.000 Partnerhotels kannst du für Übernachtungen in Avios bezahlt werden, unter anderem bei Accor, Agoda, Best Western, Hilton, Starwood und vielen mehr. Auch Hotelpunkte in Avios umzutauschen ist möglich. Je nach Hotel und Menge der Punkte bekommst du ein Verhältnis von 1 : 10 bei Club Carlson bis hin zu 1 : 1 bei Starwood Hotels.

Bei Mietwagenangeboten unterhält British Airways eine exklusive Partnerschaft mit Avis, bei der du ein Minimum von 500 Avios pro Tag und 3 Avios pro Euro bekommst. Auch einige, leider weniger relevante Onlineshops sind Partner des Executive Clubs. Immerhin gibt es auch die Möglichkeit, bei e-Rewards Punkte für Onlineumfragen zu sammeln.

Die letzte Möglichkeit ist der Kauf von Avios. Der ist insofern besonders, als du immer wieder Angebote von externen Seiten findest, bei denen du Avios teilweise über 50 % günstiger erstehen kannst. Normalerweise liegt das Maximum bei 30.000 Meilen pro Jahr, die einzelnen Pakete werden in 1.000er-Stufen verkauft. Dabei zahlst du, je nach Menge, zwischen 1,9 Cent und 3,6 Cent pro Avio. Mehrmals im Jahr werden Avios aber auch über Groupon oder andere Websites verkauft, und das zu Preisen, die teilweise unter einem Cent pro Stück liegen. Damit kannst du dir dann noch mal 100.000 zusätzliche Avios auf das Konto schaffen. Da sowohl British Airways als auch Iberia die gleiche Währung nutzen, kannst du Avios ganz einfach kostenlos zwischen deinem British-Airways-Executive- Account und deinem Iberia-Plus-Account, hin und her bewegen.

Diesen Vorteil solltest du aus verschiedenen Gründen nutzen. Zuerst einmal kannst du dir beispielsweise jeweils 100.000 Avios für deinen Iberia Plus und Executive Club kaufen und diese dann zusammenlegen. Du kannst deine Prämienflüge oft besser über Iberia Plus buchen, da dort der bei British Airways fällige Kerosinzuschlag entfällt. So kannst du in der Businessclass knapp 120 Euro sparen, in den anderen Klassen rund 70 Euro.

Bemerkenswert ist auch, dass du zum Beispiel Accor- oder e-Rewards-Punkte in einem deutlich besseren Verhältnis bei Iberia umtauschen kannst als bei British Airways. Bei Letzterer bekommst du nämlich 2.000 Avios für 4.000 Accor-Punkte, wohingegen es bei Iberia für 3.000 Accor-Punkte auch 3.000 Avios gibt. Das Tauschverhältnis ist also direkt doppelt so gut! Bei e-Rewards verhält sich das ähnlich.

British Airways Holidays bietet dir eine Kombination aus Flügen und Hotelaufenthalten aus einer Hand an. Das Programm überrascht mehrmals im Jahr mit sehr attraktiven Businessclassangeboten und bietet dir die Möglichkeit, neben den Avios, die du für deinen Flug bekommst, auch einen Avio pro Pfund einzustreichen, das du für deine Reise zahlst.

MEILEN EINLÖSEN IM EXECUTIVE CLUB

British Airways wirbt damit, ein Minimum von vier Economy- und zwei Businessclassprämientickets pro Flug anzubieten. Um ein Prämienticket kaufen zu können, muss man innerhalb der letzten zwölf Monate mindestens einen Avio gesammelt haben. Die nötige Meilenzahl richtet sich nicht nur nach Tarif und Strecke, sondern auch nach der Reisezeit, die in Haupt- und Nebensaison aufgeteilt ist.

Durch die verschiedenen Kostenfaktoren lässt sich eine Strecke scheinbar nicht pauschalisieren, was heißt, dass keine Tabelle existiert, auf der du ganz einfach alle Preise ablesen kannst. Allerdings bietet British

Airways einen guten Meilenrechner auf seiner Website an. Dieser zeigt dir auch alle Möglichkeiten an, wie du deine Reise auch anders zahlen kannst, zum Beispiel mit „Cash + Avios".

Ein Flug von London nach New York kostet, je nach Saison, 50.000 oder 60.000 Avios. Du kannst zwischen 135 Euro und 730 Euro dieser Meilen mit Geld zuzahlen. In der Nebensaison kostet dich das Ticket dann noch 25.000 Avios und 610 Euro, in der Hauptsaison 30.000 Avios und 730 Euro.

Upgrades können bei British Airways sowohl direkt bei der Buchung vorgenommen als auch später nachgeholt werden. Auch hier gibt es keine festen Meilenwerte, jedoch kannst du dir folgende Faustformel merken: Nötige Avios für die Wunschkabine (Business/First) minus nötige Avios für die gebuchte Kabine ergibt die benötigten Avios für dein Upgrade. Heißt: Ein Flug nach New York kostet beispielsweise 60.000 Meilen in der Businessclass und 40.000 in Premium Economy. Das Upgrade würde dich dann also 20.000 Avios kosten. Außerdem kannst du deine Avios auch für Upgrades bei Iberia und American Airlines nutzen, aber nicht innerhalb der oneworld-Allianz.

Ansonsten gilt wie immer, dass du überall, wo du Meilen sammeln kannst, auch Meilen ausgeben und umtauschen kannst. Soll heißen, beim Einkauf in Onlineshops, Hotels und beim Anmieten von Mietwagen.

Der Upgrade-Guru sagt

+ Sehr gutes Streckennetz mit recht guter Prämienverfügbarkeit, auch in der First Class.
+ Gute Website. Einfach zu buchen.
+ Viele Möglichkeiten zum Optimieren durch die Partnerschaft mit Iberia.
– Kundenservice hat in den letzten Jahren nachgelassen.

Gesamtnote: 3

AIR FRANCE KLM

Die Allianz des Himmels

Laut Daten des Statistischen Bundesamtes gehörten im Jahr 2015 rund 22 % der Bevölkerung der sogenannten Generation Y an. Grob gesehen umfasst sie die Geburtsjahrgänge von 1980 bis 2000. Diese Generation ist weltweite Freizügigkeit gewohnt und deswegen häufig ziemlich aktiv, wenn es um das Thema Reisen geht. Und um die Bedürfnisse dieser Generation zu befriedigen und die Kunden der Zukunft zu sichern, hat Air France am 1. Dezember 2017 kurzerhand eine Tochtergesellschaft namens Joon gegründet, angelehnt an das französische Wort „jeune" für „jung". Joon ist die einzige Marke, die sich aktiv auf dieses Kundensegment konzentriert.

Dass Air France und auch KLM gemeinsam die Zielgruppe der jungen Erwachsenen für sich entdeckt haben, zeichnete sich schon vorher durch verschiedene Promotions ab, die die beiden Airlines gemeinsam durchgeführt und die sich hauptsächlich an Jugendliche und junge Erwachsene gerichtet haben.

Doch was ist eigentlich der Unterschied zwischen Air France und KLM oder gehören beide zusammen? Air France-KLM ist eine Holdinggesellschaft, die 2004 von den beiden Airlines Air France und KLM gegründet wurde. Rechtlich gesehen sind diese beiden Fluglinien nach wie vor eigenständige Unternehmen, auch wenn Air France 81 % der Anteile der Holding hält. Tatsächlich gehören aber auch noch einige unbekanntere Fluggesellschaften dazu, wie Hop!, Transavia Airlines und CityJet. Aber lieber noch ein Wort zu den beiden Big Playern: Air France ist die Airline, die von 1976 bis 2003 neben der British Airways die legendäre Concorde in Betrieb hatte. KLM, was auf Deutsch etwa so viel bedeutet wie „Königliche Luftfahrtgesellschaft", ist die nationale Fluggesellschaft der Niederlande und gleichzeitig die älteste noch existierende Airline der Welt, mit ihrer Gründung im Jahr 1919. Übrigens fliegt der niederländische König regelmäßig als Co-Pilot bei KLM.

Die beiden Airlines haben ein gemeinsames Bonusprogramm namens Flying Blue.

KLM und Air France fliegen Ziele rund um die Welt an, darunter in Südamerika, Afrika und dem Mittleren Osten, konzentrieren sich jedoch auf Nordamerika, Europa und Asien. Zum 1. April 2018 gibt es außerdem ein neues Flying-Blue-Programm. Umsatzbasiert. Heißt: Wenn du günstig fliegst, fliegen deutlich weniger Punkte auf dein Konto.

Bei Flying Blue kannst du vier verschiedene Statuslevel erreichen. Sie heißen Ivory, Silver, Gold und Platinum. Normalerweise benötigt man Statusmeilen, um ein Level aufzusteigen. Bei Flying Blue gibt es ab dem 1. April 2018 jedoch diese Art Meilen nicht mehr, da sie durch sogenannte „Experience Points", kurz XP, abgelöst werden. Davon gibt es immer eine feste Menge pro Flug, die du aus einer Tabelle auf der Website von Flying Blue ablesen kannst. Für Inlandsflüge in der Economyclass gibt es zwei XP, für die höchste Langstreckenkategorie 12 XP in der Economy, 24 in der Premium Economy, 36 in der Business und 60 Punkte in der First Class. Du hast jeweils einen Qualifizierungszeitraum von zwölf Monaten und genauso lang ist auch dein Status gültig.

Den Ivory-Status erreichst du schon mit Erhalt deiner Bonuskarte. Für Silver brauchtest du früher 25.000 Statusmeilen, jetzt benötigst du 100 XP. Solltest du bereits Statusmeilen auf deinem Konto haben, werden sie zum Zeitpunkt der Umstellung in XP umgerechnet. Pro 1.000 Statusmeilen gibt es 5 XP und pro anerkanntem Flug 7 XP. Im Endeffekt reichen hier also bereits 20.000 Statusmeilen für den Silver-Status aus.

Für Gold bräuchtest du 40.000 Meilen oder 30 Flüge, was ab dem 1. April 180 XP entspricht. Für den Elite-Plus-Platinum-Status brauchst du dann 300 XP. Das Gute ist, dass du bereits mit dem Gold-Status den SkyTeam-Elite-Plus-Status innehast, also den höchstmöglichen Status in der SkyTeam-Allianz.

Deine Statusvorteile

BEI AIR FRANCE-KLM

Als Silver-Mitglied kommst du direkt in den Genuss von 50 % Bonusmeilen, was für den ersten Elitestatus ein guter Wert ist. Außerdem gibt es Priority-Check-in, Vergünstigungen auf XL-Sitze und kostenlose Sitzplatzreservierungen für dich und deine Begleitung. Du darfst 10 kg zusätzliches Gepäck mitnehmen. Als Gold-Mitglied gibt es natürlich alle Vorteile eines Silver-Mitglieds, wobei sich dein Meilenbonus auf 75 % erhöht. Des Weiteren ist ein zusätzliches Gepäckstück mit 15 kg Gewicht erlaubt und du hast nicht nur Zugriff auf Priority-Check-in, sondern auch Priority-Boarding, Priority-Gepäckausgabe und du kommst schneller durch die Passkontrolle. Am allerinteressantesten ist allerdings wohl der Loungezugang bei allen anderen Airlines der SkyTeam-Allianz für dich und eine weitere Person.

Als Platin-Mitglied hast du schließlich den höchsten Status erreicht. Deshalb gibt es auch einen 100 %-Bonus beim Meilensammeln und ein zusätzliches Gepäckstück à 20 kg. Außerdem kannst du kostenlos XL- und Wunschsitze auf jedem Flug reservieren. Hast du es übrigens geschafft, in 10 aufeinanderfolgenden Jahren deinen Platin-Status zu halten, wird er dir direkt lebenslang verliehen.

MEILEN SAMMELN BEI FLYING BLUE

Du sammelst selbstverständlich Meilen auf allen Flügen von KLM und Air France sowie den über 20 SkyTeam-Airlinepartnern. Ab dem 1. April 2018 wird bei Flying Blue, wie oben bereits gesagt, nicht mehr in Prämienmeilen und Statusmeilen unterschieden. Eine weitere sehr zentrale Änderung im Programm ist die, dass du Meilen für Ausgaben sammeln kannst, die für À-la-carte-Menüs, zusätzliches Gepäck und Upgrades auf deinen Sitz anfallen. Du sammelst vier Meilen pro Euro für Flüge bei Air France, KLM, Hop! und Joon. Deine Meilen sind unbegrenzt gültig, unter der Voraussetzung, dass du mindestens alle zwei Jahre einen anerkannten Flug mit einem der SkyTeam-Partner oder KLM oder Air France absolvierst.

Wenn du Meilen bei den Partnern sammeln möchtest, kannst du dir auf der Website von Flying Blue die einzelnen Partnerairlines angucken und auch die jeweiligen Meilentabellen, oder du benutzt den praktischen Meilenrechner. Normalerweise werden die Entfernungsmeilen der Flugstrecke mit einem bestimmten Prozentsatz multipliziert, der sich an dem gebuchten Tarif orientiert. Das ist sowohl für Prämien- als auch für Statusmeilen der Fall, wobei du zu den Prämienmeilen auch noch deine Bonusmeilen sammeln kannst. Auch bei Flying Blue bekommst du Meilen, wenn du Autos bei Avis, Europcar, Sixt, Budget oder anderen Anbietern anmietest. Viele Hotelpartner bieten dir die Möglichkeit, statt Punkte Meilen zu sammeln. Dabei sind unter anderem Accor, Hilton, Marriott und Best Western. Natürlich gibt es auch eine große Auswahl an Onlineshops, z. B. Bose und Sony und Chic Outlet Shopping.

Eine weitere interessante Möglichkeit ist das Übertragen von Punkten. Während es bei American Express Membership Rewards vernünftige Tauschverhältnisse gibt, rate ich von den möglichen Hotelprogrammen lieber ab. Mit Onlineumfragen im Opinion Rewards Club lassen sich leicht Meilen verdienen, wenn auch nur in relativ kleinen Mengen.

MEILEN EINLÖSEN BEI FLYING BLUE

Auch hier gilt natürlich: Die attraktivsten Eintauschmöglichkeiten sind Prämienflüge und Upgrades in die nächsthöhere Buchungsklasse. Flying Blue bietet als Äquivalent zu den Lufthansa-Meilenschnäppchen die sogenannten Promo-Prämien an. Das ist im Endeffekt bloß ein anderer Name für die gleiche Sache. Zwischen 20 % und 50 % günstiger kannst du dir bei den Promo-Prämien deine Prämienflüge sichern, jeden Monat wechseln die Angebote.

Normale Prämienflüge werden bei Flying Blue Classic-Prämien genannt. Für ein Ticket in der Businessclass benötigst du für jeweils eine einfache Flugstrecke in die USA 62.500 und nach Südamerika 100.000 Meilen. Zum Vergleich: Für einen regulären Prämienflug in der Businessclass der Lufthansa von Deutschland nach Nordamerika musst du bei Miles & More nur 52.500 Meilen einsetzen und nach Südamerika geht es bereits für 67.500 Prämienmeilen pro Strecke.

Flying Blue bietet dir auch die sogenannten „Flex-Prämien" an. Du erhältst mehr Flexibilität bei den Reisedaten und kannst kostenlos umbuchen. Sie sind allerdings ein gutes Stück teurer. Selbst der billigste Businessclassflug verschlingt pro Strecke noch 150.000 Meilen (Naher Osten).

Mit der „Rund-um-die-Welt-Prämie" kannst du mit bis zu sechs Zwischenstopps (pro Kontinent jedoch maximal drei) einmal um die Welt fliegen. Und das ist sogar ernst gemeint, denn alle Flugsegmente müssen in dieselbe Richtung führen. Wenn du also Richtung China fliegst, musst du beispielsweise von dort aus weiter nach Nordamerika und kannst dann erst wieder zurück nach Europa reisen. Ein solches Ticket kostet 140.000 in der Economy und 350.000 Meilen in der Businessclass. Solltest du diese Werte nicht ganz zusammen haben, willst dir aber deinen nächsten Prämienflug buchen, dann gibt es etwas, auf das du dich freuen kannst: Ab Juni 2018 wird auch bei Flying Blue die Option „Miles & Cash" freigeschaltet. Damit kannst du bis zu 25 % des Ticketpreises in Geld zuzahlen.

Ansonsten lassen sich deine Meilen für zusätzliches Gepäck, Essen, Loungezugang und anderes einsetzen. Natürlich auch für Upgrades. Du zahlst beispielsweise 35.000 Meilen für ein Upgrade aus der Economyclass in die Businessclass von Paris nach New York. Es qualifizieren dich nicht alle Economytarife für ein Upgrade, allerdings die meisten. Du kannst deine Meilen leider nicht für Upgrades bei anderen SkyTeam-Airlines nutzen. Abseits des Flughafens kannst du deine Meilen natürlich auch im Flying-Blue-Store ausgeben, zum Beispiel für Hotelaufenthalte, Mietwagen, Gutscheine und mehr. Eine andere Möglichkeit ist, die Meilen zu spenden. Flying Blue bietet dafür sogar eine ziemlich große Auswahl an Organisationen an.

Der Upgrade-Guru sagt

- Das erste europäische Programm, das auf Umsatz umgestellt hat.
- Im Vergleich zu Miles & More brauchst du mehr Meilen für deine Freiflüge.
+ Aber: Leichter zum Status und bessere Vorteile schon im Silver-Status.

Gesamtnote: 3

EINMAL ERSTE KLASSE, BITTE!

„Herr Switalski" steht handgeschrieben auf der Menükarte, die auf der Ablage unter dem Fenster neben meinem großen Sessel liegt. Während sich in der Lufthansa-Economy drei Mitreisende ein Fenster teilen, habe ich vier davon für mich allein. Ausreichend Ausblick. Direkt neben der frischen roten Rose, die in einer kleinen Vase an eine schon fast vergangene Zeit erinnert, finde ich meinen fein säuberlich zusammengelegten Schlafanzug und meine kuscheligen Pantoffeln.

Einmal erste Klasse fliegen. Eintauchen in einen Luxus, der manchmal nicht mehr von dieser Welt zu sein scheint, sondern eher an ein Märchen aus „1001 Nacht" erinnert. Feinster Champagner, ein richtiges Bett, eine Dusche im Flugzeug – ein Traum! Ein Traum, der für viele möglicherweise nie zur Realität wird. Und zwar nicht deshalb, weil es so schwierig ist, ein Erste-Klasse-Ticket mit Meilen zu zahlen und einige Tausend Euro zu sparen, sondern aus einem anderen Grund: Die erste Klasse verschwindet Stück für Stück aus den Angeboten der meisten großen Airlines. Das mag vielleicht merkwürdig anmuten, da gerade erst Emirates und Singapore Airlines ihre neuen luxuriösen First-Class-Suiten in den Markt eingeführt haben. Während sich in der alten Emirates First noch acht Suiten befanden, erwartet dich jetzt in den nur noch sechs Luxusabteilen aber noch mehr komfortabler Platz. Du kannst es dir in deinem Sessel oder dem Extrabett bequem machen. Mit dem Fernglas neben dem Fenster kannst du die Weite über den Wolken genießen. Bisher waren die First-Class-Abteile bei Emirates nur durch einfache Schiebetüren vom Gang getrennt. Jetzt sind Wände vom Boden bis zur Decke des Flugzeugs gezogen worden und du genießt vollkommene Privatsphäre.

Um den anspruchsvollen Bedürfnissen der First-Kunden gerecht zu werden, geht Singapore noch weiter. Wo vorher zwanzig Businessclasssitze oder zwölf Erste-Klasse-Passagiere Platz fanden, sind jetzt nur noch sechs Suiten untergebracht. In den Reihen eins und zwei kann man sie sogar zusammenlegen und sich dann in zwölf Kilometer Höhe zu zweit im Doppelbett tummeln. Das Badezimmer wurde nochmals vergrößert. Die Dusche in der First bietet aber nach wie vor nur Emirates.

Designer arbeiten an Kabinen, die eher an Boutique-Design-Hotels als an Flugzeuge erinnern und vielleicht kannst du bald schon über den Wolken dein Work-out im Gym machen oder dich im Spa erholen ...

Die erste Klasse wird bei einigen Airlines nach wie vor angeboten und erneuert und auch die Lufthansa hat die letzten Jahre noch massiv investiert. Das First-Class-Terminal in Frankfurt, von dem du mit dem Porsche über das Rollfeld zum Flugzeug gebracht wirst, setzt Maßstäbe und sorgte nicht zuletzt für eine Fünf-Sterne-Skytrax-Bewertung.

Doch das täuscht nur darüber hinweg, dass es auf immer weniger Strecken und in immer weniger Flugzeugen überhaupt eine erste Klasse gibt. Noch vor wenigen Jahren bot die deutsche Airline mit dem Kranich in rund 100 Flugzeugen eine erste Klasse an. Mittlerweile sind rund 40 % der Kapazitäten abgebaut. In Zeiten immer strengerer Reiserichtlinien, in denen viele Vorstandsvorsitzende von börsennotierten Konzernen nicht einmal mehr diesen Luxus genießen dürfen, ist das aus wirtschaftlicher Sicht grundsätzlich zu verstehen. Da macht es durchaus Sinn, aus acht Sitzen lieber vier zu machen und dafür die erste Klasse wieder in mehr Maschinen anzubieten, wie es der Planung der Lufthansa nachgesagt wird.

Airlines wie American Airlines, United Airlines und British Airways haben bekannt gegeben das eigene First-Class-Angebot um bis zu 90 % zu reduzieren. Für viele Meilensammler ist dies eine bittere Pille, denn mit dem Abbau verschwinden auch die begehrtesten Plätze, um Meilen einzulösen. In der ersten Klasse sind im Normalfall nur rund ein Viertel der Plätz von Passagieren besetzt, die den vollen Preis gezahlt haben. Der Rest von Vielfliegern und Meilensammlern, die ein Upgrade aus der Businessclass oder den Flug mit einem Prämienticket nutzen.

Ich lasse meine Gedanken laufen und überlege, wer auf meinem heutigen Flug von Miami nach Frankfurt wohl die zahlenden Passagiere sind und sich nicht, wie ich, allein durch das Optimieren seines Einkaufsverhaltens und das Sammeln und Kombinieren von Payback-Punkten diese Luxusauszeit gönnt. Vielleicht die charmante Dame mit schweizerischem Akzent auf der anderen Seite des breiten Ganges oder die zwei smarten jungen Businesstypen, die aussehen, als hätten sie gerade ihr Start-up für einige Millionen meistbietend verkauft. Dann widme ich mich dem grün-silbrig schimmernden Amenity-Kit von Braun Büffel. Liebevoll mit Schleifen verpackt, finde ich in meinem stylishen Kulturbeutel, passend zum Schlafanzug, hellbraune Socken, eine in Stoff gehüllte Schlafbrille, Luxuskosmetik und sogar einen Minischuhanzieher und Schuhputzzeug. Sie haben beim Packen an alles gedacht.

Auf dem Weg zur Toilette gebe ich noch meine Bestellung für das Frühstück auf und werde auf eine kleine Portion Kaviar nicht verzichten müssen. Als ich zurückkomme, ist mein Bett schon gemacht und aufgeschlagen.

„Bett" ist ein gutes Stichwort, denn die Unterschiede zwischen der Business und der First sind in den letzten Jahren immer mehr geschrumpft. Denkt man einige Jahre zurück, gab es in der Businessclass zwar verstellbare Sitze, doch ließen sie sich nicht in ein komplett horizontales Bett verwandeln. Heute sind die sogenannten Lie-Flat-Sitze in der Businessclass der meisten Airlines Standard.

Seit Qatar Airways seine neue Businesssuite im Einsatz hat, ist fehlende Privatsphäre in der Businessclass nur noch begrenzt als Argument einzusetzen und auch dort kannst du dir quasi schon ein Doppelbett bereiten lassen. Hier gibt es ebenso köstliches À-la-carte-Essen und immer mehr Fluglinien bieten dir Dine-on-Demand an, sodass du aus dem Menü auswählen kannst, was und wann immer du willst.

Es muss dem Passagier also mehr geboten werden, um zu den teuren Tickets zu greifen. Gern erinnere ich mich an meinen Flug mit American Airlines von São Paulo nach Miami. Als Executive-Platinum-Member von American Airlines habe ich vier Langstreckenupgrades im Jahr frei und mich gefreut statt in der Business in der First Platz nehmen zu dürfen. Vor dem Abflug verbrachte ich gemeinsam mit den anderen Business- und Statuspassagieren Zeit in der gleichen Lounge und naschte vom gleichen Buffet. An Bord freute ich mich zwar über Lachscarpaccio und genau richtig gebratenes Rinderfilet mit überbackenen Tomaten und

Blattspinat. Der Sitz war breit, Kopfkissen und Bettdecke weich und der Tisch zum Arbeiten groß. Doch das Eis mit heißen Beeren und diversen anderen süßen Toppings bekomme ich auch in der Businessclass von American Airlines zum Nachtisch. Was macht nun den Ticketpreis von immerhin 7.037 US-Dollar für diese Strecke aus? Der Schlafanzug allein kann es ja nicht sein …

Wenn sich die Businessclass nun also eher in Richtung First Class entwickelt hat, kann es zwangsläufig nur zwei Trends geben: Entweder man baut die erste Klasse ab oder man wertet sie durch puren Luxus erheblich auf. Und genau das geschieht auch.

Ich fühle mich ein wenig an die Situation erinnert, als ich als kleiner Junge zum ersten Mal im heimatlichen Freibad vor dem Zehnmeterturm stand, ungläubig nach oben blickte und mir gar nicht richtig vorstellen konnte, was für ein Gefühl mich beim Sprung erwarten würde. So oder so ähnlich ergeht es mir also, als ich zum ersten Mal die Rolltreppe im Hamad International Airport zur Al-Safwa-First-Lounge hinauffahre. Als mich beim Check-in ein riesengroßes skulpturartiges Blumengesteck anlächelt, tauche ich ein in diese wirklich elitäre Welt, die sich mir zwischen meterhohen Mauern erschließt. Es ist nachts und nur wenige Erste-Klasse-Passagiere verlieren sich in den breiten Gängen zwischen überdimensionierten und trotzdem dezenten Wasserspielen an den Wänden und auf dem Zentralplatz der Lounge. Das À-la-carte-Restaurant lädt mich zum Verweilen ein, aber ich ziehe mich in den minimalistisch eingerichteten Sushisalon zurück. Auf dem Weg dorthin werfe ich einen Blick in den Spa und die Familylounge mit verschiedenen Familienzimmern. Jeder Quadratzentimeter ist edel durchgestylt, hier wurde nichts dem Zufall überlassen. Die Hosts und Hostessen kümmern sich rührend und doch mit einem dezenten Abstand um mich, und meine Seele baumelt in dieser unwirklich anmutenden Welt aus Ruhe und Gelassenheit – bis der Duft der frischen Orchideen auf meinem Tisch mich aus meinem Traum aufweckt. Ich reibe mir kurz die Augen und sehe auf die Uhr. Drei Stunden Aufenthalt habe ich. Fühlt sich in mancher Lounge jede verbrachte Minute wie Zeitverschwendung an, möchte ich hier gar nicht wieder weg. Die kühle Eleganz der Arbeitszimmer nutze ich, um noch ein paar Mails zu versenden, und erhasche noch einen Blick in das

Kino mit seinen schweren Ledersitzen und den Gaming-Room, in dem sich Teens richtig austoben können. Umgeben bin ich immer wieder von frischen Orchideen, lilafarbene im Restaurant, gelbe in den Offices und weiße in den Waschräumen.

Seit jeher wird die Orchidee mit der Schönheitskönigin Aphrodite verglichen. Sie steht für Hingabe, Schönheit und Reichtum, Leidenschaft und Sehnsucht. Und diese Sehnsucht überfällt mich immer dann, wenn ich an meinen First-Class-Flug mit Qatar zwischen Doha und Bangkok zurückdenke. Nicht nur der Aufenthalt in den Gemäuern der Al-Safwa-Lounge hat diese Reise zu einem fantastischen Erlebnis gemacht, auch die rund sieben Stunden im A380 möchte ich wieder und wieder erleben. Und auch dort duftete das Badezimmer nach Orchideen.

Die Farbe Lila haben nicht nur diese Blumen, sondern die gesamte erste Klasse kommt in einem wohlig modernen Violett-Grau daher. Als ich die Treppe ins Oberdeck hinaufsteige, schwingt eine königliche Atmosphäre mit. In der Qatar-First-Class ist alles einen Tick anders als bei der Lufthansa. Nicht nur anders, sondern noch ein Quäntchen besser. Ein wenig luxuriöser.

Das Badezimmer ist etwa dreimal so groß wie die Toilette der Frankfurter. Manches Hotelzimmer könnte sich davon inspirieren lassen. Hier lächelt dich nicht eine rote Rose an, sondern gleich zehn. An der Garderobe könnte ich mein Hemd aufhängen und mich rasieren. Pro Passagier liegen etwa fünf Rasiersets bereit – plus Kämme, Zahnputzsets und kleinere Kosmetikutensilien, alles fein säuberlich eingepackt und im edlen Auszug unter dem sehr großen Spiegel verstaut. Fast schon selbstverständlich wirkt da, dass die bereitliegenden Handtücher nicht aus Papier, sondern aus Frottee sind.

Ich entscheide, meinen Dreitagebart trotzdem noch ein paar Stunden stehen zu lassen und stattdessen noch ein paar WhatsApp-Nachrichten zu versenden. Die Wi-Fi-Geschwindigkeit an Bord ist sehr gut und ich freue mich, dass ich als Reisender in der First nicht noch einmal extra 17 Euro dafür zahlen muss.

Als die Flugbegleiterin mir aus einer bronzenen Kanne frischen arabischen Kaffee und Datteln reicht, klopft mein Herz freudig. Diese von mir geliebte Kaffeespezialität gibt es sonst nur in der Businessclass auf den

Strecken im Mittleren Osten. Das schwarz-braune Amenity-Kit ist eine Miniaturversion eines Koffers der italienischen Nobelmarke BRIC'S und in der Menükarte springt mir sogleich das Angebot von fünf verschiedenen Dressings für den Salat ins Auge.

Im Kopf spulen sich Bilder meiner letzten First-Class-Erfahrungen ab. Wobei ich mich auf den Vergleich mit der Lufthansa konzentriere und aus meiner Sicht Qatar immer einen kleinen Schritt luxuriöser ist. Den Sitz, der zum Bett wird, empfinde ich noch ein wenig bequemer, und als ich keine Lust mehr habe, mit der auf Knopfdruck hoch- und herunterfahrenden Jalousie an meinem Fenster zu spielen, mach ich mich auf in die Lounge, die sich am anderen Ende des Oberdecks hinter der Businessclass befindet.

Eine geschwungene Bar bildet den Mittelpunkt des beliebten Treffpunktes an Bord. Es gibt frisch gemixte Cocktails und Champagner. Ich bleibe bei meinem Apple Cooler und staune über die liebevoll zubereiteten Snacks und Dessertleckereien, die mir angeboten werden. Auch hier ist der Luxus omnipräsent, aber dezent. Erst als ich von meinem bequemen Sofa auf den unteren Teil der Bartheke schaue, fallen mir etwa dreißig frische rote Rosen auf, die, in kleinen Vasen platziert, die Deko zieren. Ich fühle mich zu Hause und gucke in meiner Qatar-Privilege-Club-App auf meinen Qmiles-Stand. Mich beruhigen 132.625 Meilen. Mehr als ausreichend für mein nächstes Upgrade in die First.

Die Lounge für die First Class gab es übrigens auch schon in den 70er-Jahren im Oberdeck der Boeing 747. Ein Grund mehr, warum ich mich gar nicht so sehr daran störe, wenn die erste Klasse im Angebot zurückgefahren wird. Solange die Airlinemanager uns ein paar Plätze zum Fliegen und Träume wahr werden lassen. Einen dieser Plätze sollest auch du dir gönnen.

ASIANA AIRLINES

Die Geheimwaffe in der Star Alliance

Wenn man im Zusammenhang mit Waffen über Korea spricht, überkommt einen aufgrund der weltpolitischen Situation ein eher mulmiges Gefühl. Trotzdem ist in Südkorea ein Programm beheimatet, das ich gern als „Geheimwaffe" der Star Alliance bezeichnen möchte: Asiana Club.

Asiana Airlines ist eine südkoreanische Fluggesellschaft mit Sitz und Heimflughafen in Seoul und zusammen mit der Lufthansa Mitglied der Star Alliance. Asiana wurde gegründet, als im Zusammenhang mit den Olympischen Spielen 1988 in Seoul die staatliche Monopolairline Korean Air den Besucheransturm nicht mehr bewältigen konnte. Nach einem entsprechend holprigen Start gewann Asiana im Jahr 2010 den Skytrax-Preis für die Airline des Jahres. Außerdem gehört sie zu den zehn Fünf-Sterne-Fluglinien, die es laut Skytrax-Bewertungen gibt.

Von Südkorea aus fliegt Asiana verschiedene Ziele in ganz Asien an sowie in Nordamerika und Europa. In Deutschland fliegt Asiana nach Frankfurt am Main. Das Bonusprogramm von Asiana heißt Asiana Club. Als Mitglied kannst du einen von insgesamt fünf verschiedenen Status innehaben. Sobald du deine Karte beantragst, wirst du Silber-Mitglied. Danach folgen die Status Gold, Diamant, Diamant Plus und Platin.

Um einen Status zu erlangen, hast du jeweils 24 Monate Zeit; steigst du ein Statuslevel auf, ist es für 24 Monate gültig. Für den Gold-Status benötigst du 20.000 Meilen oder 30 Flüge mit Asiana. Dein Upgrade auf Diamant bekommst du für 40.000 Statusmeilen oder 50 Flugsegmente, für 100.000 Meilen oder 100 Flüge gibt es dann noch ein „Plus" hinter das „Diamant". Und um schließlich den höchsten Status zu erreichen, benötigst du lediglich 1.000.000 Meilen oder 1.000 Flüge mit Asiana. Dafür wird dieser Status auch nicht in einem 24-monatigen Rahmen vergeben, sondern deine Aktivitäten werden ab Beginn der Mitgliedschaft gezählt.

Interessant ist Asiana vor allem deswegen, weil du hier extrem schnell den Star-Alliance-Gold-Status erreichen kannst. Denn schon der Asiana-Diamant-Status bringt dir die Star-Alliance-Gold-Vorteile. Zwar würdest du 50 Flüge mit Asiana dafür benötigen, aber nur 40.000 Statusmeilen. Innerhalb von 24 Monaten, wohlgemerkt!

Um den entsprechenden Gold-Status bei Lufthansa zu erhalten, müssest du die Senator Card in der Tasche haben. Wie du vielleicht weißt und was dir leidvolle Blicke auf deinen Miles-&-More-Kontoauszug abverlangt, wirst du erst ab 100.000 Meilen von Lufthansa zum Senator erkoren, hast zum Sammeln aber nur zwölf Monate Zeit. Allein aus diesem Grund lohnt es sich, Asiana-Club-Mitglied zu werden, denn sobald du 40.000 Meilen gesammelt hast, stehen dir plötzlich die Türen der Senator Lounges von Lufthansa weit offen. Leider nur, wenn du mit einem Lufthansa-Ticket unterwegs bist. Wenn du innerdeutsch zum Beispiel aber mit Eurowings fliegst, hilft dir nur der Lufthansa-Status weiter.

Es gibt noch ein weiteres Plus, mit dem du viel aus dem Asiana-Diamant-Status herausholen kannst: Im Asiana Club beträgt die Statusgültigkeit immer zwei Jahre. Wenn du dich registrierst, hast du, wie gesagt, einen Zeitraum von zwei Jahren, um deine nötigen Meilen zu sammeln. Der Clou: Diese Zeit wird zur Laufzeit deines Status hinzugerechnet. Wenn du also im Monat nach deiner Registrierung gleich 40.000 Statusmeilen erreichst – und das ist mit den richtigen Flügen gar nicht so schwierig –, dann hast du dir für ganze vier Jahre den Star-Alliance-Gold-Status gesichert.

Nach Diamant folgt bei Asiana Diamant Plus. Und falls du diesen Status lebenslänglich innehaben willst, benötigst du 500.000 Meilen oder 500 Flüge seit Beginn deiner Mitgliedschaft. Zu guter Letzt gibt es noch den Platin-Status.

Besonders bemerkenswert ist übrigens, dass die Meilen von Asiana eine Gültigkeit von zehn Jahren haben. Damit liegen sie bei den Airlinebonusprogrammen mit weitem Abstand vorn.

Deine Statusvorteile

Deine ersten Vorteile kannst du als Gold-Mitglied genießen. Als solches darfst du nämlich einen separaten Check-in-Schalter nutzen, bevorzugte Gepäckbehandlung sorgt dafür, dass du als einer der Ersten deinen Koffer am Zielflughafen erhältst, und du darfst 9 kg Zusatzgepäck mitnehmen. Außerdem gibt es einen minimalen Meilenbonus von 5 %.

Auf Diamant-Level-Niveau kannst du auch den Businessclass-Check-in-Schalter nutzen und du bekommst entweder 23 kg Zusatzgepäck in der Economy- oder 32 kg in der Business- und First Class. Außerdem gibt es 10 % Bonusmeilen auf Asiana-Flügen und du bekommst für dich und eine weitere Person Loungezugang. Nicht nur bei Asiana, sondern bei allen Star-Alliance-Partnern. Plus alle weiteren Gold-Vorteile. Interessanterweise wird die Haltbarkeit deiner Meilen von den sowieso schon beeindruckenden zehn Jahren noch auf zwölf Jahre angehoben. Schon aus diesem Grund ist für Star-Alliance-Wenigflieger Asiana ein interessanter Sammelpartner.

Einer der Vorteile von Diamant Plus, auf die du dich freuen kannst, ist die Nutzung der First-Class-Lounge an Asianas Heimatflughafen Incheon International in Südkorea. Außerdem bekommst du 15 % Bonusmeilen für deine Flüge.

Beim Platin-Status gibt es außer 20 % Bonusmeilen eigentlich keine weiteren wirklichen Vorteile. Genau wie als lebenslanges Diamant-Mitglied bekommst du als Platin-Mitglied zwei Gutscheincoupons, die entweder als 10.000 Meilen bei der Buchung eines Prämienfluges oder als 50 % Rabatt bei einem Prämienupgrade genutzt werden können.

MEILEN SAMMELN BEIM ASIANA CLUB

Asiana-Club-Mitglieder können Meilen sammeln, indem sie von Asiana Airlines oder den Star-Alliance-Partnern geführte Flüge, Hotels und Autovermietungen nutzen. Bei den Hotelprogrammen sind alle großen Namen dabei, von SPG über Marriott, IHG bis zu Hilton. Für Mietwagen kommt als Partner eigentlich nur Hertz infrage. Und das war es auch schon mit den Sammelmöglichkeiten.

Bemerkenswert ist jedoch die Meilentabelle bei Asiana. Auch bei den Koreanern richtet sich die Menge der Meilen, die dir gutgeschrieben werden, nach der Tarifklasse, in der du fliegst. Und obwohl die zu sammelnden Meilen in der Economyclass bei manchen Airlines gering sind, schießt Asiana hier den Vogel ab, indem sie für die Economytarife „L", „X" und „N", die Businesstarife „I" und „R" und den First-Class-Tarif „O" genau 0 % Meilen ausschüttet. 0 % Meilen auf einem First-Class-Flug! Selbst mit Asiana-Partner-Airlines gibt es auf diese Tarife nur 0 Meilen.

Sonst variiert die Menge der ausgeschütteten Prämienmeilen zwischen 50 und 100 % in der Economyclass, 100 und 135 % der Business- und 150 oder 200 % in der First Class.

MEILEN EINLÖSEN BEIM ASIANA CLUB

Natürlich kommen auch bei Asiana hauptsächlich Prämienflüge und Upgrades infrage. Wichtig ist hier zu wissen, dass Asiana Airlines tatsächlich vier verschiedene Luxusklassen anbietet: Neben der Businessclass gibt es nämlich noch die sogenannte Businessclass Smartium, es folgt die First Class und darüber die First Suite Class.

Die First Suite Class unterscheidet sich von der First Class, wie der Name schon verrät, vor allem dadurch, dass du in der Suite Class einen abgetrennten Bereich „mit Stimmungsbeleuchtung" ganz für dich allein hast, während dich in der First Class lediglich eine aufziehbare Trennwand von deinem direkten Sitznachbarn trennt. Die Betten in beiden Klassen sind mit einer Länge von 210 cm allerdings gleich geräumig. Auch beim Essen gibt es keinen Unterschied. Du hast die Wahl zwischen zehn Menüs, die sich in königliche koreanische Speisen und westliche Gerichte unterteilen lassen. Die westlichen Gerichte werden in Zusammenarbeit mit dem Institut für koreanische königliche Küche zubereitet, die das Vermächtnis traditioneller koreanischer bewahrt. Die Qual der Wahl zwischen diesen beiden Klassen hast du allerdings nur, wenn dein Flug mit einer B777 geht, denn nur in diesem Flugzeugtyp sind die First Suite und die First Class überhaupt enthalten.

Bei der Business-Smartium-Klasse und der normalen Businessclass zeigt sich der Unterschied bereits beim Bett, das in der Smartiumklasse um 180 Grad umlegbar ist und einen genauso bequemen Sitzplatz bieten soll wie in der First Class. Außerdem gibt es noch einen USB-Port und ein besonderes Entertainmentsystem. In der Businessclass sind die Sitze zwar extra breit, lassen sich aber nicht um 180 Grad umlegen und bieten auch keinen der anderen Vorteile, wie einen heutzutage fast unerlässlichen USB-Port. Generell muss zu dieser Klasse auch gesagt werden, dass sie optisch etwas veraltet wirkt und nicht das typische Gefühl von Luxus vermittelt, das sich sonst in der Businessclass der meisten Airlines einstellt.

Für ein Prämienticket von Deutschland nach Australien musst du in der oben stehenden Reihenfolge der Klassen 80.000, 100.000, 105.000 und 125.000 Meilen einsetzen. Kurios ist vor allem die Preisdifferenz von lediglich 5.000 Meilen, um von der Businessclass Smartium in die First Class zu gelangen. Das ist allerdings nicht ohne Grund so gestaffelt und man kann vom Preis des jeweiligen Tickets auch recht gut auf die Qualität der entsprechenden Klasse rückschließen.

Flüge von Europa nach Asien kosten übrigens zwischen 62.500 und 100.000 Meilen. Und da der Flug entweder nach oder über Korea führen muss, wird auch keine Option für die Strecke Europa–Amerika angeboten.

Genau wie für die Prämientickets ist die Aufstellung der jeweiligen Klassen auch bei den Upgrades relevant. Es ist möglich, von der Economy- in die Business- sowie in die Business-Smartium-Klasse upzugraden, von Business in die First und dann von Business Smartium in die First Suite. Andere Kombinationen sind nicht möglich. Von Economy in

Business Smartium und von Business Smartium in die First Suite sind immer gleich teuer, genau wie die anderen beiden Optionen. Das heißt, nach Australien würde dich das pro Strecke beispielsweise die folgenden Meilenwerte kosten: Eco in Business = 50.000; Eco in Business Smartium = 70.000; Business in First = 50.000 und schließlich Business Smartium in First Suite = 70.000. Nach Südostasien kosten die Upgrades 75.000 und 105.000 Meilen.

Ansonsten kannst du deine Meilen auch für Services wie Übergepäck, Loungenutzung oder auch Kinderbegleitung nutzen.

Das Asiana-Programm ist allerdings vor allem wegen einer Besonderheit für dich extrem interessant: Denn mit Asiana-Meilen kannst du supergünstig in der Lufthansa-First-Class fliegen! Wie das möglich ist? Als Star-Alliance-Partner bietet dir Asiana die Möglichkeit, Meilen auch bei den Partnerfluggesellschaften wie eben Lufthansa einzusetzen. Du brauchst für Flüge von Europa nach Nordamerika in der First Class nur 50.000 Meilen. Dafür ist es völlig egal, ob du nach New York, Toronto, Los Angeles, Miami oder Hawaii fliegst. Selbst in die Karibik kommst du mit diesem Schnäppchen, aber bei Miles & More müsstest du 85.000 Meilen für die gleiche Strecke auf der hohen Meilenkante haben.

Natürlich musst du erst einmal 50.00 Meilen auf deinem Asiana-Club-Konto haben, aber mit ein bisschen Tricksen ist das schnell geschafft. Der Schlüssel zum Erfolg heißt hier nämlich SPG, das Bonusprogramm der Starwood-Hotels, noch immer mein absoluter Favorit. Um deine 50.000 Asiana-Meilen zu bekommen, benötigst du lediglich 40.000 SPG-Punkte. Denn das Gute ist, dass du je 20.000 umgewandelter Punkte von SPG zu Asiana einen Bonus von 5.000 Meilen bekommst. 40.000 Punkte plus zweimal 5.000 Meilen Bonus ergibt summa summarum die 50.000 Meilen, die du brauchst.

Wenn du nicht ausreichend Starpoints auf deinem SPG-Konto hast, kannst du auch bis zu 30.000 Punkte pro Jahr dazukaufen. Wenn du es eilig hast, kaufst du zum Beispiel im Dezember und Januar oder du erschläfst dir die fehlenden 10.000 Punkte mit Übernachtungen, das macht in den meisten Starwood-Hotels auch richtig Freude. Für 30.000 Starpoints bezahlst du je nach Wechselkurs rund 955 Euro. Allerdings gibt es mehrmals im Jahr Rabattaktionen mit bis zu 35 % Ersparnis.

Damit wären die Grundvoraussetzungen für deinen Lufthansa-Flug in der First Class erfüllt, auch wenn es noch die eine oder andere Hürde auf dem Weg zu überwinden gilt. Zum Beispiel werden freie Plätze für Partnerfluggesellschaften in der Lufthansa-First meist erst 14 Tage vor Abflug freigeschaltet und die Verfügbarkeit von Prämientickets ist insgesamt nicht sehr berauschend. Hier kann dir eines unserer Profitools helfen: Mit Expertflyer kommst du einfacher zu deinem Platz. Mehr über die nützlichen Tools erfährst du in deinem kostenlosen eBook, dass du dir mit deinem Code herunterladen kannst.

Der Upgrade-Guru sagt

+ Asiana bietet dir einen sehr schnellen Weg zu Star-Alliance-Gold.
+ Mit cleverem Trick bis zu 4 Jahre Gold-Status.
+ Top: Bis zu 12 Jahre Meilenhaltbarkeit!
+ Durch Umwandlung von SPG Meilen sammeln, ohne zu fliegen.
– Bei einigen Tarifen gibt es 0 Meilen.

Gesamtnote: 2

TAP

Die Portugiesen heimsen Preise ein

Zwanzig Jahre sind eine ganz schön lange Zeit im Meilenspiel. Seit 1998 bin ich schon Mitglied bei TAP Victoria, dem Meilenprogramm der portugiesischen Airline TAP. Angefreundet hatte ich mich mit dem Programm durch die Möglichkeit, Membership-Rewards-Punkte von meiner American Express in Victoria-Meilen umzutauschen – so konnte ich das ein oder andere Businessclassticket ohne viel Mühe für meine Rennstrecken nach Brasilien bekommen. Zwar ist TAP Victoria schon lange kein Membership-Rewards-Tauschpartner mehr – aber seit etwa zwei Jahren gehört Victoria wieder zu meinen europäischen Lieblingsprogrammen. Und mit der Meinung stehe ich nicht allein da: Im letzten Jahr wurde Victoria bei den Freddie Awards, einer der einflussreichsten Auszeichnungen in der Reiseindustrie, bei der 2017 über 4 Millionen Stimmen aus 237 Ländern abgegeben wurden, mit dem Newcomer Preis ausgezeichnet. Und das ist nicht der einzige Award, den die Portugiesen bekommen haben, seitdem sie 1946 ihren ersten Flug zwischen Lissabon und Madrid absolvierten. Bei den World Travel Awards belegen sie seit Jahren die ersten Plätze für „Europas führende Airline nach Südamerika" und „Europas führende Airline nach Afrika". Womit die wichtigsten Reiseziele feststehen. Die USA und Kanada werden gerade ins Visier genommen. Keine Airline bietet mehr Direktverbindungen von Europa nach Brasilien als TAP – und dabei sind sie echt innovativ, seitdem die expansive brasilianische Airline Azul 45 % der Anteile hält. Die Business- und Economyclass werden gerade runderneuert. Besonders hervorzuheben sind die oft extrem günstigen One-Way-Tarife, auch in der Businessclass. Wenn du ab Kopenhagen, Stockholm oder Oslo fliegst, gibts insbesondere zu den Zielen in Nordamerika, wie New York, Boston, Miami und Toronto, oft unschlagbare Angebote. Im deutschsprachigen Raum fliegt dich TAP von Frankfurt am Main, Hamburg, München, Düsseldorf, Berlin-Tegel, Stuttgart, Köln-Bonn, Genf, Zürich und Wien über Lissabon oder Porto in die Welt.

SCHNELLER ZUM GOLD-STATUS UND VORTEILE DER STAR ALLIANCE GENIESSEN

Der Basisstatus von Victoria wird als Victoria Miles bezeichnet und dir bei der Registrierung automatisch zugewiesen. Die folgenden Statusstufen sind Victoria Silver und Victoria Gold. Der Status ist immer für zwölf Monate gültig.

Um den Silver-Status zu erreichen, musst du 30.000 Statusmeilen sammeln oder alternativ während deines jährlichen Sammelzeitraums für Statusmeilen 25 Flüge oder Teilstrecken mit TAP fliegen. Der Sammelzeitraum ist individuell und richtet sich nach deinem Beitrittsmonat. Um den Status als Silver-Kunde zu halten, benötigst du 20.000 Statusmeilen oder 15 von TAP durchgeführte Flüge/Teilstrecken. Das sind 10.000 Meilen und 5 Flüge weniger, als du für den Status als Frequent Traveller der Lufthansa brauchst. Silver-Kunden sammeln bei jedem Flug mit TAP neben 25 % Bonusmeilen auch 25 % Statusmeilen in Bezug auf die insgesamt geflogenen Meilen.

Um den Gold-Status zu erreichen, musst du 70.000 Statusmeilen sammeln oder alternativ 50 von TAP durchgeführte Flüge/Teilstrecken fliegen. Um den Status als Gold-Kunde zu halten, benötigst du im Folgejahr nur 50.000 Statusmeilen oder 40 von TAP durchgeführte Flüge/Teilstrecken. Gold-Kunden sammeln bei jedem Flug mit TAP neben 50 % Bonusmeilen zusätzlich 50 % Statusmeilen in Bezug auf die insgesamt geflogenen Meilen. Der Gold-Status ist also viel schneller zu erlangen als bei der Lufthansa und vor allem leichter zu halten, aber er ist auch nur zwölf Monate gültig. Der Clou: Bist du Gold-Member, kannst du einer weiteren Person den Gold-Status schenken – er gilt dann für die Laufzeit deines Status.

Deine Statusvorteile

Als Victoria-Silver-Mitglied erhältst du bereits einige attraktive Vorteile. Zuerst einmal gibt es 25 % mehr Prämien- und Status-meilen, sodass du nicht nur leichter an Prämientickets heran-kommst, sondern auch deinen Weg zum Gold-Level verkürzt. Außerdem gibt es für dich Fast-Track- und Premium Boarding, sodass du als Erster das Flugzeug betrittst.

Und dank Gepäckpriorität bist du auch einer der Ersten, die den Flughafen wieder verlassen können. Auf Interkontinen-talflügen mit TAP gibt es direkt den Loungezugang bei Star-Alliance-Reisen, egal in welcher Buchungsklasse du unterwegs bist. Auf TAP-Flügen kannst du dir jetzt auch deinen Sitzplatz reservieren. Dank der Kooperation mit Pestana-Hotels kannst du dich bei Aufenthalten dort außerdem über Vorteile wie Zimmerupgrades, kostenlosen Zugang zum Fitnesscenter und mehr freuen.

Als Victoria-Gold-Mitglied werden deine Bonusmeilen direkt auf 50 % angehoben und dir wird sogar die Möglichkeit ge-geben, einen Gold-Status zu verschenken. Das ist ein selte-ner Bonus, insbesondere weil der Gold-Status auch noch den höchsten Status bei TAP darstellt.

Du und dein Partner könnt als Gold-Mitglieder ein zusätz-liches Gepäckstück kostenlos mitnehmen und bezahlt auch keine Gebühren für die Buchung, Stornierung und Änderung von Prämientickets, was einem schnell bis zu 80 Euro ersparen kann. Kaufst du für dich und einen Freund ein Prämienticket, dann ist das zweite Ticket ermäßigt.

MEILEN SAMMELN BEI VICTORIA

Bei Victoria kannst du Meilen auf den bekannten Wegen sammeln: beim Fliegen, beim Schlafen, bei Partnerairlines und anderen Sammelpartnern. Darüber hinaus bietet dir Victoria die wenig interessante Option an, Meilen zu kaufen. Interessant dagegen sind zwei Innovationen, die du dir genau angucken solltest: Lass dir Meilen schenken und hol dir Meilen und weitere Turbovorteile im Abo Victoria+!

Die Meilengutschriften beim Fliegen richten sich nach der gebuchten Ticketklasse: Für den günstigsten Tarif „Discount" gibt es nur noch 10 % der Meilen, „Basic" bringt 50 %, „Classic" 100 %, der teure Ecotarif „Plus" sowie der günstige Businesstarif „Executive" 150 %. Der „Full Fare Business Top Executive" bringt dir 200 % Victoria-Meilen ein.

Kaufen würde ich bei Victoria keine Meile. Die Preise sind mit 70 Euro für 2.000 Meilen einfach zu happig. Interessanter ist es, dir Meilen von einem anderen Konto schenken zu lassen. Vielleicht hat ein Freund von dir ein paar Meilen, die er einfach nicht braucht und die sonst eventuell verfallen. Er kann sie dir übertragen: 7.000 Meilen für 50 Euro, 10.000 für 89 Euro und 15.000 für 120 Euro.

Eine absolut interessante Option ist das Meilenabo Victoria+, das sich TAP von den brasilianischen Kollegen abgeguckt hat. So kommst du in jedem Jahr zu deinem Upgrade in die Businessclass, ohne vorher zu fliegen. Es gibt drei Programme zu unterschiedlichen Preisen: Base, Super und Prime, von denen letzteres sicherlich am attraktivsten ist. Du kannst sofort bis zu 14.000 Meilen bekommen und jeden Monat werden dir bis zu 3.000 Meilen auf deinem Konto gutgeschrieben. Im Jahr kommst du so auf mindestens 50.000 Meilen, ausreichend für zwei Businessclass-Upgrades nach Brasilien. Außerdem bekommst du 50 % mehr Meilen auf jedem TAP-Flug und kannst Prämienflüge kostenlos umbuchen. Das Ganze kostet dich 480 Euro im Jahr, die du auf einmal zahlen musst. So kostet dich ein Businessclass-Upgrade höchstens 240 Euro – und das kann dir locker ein paar Tausend Euro einsparen.

Ansonsten gibt es viele nützliche und amüsante Möglichkeiten, dein Victoria-Konto zu pimpen: Hotels mit Rocketmiles buchen, mit Lisbon Helicopters mit dem Hubschrauber fliegen, eine Fahrradtour mit Live

Love Riders unternehmen oder bei Booking.com 2 Meilen pro Euro bekommen. Für einen Flug mit dem Heißluftballon von Windpassengers zahlst du 150 Euro und bekommst 750 Meilen.

Für alle, die sich fit halten, hält Victoria über MOVE-Bonus noch einige Motivationsmeilen parat. 50 Kalorien verbrauchen, 5 Kilometer Fahrrad fahren, einen Kilometer Joggen – all das bringt dir 10 Meilen auf deinem Konto. Sport frei!

Deine gesammelten Meilen sind ab Gutschrift drei Jahre gültig. Du kannst die Gültigkeit um weitere drei Jahre gegen Zahlung einer Gebühr verlängern.

MEILEN EINLÖSEN BEI VICTORIA

Du kannst deine Victoria-Meilen für Flüge bei TAP, Star-Alliance-Partnern und anderen Partnerairlines einlösen. Ich empfehle dir, sie für Businessclasstickets oder besser noch Upgrades in die Businessclass einzusetzen.

Einen einfachen Flug in der Businessclass bekommst du ab Deutschland in die USA oder nach Brasilien für 55.000 Meilen. Hin und zurück das Doppelte. In den Saving-Seasons sparst du: Da gibt es zwar nur Hin- und Rückflüge, dafür kostet dich das Ticket dann aber 10.000 Meilen weniger.

Auch bei der TAP stehe ich auf Upgrades – und die gibt es nicht nur für echt günstige Meilenwerte, sondern sie haben auch eine ganz gute Verfügbarkeit. Kurzfristige Upgrades am Flughafen in Lissabon sind möglich!

Upgrades nach West-, Ost- und Zentralafrika kosten 15.000 Meilen, nach Nordamerika 20.000 Meilen, nach Südamerika 25.000 und nach Südafrika 40.000 Meilen (den hohen Preisunterschied konnte mir bisher übrigens niemand erklären ☺).

Wenn du statt zu fliegen lieber Gutes tun möchtest, dann hast du auch die Möglichkeit, deine Meilen zu spenden. Zum Beispiel an die Organisationen Dress a Girl Around the World oder Helpo. Und wenn du gar keinen Tipp von mir annehmen möchtest, dann bietet dir Victoria auch die Möglichkeit, deine Meilen in Geldgutscheine zu tauschen. Da bekommst du dann für 1.000 Meilen 10 Euro oder für 25.000 Meilen 100 Euro. Dabei ist Mario Draghi doch Italiener und kein Portugiese ...

Der Upgrade-Guru sagt

+ Super Programm für jeden, der viel nach Brasilien, nach Afrika oder günstig in der Businessclass nach Nordamerika will.
+ Nur 70.000 Meilen für den Gold-Status für zwei!
+ Nur 50.000 Meilen, um den Gold-Status zwölf Monate zu verlängern.
+ Günstige Upgrades in die renovierte Businessclass.
+ Innovativ: 50 % weniger Meilen für Prämienflüge für Kinder und mit Victoria+ günstig Meilen sammeln, ohne zu fliegen.

Gesamtnote: 2

ICH HABE ES GETAN

VIP auf der Überholspur

„Ich denke, ja", antwortet Thinesh mit einem dezenten, aber verschmitzten Lächeln auf den Lippen, als ich ihn frage, ob er ein schönes Zimmer für mich habe. Nur wenige Minuten vorher war ich aus meinem Taxi vom Flughafen ausgestiegen und durch die moderne Eingangshalle direkt auf den freundlichen Rezeptionisten zugegangen, dessen Namensschild ihn als Thinesh auswies.

Immer wenn ich in einem Starwood-Hotel schlafe und das erste Mal den Weg zu meinem Zimmer gehe, überkommt mich diese Spannung ... Ich bin SPG-Member, SPG, so nennt sich das Starwood-Programm, und besitze mit Platin den höchsten Status. Ein kleines, aber wichtiges Detail macht den großen Unterschied zwischen SPG und allen anderen Hotelprogrammen aus: Du bekommst als Platin-Karteninhaber nicht nur ein Upgrade in die nächsthöhere Zimmerkategorie, sondern in das beste bei deiner Ankunft für die Zeit deines Aufenthaltes verfügbare Zimmer. Das kann auch eine Junior-Suite oder sogar eine Suite sein. Genau diese freudige Anspannung erlebe ich also, als ich mit dem Fahrstuhl in den zehnten Stock fahre.

„Wow Suite" steht neben meiner Tür. Als mein Schlüssel das Schloss öffnet, ist es auch genau das, was ich denke: „Wow!" Zu meiner Rechten ein Arbeitszimmer, am Ende eines langen Flures bietet sich mir der Blick auf die Bucht von Doha, „Herzlich willkommen, Ulf-Gunnar Switalski!", werde ich auf dem großen Flachbildschirm im Wohnzimmer empfangen. Ich überlege, ob ich mich auf der Sofalandschaft kurz aufs Ohr haue, entscheide mich aber, ein paar Minuten in einem freischwebenden Hängestuhl die Seele baumeln zu lassen. Ein großer Esstisch und eine

Kaffee-undTee-Bar runden das Wow-Wohnzimmer ab. Im angrenzenden Wow-Schlafzimmer gibts einen ebenso großen Fernseher und ein riesiges kuscheliges Bett mit unzähligen Kissen in vielen Größen und Formen. Und in dem Moment, in dem ich vor lauter Freude gar nicht daran denke, dass noch etwas fehlt, öffne ich die Tür zum Wow-Badezimmer. Geräumig ist stark untertrieben. Hier habe ich Platz. Neben Dusche, Badewanne, Bidet und natürlich der Toilette gibt es Handtücher, Bademantel und Beautyartikel in deutlich ausreichender Zahl. Den Gedanken, damit einen kleinen Laden in Doha zu eröffnen, lasse ich jedoch gleich wieder fallen. Wow. Hier werde ich mich wohlfühlen. Doch das Gute kommt zuletzt. Bei meiner Reservierung habe ich das günstigste Zimmer ohne Frühstück reserviert, denn als Platin-Member bekommst du dein Frühstück immer aufs Haus. 120 Euro habe ich dafür gezahlt. Ein Blick ins Internet verrät mir, was meine Wow-Suite heute kosten würde, wenn ich als ganz normaler Gast ohne SPG-Status einchecken würde. Ich traue meinen Augen nicht so recht, aber ich lese richtig: 944 Euro. Heute hat mir SPG einfach einmal ein Upgrade für 824 Euro geschenkt. Danke, Thinesh.

Das Zauberwort heißt Platin-Status und den bekommst du bei SPG, wenn du im Jahr 50 Nächte in Starwood-Hotels schläfst. Dazu gehören neben den W-Hotels andere illustre Marken wie St. Regis, Le Méridien und Design. 50 Nächte in einer Hotelkette im Jahr sind eine stolze Zahl. Genau aus diesem Grund konnte ich mich viele Jahre für mein SPG-Konto nicht sehr begeistern. Bis ich auf der Website auf das Angebot „SPG Status Challenge" stieß ...

Aber was ist eine „Status Challenge"? Es gibt sie nicht nur bei SPG, sondern sie wird bei diversen Bonusprogrammen ausgeschrieben. Man registriert sich für die Teilnahme an der „Herausforderung" und muss dann innerhalb eines gewissen Zeitrahmens bestimmte Aufgaben erfüllen, die mal leichter und mal schwieriger sind. Insgesamt aber kann man einen hohen Status sehr viel schneller und leichter erreichen, als auf normalem Wege. Bevor ich genauer auf die Challenge von SPG eingehe, will ich eine Sache betonen: Solche Aktionen lohnen sich für dich vor allem dann, wenn du in dem Jahr ohnehin schon eine oder mehrere Reisen geplant hast. Wie immer geht es also darum, dein normales (Kauf-)Verhalten so zu optimieren, dass du für dich das Beste herausholst. Bei SPG werden zwei verschiedene Challenges angeboten, einmal zum Erreichen des Gold- und einmal des Platin-Status.

Um die Gold-Challenge zu erfüllen, musst du innerhalb von drei Monaten 9 Nächte in einem der rund 1.200 Hotels verbringen. Normalerweise benötigst du 25 Übernachtungen innerhalb eines Jahres, um den Gold-Status zu erreichen. Selbst wenn das Verhältnis also ein bisschen schlechter ist, sind 9 Übernachtungen in drei Monaten viel leichter zu erreichen, als 25 in einem Jahr.

Noch deutlicher wird das bei der Platin-Challenge: Für den Platin-Status musst du innerhalb der drei Monate doppelt so oft übernachten, also 18 Nächte. Ohne die SPG-Status-Challenge benötigst du wie gesagt, 50 Nächte in einem Jahr. Diese Challenge lässt sich dagegen schon easy mit einem dreiwöchigen Urlaub meistern.

Du kannst dich für beide Challenges zeitgleich anmelden, sammelst dann in beiden zur gleichen Zeit Übernachtungen für deine Status und kommst daher auf dem Weg zu Platin auch schon in den Genuss der Gold-Vorteile, wenn du 9 Nächte absolviert hast.

Ein möglicher Turbo bei deiner Challenge ist, dass du pro Übernachtung drei Zimmer buchen und diese Übernachtungen auf dein Konto anrechnen lassen kannst. Wenn du zum Beispiel mit Familie, Freunden oder Kollegen unterwegs bist, die keine Punkte oder Meilen sammeln, buche einfach für sie mit und lasse die Übernachtungen auf deinem Konto gutschreiben.

Da ich zum Zeitpunkt der Ausschreibung ohnehin zwei Asienreisen geplant hatte, meldete ich mich zu beiden Challenges an. Mein erster Aufenthalt führte mich mit meinem Basis-Preferred-Guest-Status in das Royal Orchid Sheraton Hotel & Towers, einen Hotelklassiker in Bangkok. Schon etwas in die Jahre gekommen, aber mit zwei schönen Pools ausgestattet, einer direkt zum Fluss gelegen und der andere, größere Pool fast romantisch im tropisch anmutenden Garten versteckt. Als Mitglied erhielt ich ein geräumiges Zimmer auf dem Mitgliedern vorbehaltenen Preferred-Guest-Floor. Meine erste Übernachtung für meine Challenge und 182 Starpoints wurden mir schon rund 24 Stunden nach meiner Abreise in der SPG-App angezeigt. Als ich das sah, trainierte ich schon fleißig, quasi unter einem Wasserfall, auf dem Crosstrainer im Fitnessstudio des

The Laguna A Luxury Collection Resort & Spa in Nusa Dua auf Bali. Eine schöne, großzügige Hotelanlage mit vielen Poollandschaften und einem üppigen Frühstücksbuffet. Obwohl ich noch keinen großen Schritt zu einem höheren Status gemacht hatte, bekam ich ein Upgrade und ein kleines Begrüßungsgeschenk. Stylish eingepackt und dezent auf dem Schreibtisch neben einer Obstplatte und einer Begrüßungskarte des Hoteldirektors platziert. „Wie ich wohl als Gold-Member begrüßt werden würde?", überlegte ich. Nach zwei entspannten Nächten hatte ich 732 Starpoints und eben zwei weitere Nächte auf dem Weg zu Gold auf meinem Konto.

Die nächste Station führte mich ins Landesinnere von Bali, nach Ubud, einem magischen Hotspot. Sieben Nächte verbrachte ich im noch jungen Sthala, a Tribute Portfolio Hotel. Aufenthalte in Südostasien bieten sich für die Status-Challenge übrigens besonders an. Jede Woche veröffentlicht Starwood eine Liste mit Sonderangeboten für die nächsten Wochen. Bei den sogenannten SPG Hot Escapes gibt es fast immer extrem interessante Tarife. Ich hatte mir im Sthala für einen fast wundersam günstigen Preis zwei Nächte in einer Suite gesichert. Aber auch mein anderes Zimmer mit Blick auf eine Dschungelschlucht mit einem kleinen Fluss war ein schönes Zuhause auf Zeit. Das Sthala ist ein super Tipp, um Ubud zu erkunden. Es liegt etwas außerhalb und daher abseits vom manchmal quirligen Zentrum. Genieße die Sonnenuntergänge auf der Dachterrasse. Genieße das liebevoll zubereitete Frühstück. Genieße den Blick vom Pool in den sattgrünen Dschungel. Herrlich. Schon als ich zum letzten Mal in meinem superbequemen Bett von meinem ersten SPG-Status träumte, hatte ich ihn mir erschlafen. Meine ersten neun Nächte hatte ich hinter mir und schon die erste auf meinem Weg zu Platin.

Als ich zurück in Bangkok im Aloft die Augen aufschlug, öffnete ich die App und erblickte Gold. Das war nicht nur wirklich schnell gegangen, sondern hatte auch verdammt viel Spaß gemacht, denn schon als SPG-Mitglied ohne Status habe ich in allen Häusern eine sehr hohe Wertschätzung genossen. Ich war gespannt, was mich als Gold-Mitglied nun erwarten würde.

Der erste spürbare Unterschied ist die höhere Punktzahl, der Bonus und das sogenannte Gold Gift, das du erhältst. Jetzt erhältst du 3 statt

2 Startpoints pro Dollar auf deine Basispunkte und zusätzlich, je nach Hotel, 125 oder 250 Starpoints als Geschenk obendrauf. Das macht beim Sammeln einen großen Unterschied aus. Du erinnerst dich, dass ich meine erste Status-Challenge-Nacht im Royal Orchid Sheraton verbracht habe. Als ich wenig später als Platin-Member zurückkehre, erhalte ich statt 182 Starpoints für eine Übernachtung 752, mehr als viermal so viel!

Du siehst, ich habe auch die Platin-Challenge geschafft und bin mittlerweile einer der größten Fans von SPG. Nicht nur in Doha wurde ich in Suiten upgegradet. Den Luxus konnte ich auch in Miami, Bangkok, München, Hamburg und Tokio genießen. Den Zugang zur Executive-Club-Lounge, den ich immer dann bekomme, wenn es eine Lounge im Hotel gibt, mag ich nicht mehr missen. Dort kann ich meist nicht nur in Ruhe schreiben, sondern auch frühstücken, Snacks zum Mittag und Abend essen oder einfach bei einem Drink relaxen. Den Luxus einer coolen Suite konnte ich auch im Le Méridien München, Royal Palm in Miami South Beach, im Sheraton Miyako Hotel Tokyo, im The Westin Hamburg und im Sheraton Bali Kuta Resort geniessen.

All das gibt dir SPG als Geschenk, wenn du die Challenge bestehst. Doch du bekommst durch den Zusammenschluss mit Marriott noch mehr. Dein Status wird mit dem von Marriott gematcht. So hast du den höchsten Status bei der größten Hotelkette der Welt inne.

Aber warum macht Starwood das? Weil sie einfach clever sind. SPG ist ein überzeugendes Gesamtprodukt, das du schnell lieben wirst. Die Upgrades in Topzimmer sind zwar der ausschlaggebende Vorteil, aber nicht allein. Du wirst dich rasch daran gewöhnen, dass deine Punkte immer ganz schnell deinem Konto gutgeschrieben werden. Meist schon am Tag nach deinem Check-out. Bisher ist noch nicht einmal das Problem aufgetreten, dass meine Punkte nicht auf dem Konto landeten. Bei anderen Programmen ist es leider so, dass es bei jeder dritten Übernachtung oder öfter zu Fehlern kommt. Wenn bei SPG einmal etwas schiefläuft oder du auch nur eine einfache Frage hast, gibt es für dich ein Chatfenster. Spätestens nach 20 Sekunden meldet sich ein gut informierter Mitarbeiter und gibt dir zügig die Antwort, nach der du gesucht hast. Das lange, lange Warten in Hotlines existiert hier schlicht nicht. Mit attraktiven Promotions wird dir das Punktesammeln erleichtert und deine Starpoints sind eine in der Reisewelt angesehene, harte Währung. Du kannst sie meist im Verhältnis 1 : 1 in Flugmeilen tauschen. Das bringt dich mit einem kleinen Trick übrigens auch sehr einfach in die First Class der Lufthansa.

Warum sie clever sind, wolltest du wissen? Weil es Starwood schafft, dich als Fan zu gewinnen. Nachdem ich die Challenge startete, habe ich im Mai meine erste Übernachtung gehabt. Jetzt ist es Dezember und ich habe nicht nur 18-mal in einem SPG-Hotel geschlafen, sondern ganze 42-mal. Und bin nun ein wenig grummelig mit mir selbst, denn hätte ich noch achtmal mehr geschlafen, würde mich ein weiterer attraktiver Bonus erwarten ...

Die SPG-Status-Challenge wird übrigens auch in diesem Jahr angeboten. Also: Mitmachen!

PUNKTE SAMMELN

im Schlaf & drumherum – die Hotels und Buchungsportale

Was ist wichtiger? Eine elegante, stressfreie Anreise zu deinem Ziel oder einige Tage in einer schönen Umgebung? An einem Platz, wo du dich wohlfühlst und dir viele Wünsche von den Lippen abgelesen werden? Beides gehört für mich zu einer perfekten Reise dazu. Am besten lässt du es dir nämlich, wenn du unterwegs bist, auf jeder einzelnen Etappe richtig gut gehen. Und da kommt es dir entgegen, dass die Hotels dich für deine Treue belohnen. Vielleicht ist dir das von dem ein oder anderen deiner Urlaubsaufenthalte bekannt: Wenn du zweimal oder sogar öfter in ein und demselben Hotel deinen Urlaub verbracht hast, wirst du beim nächsten Mal freundlich mit Namen begrüßt, bekommst ein kleines Gastgeschenk und manchmal wird dir sogar ein etwas günstigerer Preis pro Übernachtung angeboten. Genau das gleiche Prinzip wenden die großen Hotelketten an, wovon du vielfältig profitieren kannst. Wie bei den Fluggesellschaften wird auch bei den Hotels zwischen Prämien- und Statuspunkten unterschieden. Die Statusvorteile können es wirklich in sich haben: Mal eben ein Upgrade im Wert von rund 1.000 Euro pro Nacht zu bekommen kann auch für dich möglich werden. Bei Buchungen von und Übernachtungen im Hotel musst du dich entscheiden, ob es sich für dich wirklich lohnt, im jeweiligen Hotelprogramm zu sammeln, oder ob du dir stattdessen lieber Meilen in deinem favorisierten Airlineprogramm gutschreiben lässt. Du hast die Wahl. Überlege immer gut.

STARWOOD HOTELS

Greife nach den Starpoints!

Starwood ist eine der größten Hotelketten der Welt und primär im Luxusbereich angesiedelt. Letztes Jahr hat Marriott rund elf Milliarden Euro für eine Übernahme lockergemacht. Auch die beiden Bonusprogramme werden früher oder später zusammengeführt, vermutlich aber erst 2019. Bereits jetzt kannst du allerdings deine Marriott- und SPG-Konten verknüpfen. Das führt übrigens auch automatisch zu einem dauerhaften Statusmatch zwischen den beiden Programmen. Mit einem Anteil von rund 1.300 Objekten macht Starwood damit rund ein Viertel der Marriott-Objekte aus. Die Marken, die zu Starwood gehören, sind Sheraton, Westin, Le Méridien, The Luxury Collection, Tribute Portfolio, St. Regis, Four Points by Sheraton, Aloft, Element und Design.

Deine Statusvorteile

BEI STARWOOD HOTELS

SPG steht für „Starwood Preferred Guest" und ist das Bonusprogramm von Starwood. Damit kannst du in allen elf Starwood-Hotelmarken die sogenannten Starpoints sammeln. Die Status die du bei SPG erreichen kannst, heißen Preferred, Gold und Platinum. Den Preferred-Status erhältst du, wenn du dich für das Bonusprogramm registrierst. Gold gibt es dann nach zehn Aufenthalten oder 25 Übernachtungen pro Jahr und Platinum nach 10 Aufenthalten oder 50 Übernachtungen.

Als Preferred-Mitglied hast du nur geringe garantierte Vorteile, z. B. eine auf deinem Zimmer und einen kostenlosen Internetzugang. Außerdem sammelst du zwei Punkte pro ausgegebenem Dollar. In einigen Hotels gibt es Preferred-Guest-Floors und meist sind da die Zimmer schon einen kleinen Tick netter. Du sparst übrigens schon jetzt bis zu 30 % in den Hotelrestaurants und -bars.

Als Gold-Mitglied gibt es bereits drei Punkte pro Dollar. Außerdem bekommst du ein kostenloses Zimmerupgrade beim Check-in, sofern eins verfügbar ist. Du bekommst ein Willkommensgeschenk in Form von 250 Punkten (125 bei Aloft, Element und Four Points) oder einem Getränk. Und nicht zuletzt der Late Check-out bis 16 Uhr ist ein enormer Benefit.

Wenn du Platin-Mitglied geworden bist, kannst du dich auf das meiner Meinung nach großzügigste Hotelbonusprogramm überhaupt freuen: Du bekommst garantiert ein Zimmer, schnelleres Internet, Loungezugang in der Club- und Executive-Etage (wenn es die in deinem Hotel gibt) und 500 Punkte (250 bei Aloft, Element, Four Points) als Willkommensbonus. Die meisten Hotels überlegen sich für dich noch spezielle Benefits, von zusätzlichem Discount im Restaurant oder an der Bar bis zum kostenlosen Reinigungsservice bin ich schon mit einigem angenehm überrascht worden. Das Beste kommt jedoch zum Schluss: Als Platin-Mitglied bekommst du nicht nur ein einfaches Upgrade, sondern ein Upgrade in das beste verfügbare Zimmer beim Check-in. Einschließlich Standardsuiten! Kein Witz: Du buchst ein Zimmer zum günstigsten Tarif und schläfst in einer Juniorsuite oder, mit etwas Glück, noch besser. Wie geil ist das denn?!

Wenn du pro Jahr mehr als 50 Übernachtungen gesammelt hast, bekommst du obendrauf einige weitere Boni: Du kannst dann wählen zwischen zehn Suite-Upgrade-Vouchern oder einer Nacht in einem Hotel der Kategorie 5, die bis zu 16.000 Punkte wert ist. Du kannst dich auch entscheiden 40 % zu sparen, wenn du dir dein Lieblingshotelbett oder die perfekte Matratze für zu Hause kaufen willst. Wenn du lieber Gutes tun willst, dann spendet SPG in deinem Namen 100 Dollar an UNICEF oder du verschenkst an jemanden, den du richtig gern hast, einen SPG-Gold-Status. Wenn du unsicher bist, ob du auch im nächsten Jahr ausreichend Nächte im Hotel schläfst, um deinen Status zu halten, dann lässt du dir lieber fünf Nächte für dein kommendes Sammeljahr gutschreiben. Das kann sehr interessant sein, denn bei SPG gibt es den sogenannten Lifetime-Status: Für immer Gold-Mitglied bist du nach 250 Übernachtungen und wenn du fünf Jahre hintereinander einen Elite-Status innehattest. Zum lebenslangen Platin-Mitglied wirst du erkoren, wenn du 500-mal übernachtet hast und dich schon zehn Jahre an deinen Platin-Benefits erfreuen durftest. Nach 75 Nächten in einem Jahr bekommst du übrigens vier Starpoints pro Dollar und die Option Your24. Ab diesem Moment darfst du selbst entscheiden, wann dein Check-in beginnt. Zum Beispiel von 9 Uhr morgens bis zum nächsten Morgen um 9 Uhr oder du willst um 17 Uhr ankommen und kannst bis um 17 Uhr des Folgetages dein Zimmer nutzen. Volle Flexibilität. Das kann dir das Leben sehr leicht und angenehm machen, gerade wenn du zum Beispiel im Nahen Osten fliegst, denn da finden zahlreiche Abflüge mitten in der Nacht statt. Übrigens bringen dir Prämienübernachtungen zwar keine neuen Punkte, aber sie zählen für deine Statusqualifizierung mit.

Eine sehr attraktive Möglichkeit, günstig Übernachtungen für deinen Status zu sammeln, sind die SPG Hot Escapes. Jede Woche zwischen Mittwoch und Samstag hast du die Chance, bis zu 30 % der normalen Raten zu sparen. Da ein SPG-Status sehr hochwertig ist, wird es dir auch leichtfallen, den einen oder anderen Statusmatch durchzuführen. Mit Sicherheit wird dein Status von Marriott und Ritz-Carlton gematcht – das kannst du ganz schnell online selbst machen. Aber auch bei anderen Ketten wirst du auf diese Weise über Nacht zum sehr gern gesehenen Gast.

PUNKTE SAMMELN BEI SPG

Wenn du als Preferred-Guest-Mitglied startest, erhältst du zwei Starpoints pro ausgegebenem Dollar. Als Gold- und Platin-Mitglied bekommst du drei Punkte und nach 75 Nächten im Jahr vier Punkte. Deine gesammelten Punkte verfallen bei Starwood innerhalb von zwölf Monaten, wenn es auf deinem Konto keine Aktivität gibt. Welche Möglichkeiten gibt es also, Punkte für SPG zu sammeln? Auch wenn du nicht in einem Starwood-Hotel schläfst, kannst du beim Essen oder dem Besuch einer Bar Punkte sammeln. Deine Rechnung ist höher als zehn Dollar? Dann zeig deine Mitgliedskarte und nimm die Punkte mit!

Mit SPG Pro können alle Punkte sammeln, die Veranstaltungen oder auch Hotelzimmer für andere buchen. Du musst dein Konto dafür freischalten. Dafür gibt es einen Punkt pro drei Dollar und für je 20 Gruppenübernachtungen wird dir eine Übernachtung zur Statusqualifizierung angerechnet. SPG verfügt auch über jede Menge Partner, bei denen du im Alltag Starpoints sammeln kannst. Darunter sind einige recht kuriose zu finden. Zum Beispiel kannst du mit Audience Rewards bis zu 2.500 Starpoints pro Ticket sammeln, wenn du Karten am Broadway kaufst. Bei Avis, Budget, Hertz und Sixt wirst du für eine Automiete mit Starpoints belohnt. Welcher Anbieter dir mehr Punkte einbringt, hängt von der Mietdauer ab. Während dir Sixt pauschal 250 Punkte pro Anmietung gutschreibt, bekommst du bei Avis 50 pro Tag. Solltest du also für einen längeren Zeitraum mieten, dann lohnt sich Avis.

Deine American-Express-Rewards-Punkte kannst du im Verhältnis 3 : 1 in Starpoints tauschen, ebenso deine Marriott-Rewards-Punkte.

Vielleicht haben sich die SPG-Manager bei der Idee zu den Crossover Rewards mit mittlerweile drei Fluggesellschaften von Hiltons Double Dipping inspirieren lassen … Auf jeden Fall gibt es drei klasse Kooperationen, von denen du ab Gold-Status profitieren kannst.

SPG bietet dir mit Delta Air Lines die Crossover Rewards. Bei einem Flug mit Delta bekommst du ganz normal alle Meilen, aber noch dazu einen Starpoint pro Dollar. Und besuchst du ein Starwood Hotel, gibt es neben den normalen Punkten eine Meile pro Dollar auf deinem Sky-Miles-Konto. Bei Emirates nennt sich die Kooperation zu gleichen Bedingungen Your World Rewards. Am interessantesten sind die Vorteile bei China Eastern mit den Eastern Explorer Rewards. Hier bekommst du als SPG-Gold-Mitglied einen Starpoint für vier China-Eastern-Meilen plus Loungezugang und zusätzliches Freigepäck. Ab China-Eastern-Silver Status bekommst du für deine Übernachtung im Starwood-Hotel zusätzlich zwei China-Eastern-Meilen. Du musst nur jeweils deine Konten miteinander verbinden, wofür du online nur einen Moment brauchst.

Wenn du deinen Kontostand schnell erhöhen möchtest, dann empfehle ich dir den Kauf von Starpoints. Im vergangenen Jahr wurde die Menge an Punkten, die du pro Jahr kaufen kannst, auf 30.000 erhöht. SPG bietet im Normalfall einige Male im Jahr eine Bonuspromotion an, bei der du bis zu 35 % Rabatt beim Punktekauf bekommst.

Außerdem kannst du deine Punkte zwischen Marriott und SPG im Verhältnis 3 : 1 transferieren. Das reicht übrigens bereits aus, um deine SPG-Punkte vor dem Verfall zu schützen.

PUNKTE EINLÖSEN BEI SPG

Grundsätzlich kannst du deine Starpoints für freie Übernachtungen oder auch Upgrades einsetzen. Das Gute daran ist: Es gibt keine *blackout dates.* SPG verspricht dir: Wenn es ein Zimmer gibt, kannst du es auch mit Punkten buchen. Um dir ein Zimmer zu sichern, hast du zwei Möglichkeiten: Möglichkeit eins ist, eine Gratis-Übernachtung durch eine Zimmerbuchung über Starpoints zu erwerben. Es gibt bei Starwood insgesamt sieben Hotelkategorien und für eine Prämiennacht musst du zwischen 3.000 und 35.000 Starpoints investieren. Wenn du vier Nächte buchst, gibt es die fünfte immer als Bonus dazu.

Als zweite Möglichkeit kannst du einen Teil des Zimmerpreises in Geld und einen Teil in Punkten zahlen. Das kann besonders in teuren Hotels interessant sein. Ich habe schon Angebote für 15.000 Starpoints und eine Zuzahlung von etwa 220 Euro gesehen, in denen die Nacht 700 Euro kostete. Wenn du im Hotel bist, kannst du deine Punkte mit den Instant Rewards für alles Mögliche einsetzen, was du sonst auf deiner Hotelrechnung wiederfinden würdest.

Du kannst deine Starpoints auch bei über 150 Airlinepartnern direkt einsetzen, um Flüge oder Upgrades zu buchen. Oder du tauschst sie bei mehr als 30 Partnern gegen Meilen ein. Die meisten dieser Airlines bieten dir ein fantastisches Tauschverhältnis von 1 : 1 an, z. B. Lufthansa, KLM und Asiana Airlines. SPG setzt sogar noch einen drauf und du erhältst pro 20.000 umgewandelte Starpoints einen Bonus von 5.000, also einen Bonus von 25 % geschenkt! Das macht den Umtausch von Punkten natürlich noch einmal deutlich attraktiver. Als Platin-Member kannst du übrigens jede Menge Punkte ohne Mindestbetrag transferieren. Gold Preferred Guests müssen mindestens 1.500 Starpoints übertragen, Preferred Guests mindestens 2.500 Starpoints.

Warum ich die südkoreanische Asiana extra erwähnt habe? Mit Asiana-Meilen kannst du ein One-Way-Lufthansa-First-Class-Ticket schon für 50.000 Meilen anstatt der sonst üblichen 85.000 Miles-&-More-Meilen buchen. Und das bedeutet, dass du dank Wechselbonus für nur 40.000 Starpoints erster Klasse mit Lufthansa fliegst. Ein Luxus, der durch diesen kleinen Trick in greifbare Nähe rückt.

Du kannst bis zu 20.000 Punkte sparen, wenn du 5 Prämiennächte und 50.000 Flugmeilen zusammen buchst. Die Hotels müssen in der Kategorie 3 oder 4 sein. Bei den Airlines kannst du jeden 1 : 1-Tauschpartner wählen. Ein ziemlich guter Deal.

Recht unbekannt ist die Möglichkeit, mit 1.000 Punkten einen 50 %-Rabatt auf den normalen Zimmerpreis zu ergattern. Du musst einfach vorher im Hotel anrufen und mit dem Code „SPG50" buchen. Der Preis gilt dann für bis zu fünf aufeinanderfolgende Nächte. Bevor du das tust, solltest du aber immer prüfen, ob du mit Promotionangeboten nicht vielleicht noch günstiger dein Wunschhotel buchen kannst.

Top sind die SPG-Moments, die dir VIP-Zugang bei exklusiven Musik-, Sport- und Kulturveranstaltungen bieten. Tatsächlich kannst du damit einige durchaus unvergessliche Events erleben. Sei es nun ein Meet and Greet mit Britney Spears, Tickets für Chris Rock, Neil Diamond, Katy Perry, Bill Murray, Metallica, Guns N' Roses, Zugang zur Luxussuite bei den US-Open oder Privatstunden bei Topsportlern: Mit SPG-Moments ist all das wirklich möglich! Wer gerne „Play ball!" vor Beginn eines Baseballspiels in den USA über das Stadionmikro sagen möchte, der kann 11.000 Starpoints darauf bieten. Für die erwähnte Luxussuite musst du übrigens 20.000 Punkte einsetzen.

Möchtest du deine Punkte lieber spenden, kannst du zwischen dem Amerikanischen Roten Kreuz, UNICEF und Clean the World wählen.

Der Upgrade-Guru sagt

+ SPG ist für mich unangefochten die Nummer 1.
  Zahlreiche Promotions helfen dir, Punkte zu sammeln.
+ Die Starpoints sind eine harte Währung – sie sind im Tausch
  viel wert.
+ Beste Behandlung von Top-Status-Mitgliedern: Kein anderes
  Programm gibt dir (fast garantierte) Upgrades in die Suite.
+ Ein Status – zwei Programme: So bist du weltweit VIP.
+ Der SPG-Mitgliederservice bekommt von mir uneingeschränkt
  5 Sterne. Kein anderes Programm schreibt dir so schnell und
  zuverlässig Punkte und auch Bonuspunkte gut. In der Warte-
  schleife wartest du höchstens einige wenige Minuten und wenn
  du Platin-Mitglied bist, nutzt du am besten den Onlinechat.
  Hier werden Sie wirklich in Windeseile geholfen.

Gesamtnote: 1

ACCOR HOTELS

Freddies Darling

Da sitze ich nun im Ballsaal des Hyatt Regency Jersey City und habe gerade noch den fantastischen Blick auf die Skyline von Manhattan genossen. Warum ich hier bin und nicht im Soho House im Meatpacking District auf der gegenüberliegenden Seite des Hudson? Die Vertreter der wichtigsten Meilenprogramme der Welt treffen sich, um die Verleihung der jährlichen Freddie Awards zu feiern. Die Freddie Awards sind einer der wichtigsten Preise, wenn nicht sogar der wichtigste und älteste Preis für Hotel- und Airlinekundenprogramme. Benannt sind sie nach Sir Freddie Laker, Ikone und Pionier der englischen Luftfahrt. In diesem Jahr werden die Freddie Awards zum 28. Mal vierliehen.

Im letzten Jahr haben über 4,2 Millionen Vielreisende ihre Stimmen und damit ihre Meinung zu den Flug- und Hotelprogrammen abgegeben. Insgesamt wurden 25.064.593 Votes aus 236 verschiedenen Ländern in die Vergabe einbezogen. Eine Rekordbeteiligung!

Ich staune nicht schlecht, als ich höre, dass Le Club AccorHotels zum dritten Mal in Folge in der Rubrik „Bestes Hotelbonusprogramm des Jahres" in den Regionen Europa/Afrika ausgezeichnet wird. Auch ich mag Le Club, nicht nur, weil das Programm im letzten Jahr neue Mitgliedskarten im coolen Design verschickt hat, sondern auch weil es extrem einfach zu handhaben ist und unzählige Möglichkeiten bietet, Bonuspunkte zu sammeln.

AccorHotels zählt mit mehr als 20 Marken zu den größten Hotelketten weltweit und ist in Europa Marktführer. Zu Accor gehören unter anderem Sofitel, Swissôtel, Fairmont, Pullman, Grand Mercure, The Sebel, Novotel, Adagio, ibis und 25hours. Die Accor-Marken sind mit über 4.200 Hotels und mehr als 600.000 Zimmern in 92 Ländern vertreten. Und überall dort kannst du deine Bonuspunkte sammeln.

Die Gruppe ist extrem expansiv und kauft ständig Marken und auch Start-ups im Bereich der Reisebranche hinzu. Neben der deutschen Designhotelmarke 25hours gehören nun auch der australisch-pazifische Marktführer Mantra und die Luxus-Airbnb-Wettbewerber Travel Keys, Onefinestay und Squarebreak dazu. Die Idee dahinter ist smart: Arccor-Hotels will sich mit Le Club und den unterschiedlichen Angeboten in deiner Lebenswelt fest verankern.

Deine Statusvorteile
BEI ACCORHOTELS

Die verschiedenen Status heißen Classic, Silver, Gold und Platinum. Classic gibts direkt bei Registrierung, für Silver benötigst du 10 Nächte oder 2.000 Statuspunkte, für Gold 30 Nächte oder 7.000 Statuspunkte und für Platinum schließlich 60 Nächte oder 40.000 Statuspunkte. Statuspunkte entsprechen übrigens in der Höhe den Bonuspunkten, die du als Classic-Mitglied pro ausgegebenen 10 Euro erhältst. Bereits als Classic-Mitglied darfst du dich über 10 % Extrarabatt, Online-Check-in sowie einen Fast Check-out freuen. Das Gleiche gibt es natürlich auch dann, wenn du Silver-Status-Inhaber bist. Obendrauf gibt es dann allerdings VIP-Check-in, Willkommensdrink und Late Check-out auf Anfrage. Außerdem erhältst du von Anfang an Zugang zu den Private-Sales-Promotions, bei denen du Hotels bis zu 40 % günstiger buchen kannst, und du wirst in der AccorArena in Paris bevorzugt behandelt, in der Sportevents, Konzerte u. a. stattfinden. Ab dem Gold-Status gibt es einen Early Check-in auf Anfrage und die Garantie auf Verfügbarkeit der Zimmer bis 72 Stunden vor Anreise. Viel interessanter ist aber auch hier das Zimmerupgrade, das du bei Verfügbarkeit erhältst. Das geht natürlich bei den ibis-Hotels schon mal nicht, weil diese nur eine Zimmerkategorie haben. Ansonsten gilt aber: Daumen drücken und sich auf ein tolles Zimmer freuen!

Der einzige garantierte Vorteil des Platinum-Mitglieds ist der Zugang zur sogenannten „Executive Lounge". Dabei handelt es sich auch durchaus um einen attraktiven Bonus, da du dort beispielsweise umsonst frühstücken, umsonst arbeiten und kostenlose Getränke genießen kannst, allerdings sind diese Lounges bei Accor nur in wenigen Hotels vorhanden. Die meisten Hotels behandeln Platinum-Mitglieder aber unter dem Clubmotto „Hier werden Sie bevorzugt!". Im letzten Jahr konnte ich mich über gleich zwei Doppelupgrades freuen: In Auckland, Neuseeland, bekam ich im The Sebel (dieses Hotel wird mittlerweile von InterContinental Hotels Group geführt) eine Juniorsuite mit wunderschönem Blick auf den Yachthafen, ebenso im schönen Sofitel Bayerpost direkt am Münchner Hauptbahnhof.

Ich verrate dir jetzt einen coolen Trick, mit dem du sofort den Gold-Status bei Le Club Accor bekommst, ohne auch nur ein einziges Mal vorher dort übernachtet zu haben: Für 90 Euro im Jahr holst du dir die ibis-Business-Card!

Die ibis-Business-Card ist deine ultimative Sparkarte. Du erhältst viele Ermäßigungen und Vorteile in mehr als 1.800 ibis-, ibis-Styles- und ibis-budget-Hotels weltweit. Zum Beispiel 10 % Ermäßigung für 2 Zimmer während desselben Aufenthalts, 10 % Ermäßigung aufs Frühstück, garantierte Zimmerverfügbarkeit bei Buchung bis mindestens 48 Stunden vor Ankunft, 10 % Ermäßigung auf alle Ausgaben im Restaurant und an der Bar, auch wenn du gar nicht im Hotel übernachtest, und 5 % zusätzliche Ermäßigung auf Werbeaktionen der Marke ibis. All das sind natürlich angenehme Vorteile, die den Preis von 90 Euro aber noch nicht unbedingt rechtfertigen würden. Der Grund, warum sich das Angebot aber trotzdem lohnt, ist der Gold-Status von Le Club Accor, den du quasi als Geschenk oben drauf bekommst. Normalerweise benötigst du für den Gold-Status 30 Übernachtungen in AccorHotels. Maximal 90 Euro sind die Kosten für zwei Übernachtungen, eher aber für eine. Das heißt, anstatt den Preis für 30 Übernachtungen zu zahlen, bekommst du schon für den Preis von zweien deinen Gold-Status bei Le Club Accor plus sämtliche weitere Boni in ibis-Hotels weltweit – und das Ganze, ohne überhaupt dort übernachten zu müssen!

PUNKTE SAMMELN BEI ACCORHOTELS LE CLUB

Willkommen im Club! Mein Motto ist einfach: In teuren Hotels sammeln, in günstigen ausgeben.

Du kannst in allen teilnehmenden Hotels Bonuspunkte sammeln. Pro 10 Euro sammelst du in den Hotels der Luxus- und Mittelklasse als Classic-Mitglied beispielsweise 25 Bonuspunkte (Sofitel, Pullmann, MGallery, Grand Mercure, The Sebel, Novotel, Mercure), bei ibis und ibis Styles 12,5 Bonuspunkte, bei Adagio 10 und bei Adagio Access 5. Je höher dein Status ist, desto höher deine Punktzahl. Platinum-Mitglieder bekommen so bis zu 44 Punkte pro 10 Euro. Ein ordentlicher Bonus.

Kein anderes Bonusprogramm bietet dir so viele interessante Angebote, um dein Punktekonto schnell zu erhöhen; es gibt zu jedem Zeitpunkt mehrere Sales und Punktemultiplikatoren (Booster) zur Auswahl, du musst dich nur entscheiden. Und das ist teilweise wirklich leichter gesagt als getan, da sich viele der Aktionen nicht kombinieren lassen. Und außerdem muss man natürlich den Überblick behalten. Denn vielleicht gibt es zweifache Punkte bei allen Hotels in Europa, aber es läuft auch eine Aktion, bei der du fünffache Punkte bei AccorHotels in Österreich bekommst … Auf der anderen Seite könntest du dich aber auch für eine Promotion entscheiden, die dir für je zwei Aufenthalte eine Gratisübernachtung ermöglicht, jedoch keine Bonuspunkte ausschenkt. Oder vielleicht doch lieber das Hotelzimmer in Paris zum halben Preis, inklusive *petit-déjeuner?* Du siehst: Im Club ist es nicht immer leicht zu entscheiden, dafür kannst du, wenn du klug handelst, viele Bonuspunkte einheimsen.

Und solange du einmal im Jahr eine Übernachtung über die Le-Club-AccorHotels-Website buchst, sind deine Punkte vor dem Verfall geschützt.

Natürlich hat auch AccorHotels Fluglinienpartner, allerdings nur Qatar und Finnair. Bei Finnair gibt es für 3.500 Finnair-Plus-Punkte allerdings nur 500 Accor-Prämienpunkte, bei Qatar bekommst du für 4.500 Qmiles immerhin 1.000 Prämienpunkte und Boni, wie beispielsweise dreifache Meilen bei Flügen in der Businessclass.

Beide Varianten sind jedoch nicht sehr attraktiv und ich empfehle den Einsatz nur, wenn du unbedingt noch ein paar Meilen für eine Prämie brauchst und sonst keine Chance hast, diese zu bekommen.

Bei Hertz und Europcar kannst du Punkte von Le Club AccorHotels mit deiner Mietwagenbuchung sammeln.

Völlig kostenloses Meilensammeln geht am besten bei Marktforschungsinstituten. Beispielsweise kannst du dich auf der Website von ClubOpinions anmelden oder du wirst zu e-Rewards eingeladen. Bei beiden kannst du mit der Teilnahme an einer Onlineumfrage Punkte sammeln. Für die Teilnahme an deiner ersten Umfrage gibt es sogar bis zu 600 Bonuspunkte als Gold- und Platinum-Mitglied.

Andere Möglichkeiten sind Onlineshops, Partnerhotels und selbst ein Restaurantbesuch kann genutzt werden, um einige Punkte zu sammeln. Und solltest du Veranstaltungsplaner sein, kannst du auch Mitglied im Le-Club-AccorHotels-Meeting-Planner werden und für Geschäftsveranstaltungen Punkte sammeln.

Accor bietet jedoch auch eine eigene App Namens Places an. Diese App soll dir durch spielerische Elemente mehr Spaß beim Punktesammeln bereiten. Bei Places kannst du Badges sammeln, also Auszeichnungen, und Bonuspunkte verdienen. Du bekommst zum Beispiel den SAMBA Badge für fünf Check-ins in Brasilien und damit 200 Bonuspunkte. Derzeit gibts 41 Badges, ausgestellt zum Beispiel für eine Übernachtung am 1. Januar, für alle von dir besuchten verschiedenen Hotelmarken, für deine Gesamtmenge an Check-ins und viele weitere. Du kannst immerhin bis zu 3.000 Punkte pro Badge sammeln. Eigentlich eine charmante Idee. Eigentlich? Ja, denn die App hat immer wieder massive technische Probleme und war schon über Monate hinweg nicht funktionstüchtig. Das NOVOTEL Hotel am Flughafen von Genf wird zum Beispiel gar nicht angezeigt und manchmal musst du es einige Male probieren, um einen Aufenthalt überhaupt zu registrieren. Wenn das nicht klappt, musst du dem Service schreiben, um deine Punkte zu bekommen. Places soll Spaß machen, macht aber oft leider mehr Arbeit.

PUNKTE EINLÖSEN BEI ACCORHOTELS LE CLUB

Der Gegenwert eines einzelnen Punktes ist bei Le Club AccorHotels genau festgeschrieben. 2.000 Punkte sind genau 40 Euro wert. Ein Punkt entspricht also genau einem halben Cent. Und diesen Wert kannst du das ganze Jahr in jedem Accor-Hotel auf der Welt in jedem Zimmer einsetzen. Das macht es dir sehr einfach, deine Punkte einzusetzen. Du hast ständig die Option auf Cash + Points, und auch wenn du nur wenige Punkte gesammelt hast, kannst du deine Rechnung damit schon senken oder sogar ganz umsonst übernachten. Kostet dein Zimmer beispielsweise 100 Euro, kannst du schon bei der Buchung 4.000 Bonuspunkte einsetzen und die restlichen 20 Euro bar zahlen. Aber Achtung: Immer wenn du Bonuspunkte für eine Buchung einsetzt, auch für kleine Teilbeträge, bekommst du für diesen Aufenthalt keine Punkte mehr gutgeschrieben.

LeClub Accor bietet dir neben der Reduzierung deiner Rechnung auch die sogenannten „Dream Stays" an. Das sind exklusive Mitgliederpauschalangebote in Premiumhotels. Je nach Paket inklusive Dinner, Entspannung und einer luxuriösen Unterkunft. Beispielsweise drei Übernachtungen in einem Superior-Bungalow mit Blick auf das türkisfarbene Wasser der Lagune, inklusive Frühstück und eines romantischen Abendessens für zwei Personen für 48.000 Punkte. Oder sieben Nächte in einem Superior-Zimmer im Sofitel Mauritius L'Imperial Resort mit Frühstück und einer einstündigen Massage für 55.000 Punkte. Oder drei

Nächte in einem Superior-Zimmer, Frühstück, marokkanischer Koch- und Backkurs sowie eine Führung durch Medina, Saudi-Arabien, im Hotel MGallery für lediglich 12.000 Punkte.

Wenn du eher nach dem Besonderen suchst, das du dir nicht so einfach selbst kaufen kannst, sind die „Elite Experiences" der beste Weg, deine Punkte in unvergessliche Erlebnisse umzuwandeln. Du kannst zum Beispiel ein Event in der AccorHotels-Halle in Paris buchen, inklusive Loungezugang, Gourmetmahlzeiten und persönlichen Empfangs. Dazu zählen Konzerte von Shakira, Mariah Carey, Depeche Mode, Elton John, David Guetta, aber auch Comedyshows und Sportevents, wie zum Beispiel Training und Mittagessen für zwei inklusive zweier Logenplätze für ein Handballspiel der Stars von Paris Saint-Germain für nur 4.300 Punkte. „Elite Experiences" sind, wie der Name sagt, den Statuskunden vorbehalten und finden überall auf der Welt statt. Auch in Deutschland gibt es von exklusiven Weinproben bis zu Fashionevents über das Jahr hinweg einiges, von dem du dich oder jemanden, dem du eine Freude machen möchtest, überraschen lassen kannst.

Bei über 20 Airlinepartnern kannst du deine Punkte zurück in Meilen tauschen. Dafür brauchst du im Allgemeinen eine Mindestanzahl von 4.000 Punkten, die du dann im Verhältnis 2 : 1 umtauschen kannst. Für das gleiche Tauschverhältnis kannst du deine Accor-Punkte auch in bahn.bonus-Punkte umwandeln lassen und dir deine nächste Zugfahrt beispielsweise mit einem Upgrade in die erste Klasse versüßen. Diese Option ist zu empfehlen, denn sie rechnet sich für dich super! 4.000 Punkte haben einen Wert von 80 Euro oder entsprechen 2.000 bahn.bonus-Punkten. Da gibt es schon für 500 Punkte ein Upgrade in die Erste Klasse. Du bekommst also für 20 Euro je ein Bahnupgrade. Das kann auf manchen Strecken schnell zwischen 50 oder sogar 100 Euro wert sein. Deal done!

Eine weitere sehr interessante Tauschmöglichkeit bietet Iberia. Die Spanier tauschen im Verhältnis 1 : 1 und bieten dir für 3.000 Prämienpunkte 3.000 Avios, die Währung des British-Airways-Clubs. Wenn du deine Punkte direkt in Avios umwandeln würdest, gäbe es dafür nur 2.000. Da du aber von deinem Iberia-Konto immer Avios auf dein British-Airways-Konto hin und zurück transferieren kannst, schaffst du dir mit diesem kleinen Trick selbst einen Bonus von 50 %.

Möchtest du lieber anderen Gutes tun, kannst du deine Punkte auch an die Solidarity AccorHotels und das Pur Projet spenden. Diese beiden Organisationen helfen bedürftigen Menschen und der Umwelt.

Im La-Collection-Shop kannst du mit deinen Punkten einkaufen und genau, wie du zum Beispiel beim Essen bei Lenôtre Punkte sammeln kannst, kannst du sie auch für Schlemmereien ausgeben. Für 2.000 Punkte wird nämlich eine leckere Delikatessenbox zu dir nach Hause geschickt.

Der Upgrade-Guru sagt

+ Wenn du viel in Europa unterwegs bist, ein Muss.
+ Ohne zu übernachten, Gold-Status erreichen.
+ Ganz einfach zu verstehen und anzuwenden.
+ Der Spitzenreiter in Bonuspunkte-Promotions.
– Die Mitarbeiter von Le Club AccorHotels haben mit der ständigen Integration der zahlreichen Neuerwerbungen der expansiven Kette alle Hände voll zu tun. Da wundert es mich nicht, dass es hier und da manchmal etwas ruckelt. Das größte Ärgernis sind die wiederkehrenden technischen Probleme der App Places und dass öfter Bonuspunkte nicht gutgeschrieben werden.
– Der Platin-Status muss dringend aufgewertet werden.

Gesamtnote: 2

WYNDHAM HOTEL GROUP

Einfacher geht's nicht

Es hat gerade geschneit. Ganz sanft und friedlich sieht es aus. Zwischen Heringsdorf und Ahlbeck auf Usedom genieße ich eine kleine Auszeit. Über weiß bezuckerte Bäume blicke ich auf die Ostsee und lasse die letzten Wochen Revue passieren. Cut. Der Himmel ist blau. Von der quirligen Promenade weht eine sanfte Brise. Bei 33° sitze ich auf meinem Balkon und gucke auf die unzähligen Surfer am Strand von Kuta auf Bali. Obwohl zwischen diesen beiden Szenerien gerade einige Stunden mit der Deutschen Bahn und etliche Flugstunden liegen, haben sie doch etwas gemeinsam: nicht nur, dass ich das Privileg habe, an schönen Stränden meine Seele baumeln zu lassen, sondern vor allem, dass ich Punkte und Übernachtungen für meinen Hotelstatus sammle. Bei Wyndham Rewards. Denn sowohl das TRYP Hotel Heringsdorf wie auch das Wyndham Garden in Kuta gehören zur Wyndham Hotel Group, von der du vermutlich noch nicht viel gehört hast. Wenn überhaupt etwas. Trotzdem ist sie eine der größten Hotelketten der Welt. Nach eigenen Angaben besitzt die Wyndham Hotel Group rund 8.000 Hotels mit mehr als einer halben Million Zimmern. Ausreichend, um an vielen schönen Orten der Welt ein Zimmer zu finden, Punkte sammeln und Vorteile genießen kannst. Zur Gruppe gehören Wingate, Microtel Inn & Suites, Hawthorn Suites, Days Inn, Ramada Worldwide, Super 8 Motels, Howard Johnson, Baymont Inn & Suites, Knights Inn, Travelodge, Dreams Resorts & Spas, Planet Hollywood, Night. Hierzulande sind hauptsächlich die TRYP Hotels und Wyndham Hotels & Resorts präsent.

Das Bonusprogramm, bei dem ich mir meine Nächte auf Usedom und Bali habe gutschreiben lassen, nennt sich Wyndham Rewards. Es ist besonders deswegen interessant, weil es meiner Meinung nach das am leichtesten verständliche Hotelprogramm auf dem Markt ist. Als Mitglied sammelst du 10 Punkte pro ausgegebenem Dollar oder 1.000 Punkte pro Aufenthalt, je nachdem welcher Wert höher ist. Bei einer amerikanischen Studie, die kürzlich das Cashbackverhältnis einiger Hotelprogramme miteinander verglichen hat, ergab sich, dass du im Durschnitt 16,7 % deines ausgegebenen Geldes in Punkten zurückbekommst. Damit belegte Wyndham mit knapp der doppelten Menge vor dem zweitplatzierten Marriott die Poleposition! Außerdem bietet dir Wyndham den höchsten Gegenwert deiner Prämiennacht an. Mit 15.000 Punkten kannst du beispielsweise in einem Hotelzimmer in New York schlafen, für das du sonst 610 Euro gezahlt hättest.

Manchmal wirkt es, als steckten die Wyndham Rewards noch etwas in den Kinderschuhen. In Deutschland gibt es zum Beispiel keinen Telefonsupport und bei der IT ruckelt es noch ein wenig. Meine Begrüßungsmail habe ich 15 Tage lang jeden Morgen in meinem Email-Postfach gehabt. Das Gute daran war, dass selbst ich dann verstanden hatte, dass sich Wyndham freute, mich als Mitglied begrüßen zu dürfen.

Deine Statusvorteile
BEI DER WINDHAM HOTEL GROUP

Bei Wyndham Rewards gibt es vier verschiedene Status. Sie heißen Blue, Gold, Platinum und Diamond.

Den Status Blue erreicht jeder, der eine Mitgliedschaft beantragt. Wichtig ist hier vor allem der Begriff „Einfach belohnt". Denn genau dieses "Einfach belohnt" ist der Grund, warum Wyndham so einfach zu verstehen und attraktiv ist. Es bedeutet, dass du für 15.000 Punkte eine kostenlose Übernachtung in sämtlichen Hotels, Ferienhäusern und sogar Apartments der Kette auf der ganzen Welt bekommen kannst. Bei Wyndham wird nicht nach Kategorie, Lage und Verfügbarkeit unterschieden. Das macht die Währung der Wyndham-Punkte sehr greifbar, weil du immer weißt, wie viele Punkte du für eine Nacht brauchst. Den Wert bestimmst du dann selbst, denn in welcher Stadt und für welche Hotelklasse du deine Punkte einsetzt, entscheidet nur einer: du selbst. Über 25.000 Hotels, Ferienhäuser und Apartments stehen dir zur Verfügung. Allerdings solltest du beachten, dass einige Apartments eine Mindestaufenthaltsdauer haben, die Hotels allerdings nicht.

Ein sehr schöner Vorteil ist, dass deine Übernachtungen nicht zum Jahreswechsel verfallen. Alle anrechnungsfähigen Übernachtungen, die über die zum Erreichen des nächsten Status erforderliche Anzahl hinausgehen, aber nicht zum Erwerb der nachfolgenden Stufe ausreichen, werden in das Folgejahr übertragen. Das bringt dir in jedem Jahr einen interessanten Startvorteil. Dein in einem Jahr erreichter Status ist darüber hinaus bis zum Ende des Folgejahres gültig und du erhältst ein Soft Landing: Wenn du deinen Status im dritten Jahr nicht mehr hältst, wirst du auf den nächstniedrigeren Status heruntergestuft.

Für den Gold-Status benötigst du lediglich fünf Übernachtungen. Übrigens zählen bei Wyndham auch Prämienübernachtungen für den Status mit. Boni sind hier das bevorzugte Zimmer, was bedeutet, dass du dir ein Zimmer mit Meerblick wünschen kannst. Late Check-out ist auch immer ein attraktiver Bonus. Und der Gold-Status bietet dir einen personalisierten Telefonservice.

Mit etwas Glück bietet dir Wyndham einen Fast Track, also eine Abkürzung in Richtung Gold-Status an. Mir wurde, nur einen Monat nachdem ich mich zu dem Programm angemeldet hatte, bereits die Möglichkeit eröffnet, mit nur einer einzigen Übernachtung innerhalb eines Aktionszeitraums von drei Monaten den Gold-Status zu erreichen. Das ist ein extrem faires Angebot, da ich auf diese Weise schon nach nur einer Übernachtung in den Genuss eines Wunschzimmers kam. Garantiert ist diese Gold-Promotion jedoch nicht.

Den Platin-Status gibt es dann bereits ab 15 Übernachtungen. Und nicht nur Late Check-out, auch Early Check-in ist als Platinum Member möglich. Das ist vor allem praktisch, wenn der Flug morgens landet. Außerdem gibt es als kleines Geschenk obendrauf: jedes Jahr 3.000 Wyndham-Rewards-Punkte.

Ab 40 Übernachtungen erhältst du den Diamond-Status. In dieser höchsten Statusstufe wirst du bei jeder Ankunft im Hotel mit einem Willkommensgeschenk aus Snacks und Getränken begrüßt. Noch dazu wird die Anzahl der jährlich geschenkten Reward-Punkte auf 6.000 Stück verdoppelt. Das ist immerhin schon fast eine halbe „Einfach belohnt"-Prämie.

Am attraktivsten ist allerdings das Suite-Upgrade, das sogar bei Prämienübernachtungen gültig ist. Das bedeutet, dass du auch dann noch ein Upgrade in eine Suite bei Verfügbarkeit bekommst, wenn du dein Zimmer nicht mit Geld, sondern mit 15.000 Rewards-Punkten bezahlt hast. Außerdem kannst du als Diamond-Member den Gold-Status einmal pro Jahr an jemanden verschenken, dem du eine Freude machen willst.

PUNKTE SAMMELN BEI WYNDHAM REWARDS

Um Punkte zu sammeln, gibt es eigentlich nur zwei Möglichkeiten neben einem normalen Hotelbesuch: Miete dir einen Mietwagen bei Avis und du sammelst zwischen 100 und 500 Punkte pro Tag. Oder halte eine Veranstaltung in einem Wyndham-Hotel ab und sammle bis zu 45.000 Punkte pro Nacht. Du kannst dir bis zu zehn Gästezimmer anrechnen lassen, die für mindestens eine Nacht gebucht wurden. Auch die Raummieten für Konferenzräume und die Kosten für Speisen und Getränke sind Umsätze, mit denen du bei Veranstaltungen Punkte sammeln kannst. Und das kann sich auch schon bei Veranstaltungen mit nur wenigen Teilnehmern lohnen, da es keinen erforderlichen Mindestumsatz gibt. So kannst du dir bei Tagungen bis zu 15.000 Punkte für Veranstaltungsräume und 30.000 Punkte für Zimmerbuchungen nebenbei „dazuverdienen". Das Prämienprogramm für Veranstalter heißt übrigens „Einfach geplant". Wechselnde attraktive Angebote machen es dir leicht, Punkte schneller zu sammeln. So kannst du beispielsweise bis zu 2.000 Punkte für zwei Übernachtungen unter der Woche auf deinem Konto verbuchen.

Du kannst dir außerdem bis zu 5.000 Wyndham-Rewards-Punkte pro Jahr kaufen. Du musst ein Minimum von 1.000 Punkten für 11 Dollar und darfst ein Maximum von 5.000 Punkten für 55 Dollar käuflich erwerben. Das ist insofern erstaunlich, als dass erstens die maximale Anzahl an zu kaufenden Punkten relativ klein ist, zweitens der Preis mit zunehmender Menge nicht günstiger wird und drittens der Preis insgesamt jedoch recht günstig ist. Da sich ein Punktekauf bei Wyndham also lohnt, solltest du diese Option als Mitglied auch jedes Jahr nutzen. Wenn du nicht ausreichend Nächte pro Jahr bei Wyndham übernachtest, kannst du auch Flugmeilen sammeln. Unter anderem sind Lufthansa, Qatar Airways und American Airlines Partner. Für einen anrechenbaren Aufenthalt gibt es 500 Meilen.

PUNKTE EINLÖSEN BEI WYNDHAM REWARDS

Wie gesagt kannst du dank der sogenannten „Einfach belohnt"-Funktion für 15.000 Punkte eine Prämienübernachtung in jedem der Wyndham-Hotels, -Apartments und -Ferienhäuser buchen. Egal wo und egal zu welchem Zeitpunkt, vorausgesetzt natürlich, dass sie verfügbar sind. Es sollte dir aber bewusst sein, dass du 15.000 Punkte pro Zimmer zahlen musst und dass es Objekte gibt, die so teuer sind, dass sie von „Einfach belohnt" ausgeschlossen sind. Das heißt, bei einem Apartment mit vier Zimmern fallen 60.000 Punkte pro Nacht an. Wenn du nicht so viele Punkte hast, gibt es ab 3.000 Punkten noch die „Einfach bezahlt"-Funktion. Das ist sozusagen die Wyndham-Variante von Cash + Points, was bedeutet, dass du einen Teil der Rechnung in Punkten und den Rest mit Geld bezahlen kannst.

Eine andere interessante Möglichkeit, um Punkte auszugeben, sind die sogenannten Wyndham Auctions. Dort gibt es jede Menge spannende und kuriose Aktivitäten, Reisen, Tickets für Musikveranstaltungen von Britney Spears bis Elton John oder eine Übernachtung im Wyndham Garden Chinatown, inklusive Sightseeing und Pizzatour in New York. Wenn du dir Träume erfüllen willst, kannst du zum Beispiel auch mit Delfinen schwimmen gehen. Jedes dieser Erlebnisse kann nach dem Auktionsprinzip erworben werden und das Mindestgebot liegt zwischen 15.000 und 45.000 Punkten.

Du kannst Meilen gegen Rabatte und Gutscheine bei verschiedenen Läden eintauschen, zum Beispiel bei Zalando, Mister Spex, buecher.de und vielen weiteren Anbietern. Los gehts ab 1.350 Punkten, wofür du einen Fünf-Euro-Gutschein erhältst. Oder du gehst in den Onlineshop von Wyndham Rewards und kaufst die Produkte direkt mit deinen Punkten.

Der Upgrade-Guru sagt

+ Supereinfach zu verstehen. Einfach zum Sammeln.
+ Topgegenwert für deine Punkte: Auch teure Hotels gibts für 15.000 Punkte pro Nacht.
+ Lange Statusgültigkeit und Übernachtungen werden ins Folgejahr übertragen.
+ Schon nach 40 Nächten Platinum-Mitglied mit Upgrades in die Suite.

Gesamtnote: 2

HILTON WORLDWIDE

Großzügig beim Statuserhalt

Ein bisschen ehrfürchtig schreite ich durch die Lobby. Das Interieur ist schwer. Es scheint, als würde aus jeder Ecke, jeder kleinen Ritze, von Lampenschirmen und Bilderrahmen Geschichte auf mich einströmen. Ich bin soeben mit Überschallgeschwindigkeit in weniger als vier Stunden von London-Heathrow mit der Concorde nach New-York-JFK geflogen. Und jetzt? Die völlige Entschleunigung in 301 Park Avenue, ganz nah am Central Park, mitten im quirligen Manhattan und doch in einer Welt, in der die Uhr stehen geblieben scheint. Das Waldorf Astoria hat wirklich gelebt, das spüre ich und sehe sanft über die ein oder andere Abnutzungserscheinung hinweg. Genau das macht den geschichtsträchtigen Charakter dieses Luxushotels einer anderen Epoche aus, denke ich und gehe zur Rezeption.

Drei Tage werde ich hier verbringen. Drei Nächte, besser gesagt. Bezahlt mit meinen Hilton HHonors Points, denn das Waldorf Astoria in New York gehörte bis zum Jahr 2014 zu Hilton, bevor es an einen chinesischen Investor verkauft wurde.

Hilton ist die zweitgrößte Hotelkette der Welt. Präsent ist sie in 104 Ländern mit knapp 5.000 Hotels und über 800.000 Zimmern. Noch dazu gilt sie, da derzeit über 700 Hotels in Europa in Planung sind, als die am schnellsten wachsende Hotelkette der Welt.

Hilton hat nicht nur Paris den wohlklingenden Nachnamen in die Wiege gelegt, sondern vereint noch einige andere illustre Marken unter seinem Dach: Conrad, Canopy, Hilton Hotels & Resorts, Curio, Double-Tree, Tapestry, Embassy Suites, Hilton Garden Inn, Hampton by Hilton, Tru by Hilton, Homewood Suites, Home2 Suites, Hilton Grand Vacations und eben das Waldorf Astoria.

Nachdem am 3. Januar 2013 die erste Waldorf-Astoria-Nobelherberge am Berliner Zoo eröffnet wurde, verkaufte Hilton das New Yorker Mutterhaus und nun werden viele der mehr als tausend Zimmer zu Luxusappartments umgebaut.

Um es noch mal zu sagen: Die Geschichten, die du mit deinen Meilen und Punkten erleben kannst, sind das eigentlich Unbezahlbare daran. Allein auf diesem New-York-Trip habe ich mit dem Concorde-Flug und dem Zimmer im Waldorf zwei Reisehighlights erlebt, die sich jetzt nur noch in Geschichtsbüchern bestaunen lassen.

Ich sprach von den Hilton HHonors Points, die mich an die Park Avenue gebracht haben. Werfen wir einen Blick auf Hilton Honors, die im vergangenen Jahr das zweite H aus ihrem Namen gestrichen haben ...

Deine Statusvorteile
BEI HILTON WORLDWIDE

Hilton Honors ist das Bonusprogramm von Hilton. Du sammelst 10 bis 15 Punkte pro ausgegebenem US-Dollar. Eine Studie ergab, dass du im Durchschnitt 7,5 % des Geldwertes, den du bei Hilton ausgibst, in Form von Punkten zurückbekommst. Es gibt im Programm vier verschiedene Mitgliedsstufen, sie heißen Member, Silver, Gold und Diamond. Den Member-Status erhältst du nach Abschluss deiner Registrierung. Als Boni bekommst du unter anderem WLAN und Late Check-out.

Den Silver-Status gibt es für vier Aufenthalte oder zehn einzelne Übernachtungen innerhalb eines Kalenderjahrs. Dafür erhältst du direkt einen 15 %-Punktebonus und einen Willkommensdrink bei deiner Ankunft. Wenn du vier Prämienübernachtungen buchst, gibt es die fünfte übrigens immer gratis dazu.

Um den Gold-Status zu erhalten, gibt es drei verschiedene Wege: Entweder schließt du 20 Aufenthalte ab oder 40 einzelne

Übernachtungen oder du hast 75.000 Hilton-Honors-Basispunkte gesammelt. Dafür wird dein Bonus von 15 % auf 25 % angehoben. Die weiteren Vorteile hängen stark vom jeweiligen Hotel ab. Es gibt zwischen 250 und 1.000 Bonuspunkte oder ein Willkommensgeschenk zur Auswahl. Bei rund der Hälfte der Marken erhältst du außerdem ein Zimmerupgrade bei Verfügbarkeit oder auch ein kostenfreies Frühstück. Als ich im Waldorf Astoria zu Gast war, hatte ich zwar eine ganze Menge Punkte gesammelt, aber noch nicht den Gold-Status erlangt. Der hätte mir gut getan, denn das Frühstück ließ zwar damals keine Wünsche offen, war aber mit 50 Dollar recht preisintensiv.

Es gibt in Deutschland zwei sehr clevere Optionen, wie du, ohne zu übernachten, sofort den Hilton-Honors-Gold-Status bekommen kannst: Er kostet dich entweder im günstigsten Tarif 48 Euro. Mit Versicherungspaket 83 Euro. Dazu gibts je nach Promotion zwischen 5.000 und 10.000 Willkommenspunkte, die schon für mindestens eine günstige Prämienübernachtung reichen. Für jeden Euro, den du im Hilton ausgibst, erhältst du zwei Punkte, ansonsten einen Punkt pro Euro. Außerdem gibt es ab 20.000 Euro Jahresumsatz den Hilton Honors Diamond Status für dich obendrauf.

Der andere Weg zum sofortigen Gold-Status führt über die American-Express-Platinum-Karte. Mit der genießt du ebenfalls sofort alle Privilegien.

Für den Diamond-Status benötigst du normalerweise entweder 30 Aufenthalte, 60 Übernachtungen oder 120.000 Basispunkte. Du kannst ihn dir sogar einmal um ein Jahr verlängern lassen, ohne dich erfolgreich requalifiziert haben zu müssen. Deine Extras sind 50 % Bonuspunkte, Zimmergarantie bis 48 Stunden vor Anreise, weitere Punkte zur Begrüßung, Zimmerupgrades bei vielen (aber leider nicht allen) Marken sowie Zugang zur Executive-Floor-Lounge in ausgewählten Hotels, der dir aber auch oft schon ab Gold-Status gewährt wird.

Überhaupt fand ich den Statuserhalt bei Hilton schon immer ein wenig merkwürdig. Obwohl ich einige Jahre kein American-

Express-Karteninhaber war und auch nicht ausreichend Übernachtungen absolviert hatte, wurde mein Gold-Status immer verlängert. Da horchte ich natürlich auf, als Hilton vor zwei Jahren einen Statusmatch anbot, und zwar von Gold auf Diamond.

Doch würde sich das lohnen? Seit vielen Jahren hatte ich den Hilton-Honors-Gold-Status inne und war ehrlicherweise nie hellauf begeistert davon gewesen. Mit meiner Global-Hotel-Alliance(kurz GHA)-Black- und Le-Club-Accor-Platinum-Karte habe ich den Diamondmatch dann durchgeführt. Seitdem habe ich nur dreimal in einem Hilton geschlafen und dabei einige der Diamond-Vorteile in Anspruch genommen. Ein Upgrade habe ich, obwohl ich immer die günstigste Zimmerkategorie gebucht habe, immer bekommen, davon einmal in die Juniorsuite.

Insgesamt war ich mit dem Service und den Benefits zufrieden, fand die Vorteile aber nicht so überzeugend, als dass ich mich angestrengt hätte den Status zu halten. Sehr positiv überrascht war ich dann, als mein Diamond-Status automatisch verlängert wurde, obwohl ich deutlich unter den Anforderungen geblieben bin. Hut ab vor der Großzügigkeit von Hilton, denn auch in diesem Jahr wurde mein Diamond-Status verlängert, obwohl ich die Kriterien nicht erfüllt habe. Wow!

PUNKTE SAMMELN BEI HILTON HONORS

Um Punkte zu sammeln und Statusvorteile zu genießen, ist wie immer wichtig, dass du dein Hotelzimmer über die Hilton-Website buchst.

Hilton Honors hat (leider nur noch bis zum April 2018) etwas Einzigartiges. Du weißt mittlerweile, dass du als Kunde eines Hotelbonusprogramms nicht unbedingt Punkte sammeln musst, sondern auch Prämienmeilen von Fluggesellschaften eine valide Möglichkeit sind. Diese Option wird passenderweise „MyWay" oder „Double-Dipping" genannt und lässt sich in deinem Hilton-Honors-Profil unter „Preferences" einstellen. Du hast die Möglichkeit, entweder Points & Points oder Points & Miles zu sammeln. Bei der ersten Option sammelst du zehn Basispunkte pro ausgegebenem US-Dollar, plus fünf Bonuspunkte. Möchtest du hingegen auch etwas für dein Meilenkonto tun, gibt es zusätzlich zu den zehn Basispunkten eine Meile bei deiner jeweiligen Wunschairline. Davon hat Hilton 65 – unter anderem Lufthansa und Eurowings, aber auch Günstigflieger wie Air Asia – und die Deutsche Bahn.

Als ich vor vielen Jahren, genauer gesagt 2003, Hilton-Honors-Mitglied geworden bin, da war die Double-Dipping-Option ein entscheidender Vorteil, denn pro Nacht konnte ich zusätzlich bis zu 1.000 Meilen bei einer Fluggesellschaft sammeln. Das hat sich besonders bei günstigen Übernachtungen gerechnet. Heutzutage ist die Option „Punkte und Punkte" zu sammeln attraktiver, da du mittlerweile viel weniger Meilen bekommst. Falls du aber dein Vielfliegerkonto vor dem Schließen bewahren und durch jährliche Aktivitäten retten musst, dann ist das eine perfekte Möglichkeit für dich. Du kannst übrigens deine Präferenzen immer wieder ändern. Leider wird das Double Dipping, das Hilton Honors so besonders macht, im April 2018 abgeschafft.

Hilton verfügt sonst über alle typischen Sammelmöglichkeiten eines Bonusprogramms. Soll heißen, dass du für die Anmietung eines Mietwagens Punkte sammelst, bei verschiedenen Partnerhotels und auch Onlineshops. Bei vielen Airlinepartnern kannst du Meilen in Punkte umwandeln. Auch durch Teilnahme an Onlineumfragen kannst du bei Hilton Punkte sammeln, jedoch ist diese Option vorerst nur für Kunden des amerikanischen Marktes möglich.

Genannt werden sollte noch der sogenannte Hilton Honors Dining Club. Dafür musst du dich zwar gesondert anmelden, kannst dann aber in Tausenden Restaurants, Bars und Clubs in den USA und Kanada Punkte sammeln. Immerhin acht Punkte pro Dollar gibt es in jedem der über 10.000 teilnehmenden gastronomischen Betriebe.

Dir wird auch die Möglichkeit geboten, Punkte direkt zu kaufen. Wirklich interessant und einzigartig ist jedoch die Option des "Punkte bündeln". Das bedeutet, dass du deine Punkte mit denen von bis zu zehn anderen Hilton-Honors-Mitgliedern zusammentun kannst. Damit lassen sich jedoch nicht mehr als 500.000 Punkte pro Jahr transferieren oder zwei Millionen erhalten. Neu ist die Möglichkeit, Hilton-Honors-Punkte, die in den letzten 18 Monaten ungenutzt verfallen sind, einmalig gegen Zahlung einer Gebühr wieder zu reaktivieren. Für bis zu 100.000 Punkte kostet dich das 0,0025 USD pro Punkt. Für 100.001 bis eine Million Punkte gilt eine Flatrate von 250 USD.

PUNKTE EINLÖSEN BEI HILTON HONORS

Für eine Prämienübernachtung brauchst du mindestens 5.000 Punkte oder 1.000 Punkte + Cash. Da die Preise nach der letzten Programmreform allerdings von Marke, Hotel, Location, Saison und Zimmerwahl abhängen, lassen sie sich nicht in Kategorien einordnen. Tatsächlich lässt sich aber selbst die luxuriöseste Suite mit Punkten buchen. Du kannst dir auch Urlaubspakete, Golfprämien und Zugang zu All-inclusive-Resorts mit Punkten ermöglichen.

Sehr interessant ist bei Hilton-„Experience" die Möglichkeit, mit Punkten auf einzigartige Erlebnisse zu bieten. Zum Beispiel kannst du bei dem Hilton-Grand-Final-Golfturnier in Dubai mitspielen (270.000 Punkte), eine Tour über den Fischmarkt in Pattaya, Thailand, mit anschließendem Kochkurs machen, Konzerttickets für Jay Z, Guns N' Roses und andere Superstars (75.000 Punkte) erstehen, einen Wochenendtrip nach Perth in Australien unternehmen und vieles mehr. Die oben genannten Preise sind aber lediglich Richtwerte. Denn die Angebote werden normalerweise über Auktionen verkauft, sodass die nötige Punktezahl beim nächsten Mal deutlich höher, aber auch deutlich niedriger liegen kann.

Und das war noch nicht alles – es gibt noch die sogenannten „Golden Moments"! Du kannst Hunderte Aktivitäten mit Punkten erwerben. Der Großteil der Moments ist sportlicher oder abenteuerlicher Natur. Ein paar Beispiele gefällig? Ein Fahrtraining mit jede Menge verschiedenen Autos, vom Oldtimer über Kart bis hin zum Lamborghini oder gar Rennwagen, Bungee-Jumping und Tauchen, Paintball und Segeln, ein Zero-Gravity-Flug oder lieber eine Schokoladenmassage... Und das war nur ein kleiner Ausschnitt aus den Angeboten aus Deutschland. Die internationalen Angebote sind teilweise sogar noch verrückter. Wie zum Beispiel eine Familiensafari in Südafrika oder, mein persönlicher Favorit, ein Flug in einem Kampfjet in Moskau für 6.412.500 Punkte! Wer kann, der hat. Und ich würde gern.

Entfernen wir uns wieder ein Stück von den überirdischen Einlösemöglichkeiten und kommen zurück zum Standard. Bei den Reisepartnern von Hilton Honors kannst du deine Punkte auch in Meilen umtauschen, unter anderem bei Miles & More, oder in bahn.bonus-Punkte der Deutschen Bahn. Du kannst deine Punkte auch bei den Mietwagenpartnern ausgeben, um damit ein Auto zu zahlen. Es ist sogar möglich, für 120.000 Punkte einen 250-Dollar-Gutschein für eine Kreuzfahrt zu kaufen.

Ferner ist eigentlich nur noch der Eintausch von Punkten bei Amazon interessant. Oder du bist nobel und spendest einen Teil deiner Punkte. Dafür brauchst du allerdings ein Minimum von 4.000 Punkten, da eine Spende mindestens zehn Dollar hoch sein muss, was dem Gegenwert von 4.000 Punkten entspricht.

Der Upgrade-Guru sagt

+ Schon aufgrund der Größe von Hilton solltest du Honors-Mitglied sein.
+ Einzigartig: die Möglichkeit, gleichzeitig Punkte und Flugmeilen zu sammeln (leider nur noch bis April).
+ Ein entscheidender Vorteil ist die Möglichkeit der Bündelung von bis zu 11 Konten.
+ Sehr kulante Statusverlängerung.
+ Hilton Honors hat eine gute App, deren Nutzung durch Bonuspunkte gefördert wird. Die Website ist einfach zu bedienen und übersichtlich.
– Unübersichtliche bzw. nicht 100%ig garantierte Statusvorteile.
– Der Kundenservice ist leider nicht optimal. Bei fehlenden Punktegutschriften muss manchmal sehr viel Energie und Mühe aufgebracht werden, um sie durchzusetzen.

Gesamtnote: 3+

INTER-CONTINENTAL HOTELS GROUP

Vom Gärtner zum Hotelbesitzer

Als ich das EVEN Hotel Midtown East in New York betrete, fühle ich mich schon fast wie zu Hause. Gerade erst vor zwei Wochen war ich zum Geburtstag eines Freundes im Big Apple und hab im EVEN Hotel New York am Times Square South genächtigt. EVEN ist die jüngste Marke im Portfolio von IHG, womit sie dem Fitness- und Wellnesstrend huldigen. Active sleeping, sozusagen. IHG, die InterContinental Hotels Group, ist ein britisches Unternehmen und nach Zimmerzahl die größte Hotelkette der Welt. Zwölf einzelne Hotelmarken sind unter dem Dach der IHG vereint und bieten Betten in rund 5.000 Hotels in knapp 100 Ländern. Die bekanntesten sind Interconti Hotel und Holiday Inn.

Die IHG wurde im Jahr 1946 als Tochter von Pan Am, also der Fluglinie Pan American World Airways, gegründet. Als ich hier im EVEN an der Rezeption stehe, fällt mir ein, dass mich mit der Pan Am viele Erinnerungen verbinden. Ihr World Pass war die erste Meilenkarte in meinem Portemonnaie. Ich denke oft an die vielen Flüge zwischen dem damals mitten in der DDR liegenden Berlin und München, Frankfurt und Bremen – meine ersten übrigens. Pan Am war eine der ersten Airlines, die interkontinentale Flüge anbot, und setzte über Jahre hinweg die Standards in der Luftfahrtbranche. Im Jahr 1988 wurde der Pan-Am-Flug 103, eine Boeing 747, über dem schottischen Lockerbie durch eine Bombe von Terroristen zum Absturz gebracht. Alle 243 Passagiere und 16 Besatzungsmitglieder des Fluges sowie 11 Bewohner von Lockerbie wurden dabei getötet. Davon hat sich Pan Am nie mehr erholt und wurde drei Jahre später von Delta Air Lines übernommen.

Wie in dem EVEN-Hotel meines letzten Aufenthalts sind auch hier in Midtown East die Mitarbeiter außergewöhnlich nett. Das gilt für die Rezeptionisten genauso wie für den Gärtner, der sich mir als solcher vorstellt, während ich mich mit ihm unterhalte, als er neben mir am Check-in steht und einen dezenten Blick auf meine IHG-Platinum-Elite-Karte wirft. Überhaupt schon eine Terrasse zu haben ist ziemlicher Luxus für ein Mid-Price-Hotel mitten in New York. Es handelt sich bei diesem Gebäude um den 230-Zimmer-Flagship-Tower in der Nähe des Grand Central Terminal. Und einen unglaublichen Ausblick hat man von der Spitze des Hotels tatsächlich. Woher ich das weiß? Nun, an meinem letzten Tag in NYC wollte ich das One World Trade Center besuchen. Während ich mein *infused water* trank und auf meinen Zimmerschlüssel wartete, erzählte ich dem Gärtner davon. Kurzerhand bot er mir an, erst einmal den Ausblick aus dem 40. Stock seines Gebäudes zu genießen. Seines Gebäudes? Tatsächlich seines Gebäudes. Denn der Gärtner der Hotelterrasse entpuppte sich als der Besitzer des Gebäudes! Mit dem Fahrstuhl ging es also in die noch nicht einmal ganz fertiggestellte oberste Etage. Und der Ausblick war wirklich fantastisch. Ich will damit nicht sagen, dass man als Elite Member von IHG immer ein Special-VIP-Treatment bekommt, aber die Chance auf besondere Erlebnisse nehmen mit steigendem Status garantiert nicht ab ...

Deine Statusvorteile
BEI IHG

Doch wie wirst du nun Elite-Member? Das Bonusprogramm von IHG heißt Rewards Club. Um ein neues Statuslevel zu erreichen, musst du eine bestimmte Menge an Punkten oder Übernachtungen sammeln, die jeweils innerhalb eines Kalenderjahres abgerechnet werden. Es gibt in den meisten Hotels, mit Ausnahme von Candlewood und Staybridge Suites, 10 Punkte pro ausgegebenem US-Dollar.

Als neues Mitglied bekommst du den Status „Club". Danach folgen Gold Elite, Platinum Elite und dann noch die sogenannte Spire Elite. Spire bedeutet so viel wie Spitze. Wobei in meinem Fall schon Platinum für die Spitze des Hotels gereicht hat. Mit etwas Mühe kannst du dir also deinen Spitzen-Elite-Status bei IHG „erschlafen". Diese Abwechslung zu den üblichen Silvers und Golds ist zwar ein bisschen verwirrend, aber doch willkommen. Werfen wir also einen Blick auf die einzelnen Status.

Um den Gold-Elite-Status zu erreichen, benötigst du 10 Übernachtungen oder 10.000 Punkte. Dafür bekommst du einen späteren Check-out, Priority-Check-in und 10 % Bonuspunkte. Der absolut tolle Bonus ist aber vor allem, dass deine Bonuspunkte nicht mehr verfallen, solange du einen Status innehast.

Den Platinum-Elite-Status gibt es für 40 Nächte oder 40.000 Punkte pro Jahr. Das ist zwar gleich eine ziemlich saftige Steigerung, aber du erhältst immerhin auch schon 50 % Bonuspunkte und die allseits begehrten kostenlosen Zimmerupgrades bei Verfügbarkeit.

Für den Spire-Elite-Status benötigst du mit 75 Übernachtungen fast noch einmal doppelt so viele wie für den Platin-Status. Dafür bekommst du dann immerhin 100 % Bonuspunkte und einen „exklusiven Vorteil nach Wahl". Als kleines weiteres Leckerli gibt es den Hertz-Gold-Plus-Rewards-Status bei der Autovermietung Hertz dazu. Wer sich also ab und zu einen Wagen mietet, kann auch hier noch profitieren.

Es gibt übrigens eine clevere Abkürzung zu deinem Elite-Status: Der Trick sind Bonuspunktepakete während deines Aufenthalts. In manchen Hotels kannst du bis zu 5.000 Bonuspunkte pro Aufenthalt sammeln. Meist werden aber nur 1.000 pro Nacht angeboten. Wenn du aber ein Hotel mit 5.000 Bonuspunkten entdeckst, hast du die Möglichkeit, schon mit nur zwei Übernachtungen den Gold-Status zu bekommen. Der garantiert dir zwar keine Upgrades, aber sehr oft wirst du schon mit deinem Goldkärtchen ein besseres Zimmer bekommen. Ich habe im Crown Plaza am Flughafen Madrid einen 5.000er-Bonus genutzt. Für das Zimmer musste ich dann zwar 31 Euro mehr zahlen als im günstigsten Tarif, aber für einen Gold-Status gute 60 Euro für zwei Übernachtungen zu investieren waren mir die Vorteile wert.

Jetzt weißt du also Bescheid über die IHG-Rewards-Status. Bis auf eine kleine Ausnahme. Denn IHG hat noch einen besonderen, exklusiveren Status und der heißt Ambassador. Er bietet dir weltweit exklusiv in den 182 Häusern von InterContinental Hotels & Resorts Vorteile. Zum Beispiel bekommst du eine kostenlose Wochenendübernachtung. Buchst du also eine Übernachtung von einem Freitag auf einen Samstag, ist die Übernachtung von Samstag auf Sonntag umsonst. Außerdem gibt es garantierte Zimmerupgrades auf ein Zimmer eine Kategorie höher als dein ursprünglich gebuchtes und einen Pay-TV-Film pro Aufenthalt. Besonders das Zimmerupgrade ist natürlich ein sehr interessanter Bonus. Wie also kommt man an diesen exklusiven Status heran? Das ist eigentlich ziemlich einfach. Du kannst ihn dir nämlich kaufen. Für eine zwölfmonatige Mitgliedschaft bezahlst du 200 Dollar oder 32.000 IHG-Rewards-Punkte. Und wenn du noch dazu ein sehr aktiver Kunde bist, winkt für dich eventuell sogar der Royal-Ambassador-Status. Er wird allerdings nur per Einladung einem kleinen Prozentsatz der Ambassador-Mitglieder gewährt.

PUNKTE SAMMELN IM REWARDS CLUB

Es lohnt sich, einen Blick auf eines der immer wiederkehrenden Angebote von IHG zu werfen, das sogenannte „Accelerate", im deutschen „Schneller mehr erreichen" genannt. Dort bekommst du viermal im Jahr die Chance, eine große Menge an Bonuspunkten zu sammeln, indem du innerhalb von drei Monaten eine bestimmte Reihe von Aufgaben erfüllst. Diese ändern sich in jedem Quartal und sind vor allem an das jeweilige Reiseverhalten des Mitgliedes angepasst.

Mitmachen kann sich für dich wirklich lohnen. Meine letzte Accelerate-Challenge hat mir 58.100 Punkte in Aussicht gestellt, wenn ich alle zehn Aufgaben erfüllen würde. Das habe ich nicht. Aber trotzdem landeten mit nur drei Übernachtungen 38.000 Rewards-Punkte auf meinem Konto. Das ist ein super Turbo, wenn du bedenkst, dass ich zum Beispiel für eine Übernachtung im Holiday Inn am Flughafen Prag gerade einmal 1.365 Punkte bekommen habe.

Ansonsten bietet dir IHG die standardmäßigen Möglichkeiten zum Punktesammeln an. Mit Avis, Hertz und Budget kannst du Punkte er-gattern, wenn du Mietwagen buchst, und du sparst dank deiner IHG-Rewards-Club-Mitgliedschaft auch noch Geld. Wenn du nicht oft genug in einem Hotel schläfst, um einen Status zu bekommen, kannst du an-statt von Punkten auch Prämienmeilen sammeln, und das bei einer gro-ßen Auswahl an Airlines. Bei Miles & More sammelst du beispielsweise zwei Meilen pro ausgegebenem Euro oder Dollar. Das funktioniert bei über 50 Airlinepartnern, jedoch kann die Anzahl an ausgegebenen Mei-len variieren.

Du kannst auch IHG-Rewards-Punkte kaufen. Zwischen 1.000 und 10.000 Punkten zahlst du pro 1.000 Punkte jeweils 13,50 Dollar. Für 11.000 bis 25.000 Punkte kostet es dich noch jeweils 12,50 Dollar pro 1.000 Stück. Und für 26.000 bis zum Maximum von 60.000 Punkten, die du pro Jahr kaufen kannst, kostet es noch 11,50 Dollar. Allerdings bietet IHG mehrmals im Jahr Promotions an, bei denen du Punkte mit einem Bonus von bis zu 100 % kaufen kannst. Darauf solltest du also unbedingt warten. Es ist übrigens egal, auf welches Konto du die Punkte übertra-gen möchtest, dein eigenes oder das von Freunden. Wichtig ist aber, dass gekaufte Punkte dich nicht auf dem Weg weiterbringen, einen Status zu erlangen oder zu erhalten. Dafür werden sie nicht gezählt!

Punkte zu kaufen hört sich vielleicht erst einmal nicht sonderlich attraktiv an, aber in den IHG-Hotels gibt es oft noch Zimmer gegen Punkte, wenn die normalen Preise sehr hoch sind, was zum Beispiel bei Messen, Großveranstaltungen oder auch über Silvester der Fall ist – vor allem in preisintensiven Zielen wie New York, Tokio oder auch London. Da kannst du mit gekauften Punkten schon mal über 80 % der Zimmerrate sparen.

Es gibt noch einen weiteren Trick, wie du günstig zu mehr IHG-Rewards-Punkten kommst. Du brauchst dafür mindestens 5.000 Punkte auf deinem Konto. Wenn du die noch nicht hast, dann kaufe sie bei der nächsten Promotion. Der Schlüssel zu diesem Turbo ist die „Cash + Points"-Option, also die Möglichkeit, Rewards-Nächte mit Punkten und Geldzuzahlung zu buchen. Du suchst dir einfach ein Holiday Inn aus, das du für 15.000 Punkte pro Nacht buchen kannst. Die findest du zum Beispiel in Deutschland in Berlin oder auch Düsseldorf, aber eigentlich kann das Hotel überall auf der Welt sein. Zum Beispiel auf Bali, da kannst du meist ziemlich gute Deals machen. In unserem Beispiel das Holiday Inn Resort Baruna Bali, wo du die Option „5.000 Punkte plus 60 Dollar" wählen kannst. Die fehlenden 10.000 Punkte kannst du also einfach draufzahlen. Jetzt musst du diese Buchung ein paar Tage später wieder stornieren – und deinem Konto werden nicht 5.000 Punkte plus 60 Dollar, sondern 15.000 Punkte wieder gutgeschrieben! So bekommst du ganz leicht und schnell 10.000 Punkte für 60 Dollar. Wenn du die dann zum Beispiel bei den PointBreaks (siehe weiter unten) einsetzt, bekommst du dein Zimmer für unter 30 Euro die Nacht. Gut gemacht, würde ich sagen. Dieser Hack funktioniert übrigens auch in Hotels mit höherem Punkteeinsatz. So lassen sich, ohne zu übernachten, wirklich einfach und günstig Rewards-Punkte sammeln.

PUNKTE EINLÖSEN IM REWARDS CLUB

Prämienübernachtungen werden bei IHG „Reward Nights" genannt. Dir steht es zu, die Preise mit Punkten oder, wie gerade beschrieben, mit einer Kombination aus Punkten und Cash zu zahlen. Die IHG-interne Suche bietet dir das sehr übersichtlich an, sodass du gleich alle Bezahlmöglichkeiten auf einen Blick parat hast.

Die Preise für eine Reward Night liegen zwischen 10.000 und 70.000 Punkten. Die Hotels werden jedoch nicht in einzelne Kategorien unterteilt, sondern der Preis richtet sich nach Ausstattung des Hotels, Location und Standardzimmerpreisen. In Deutschland ist ein Hotel der günstigsten Kategorie zum Beispiel das Holiday Inn am Berliner Flughafen Schönefeld, das 10.000 Punkte kostet. Die teuersten Hotels schlagen mit 70.000 Punkten zu Buche, zum Beispiel die zwei Inter-Continental-Hotels auf Bora Bora.

In jedem Quartal bieten sich die sogenannten PointBreaks als Alternative zur normalen Prämienübernachtung an. Bei den PointBreaks gibt es eine begrenzte Anzahl an Hotels, die dir eine Übernachtung bereits für 5.000 Punkte anbieten. Du darfst aber nur zwei Übernachtungen pro PointBreaks-Hotel buchen, da die Verfügbarkeiten begrenzt sind. Die Liste wird immer zum ersten eines jeden Vierteljahres veröffentlicht. Dann heißt es: Schnell zuschlagen!

Der Einsatz von IHG-Rewards-Punkten lohnt sich aber nicht nur bei sehr preiswerten oder sehr teuren Hotels. Punktebuchungen sind immer zu empfehlen, wenn du an einem Feiertag oder während Messen und Hauptreisezeiten ein Hotel suchst. Da schnellen nämlich die normalen Zimmerpreise ordentlich in die Höhe, hingegen die Punkteraten bleiben gleich. Du musst nur rechtzeitig planen, denn die Verfügbarkeit ist in diesen Zeiträumen meist sehr stark eingeschränkt.

Ansonsten kannst du deine Punkte auch in Flugmeilen umtauschen. Dazu stehen dir mit IHG knapp 40 Airlinepartner zur Verfügung. Auch Miles & More ist dabei und bietet dir für 10.000 IHG-Punkte 2.000 Meilen an, wie die meisten anderen Airlines auch.

Als nettes Extra gibt es den Onlineshop, in dem du deine Punkte einsetzen kannst. Er hat ein umfangreiches Angebot und du kannst auch Unterhaltungsprämien kaufen, die dir sofort zur Verfügung stehen, also E-Books, Software, Spiele und mehr. Möchtest du deine Punkte lieber spenden, wie ich bei der letzten Accelerate, ist auch das kein Problem. Dafür benötigst du ein Minimum von 2.500 Punkten, um die IHG Foundation zu unterstützen. Diese Foundation kämpft in Zusammenarbeit mit anderen Hilfsorganisationen für eine bessere Welt und unterstützt Menschen von Deutschland bis Syrien und Asien.

Der Upgrade-Guru sagt

+ Solltest du haben: wichtiges Standardprogramm.
+ Mit den vierteljährlichen Accelerate-Aktionen sehr gute Sammelmöglichkeiten.
+ Übernachten schon ab 5.000 Punkten.
+ Mit kleinen Tricks günstig Meilen sammeln, ohne zu übernachten.
+ Schon ab zwei Übernachtungen Gold-Status möglich.
+ IHG-Rewards-Internetseite übersichtlich gestaltet.
− Eine Note Abzug für unterdurchschnittlichen deutschen Kundenservice: keine kompetenten Antworten auf Fragen zum Bonusprogramm, lange Wartezeiten bei Anforderung nicht gutgeschriebener Punkte. Auch mit Platin Elite Status keine Reaktion auf Emails innerhalb von mehreren Monaten. Dabei kam wenige Sekunden nach meiner E-Mail folgende freundliche Standardantwort: „We've received your email and will get back to you within 24 hours." Lange 24 Stunden.

Gesamtnote: 3

MARRIOT INTERNATIONAL

Es ist doch die Größe, die zählt

Dreimal hat sich die Bar nun schon um sich selbst gedreht. Da sitze ich mit meinem Cocktail im 47. Stock und lasse den Blick über den pulsierenden Times Square schweifen. Schwindelig ist mir noch nicht, dafür dreht sich der gesamte Barkomplex viel zu langsam. Zeitlupenartig, ein krasser Kontrast zum hektischen Manhattan vor der Tür. Es ist Anfang der Neunziger und beim New-Music-Seminar trifft sich im Marriott Marquis am Rande des Times Square die internationale Musikindustrie. Das damalige 1.892-Zimmer-Flagship-Hotel von Marriott bot der innovativen Konferenz den richtigen Rahmen und war mein erster Kontakt mit Marriott International. Marriott ist seit der Übernahme von Starwood die größte Hotelkette der Welt. Zur Gruppe gehören im Jahr 2017 über 6.000 Hotels und Resorts mit 1.200.000 Zimmern in 122 Ländern. Unter der Dachmarke vereint, gehören 30 Hotelmarken zu Marriott. Das Unternehmen machte 2016 einen Umsatz von 17 Milliarden Dollar und wird seit 90 Jahren familiengeführt. Die wohl bekanntesten Marken sind Marriott, Renaissance, Courtyard, Ritz-Carlton und neu Moxy.

Auch wenn ich von der Bar über dem Times Square nicht genug bekommen konnte, hat sich Marriott nie in meinem Herzen verankert. Der Beweis: Seit den frühen Neunzigern bis ins letzte Jahr habe ich gerade einmal 21 Lifetime-Nächte gesammelt. In etwa einem Vierteljahrhundert nicht einmal 25-mal bei einer Kette geschlafen zu haben zeugt nicht von inniger Liebe. Ob sie nach dem im kommenden Jahr zu erwartenden Zusammenschluss der Bonusprogramme von Marriott und Starwood aufflammen mag? Schaun mer mal ...

Das der Hotelkette eigene Bonusprogramm heißt Marriott Rewards. Und Mitglieder können tatsächlich schon einige positive Dinge aus der Übernahme von Marriott durch SPG (Starwood Preferred Guest) ziehen.

Du kannst die Bonusprogramme miteinander verknüpfen und profitierst zum Beispiel durch den Statusabgleich und die einfache Übertragung von Punkten zwischen den einzelnen Konten. Das Verhältnis von Marriott zu SPG-Starpoints bei der Übertragung ist übrigens 3 : 1. Beim Statusabgleich wiederum wird dein höchster Status für beide Programme übernommen.

Deine Statusvorteile
BEI MARRIOTT INTERNATIONAL

Insgesamt gibt es vier verschiedene Mitgliedschaftsstatus, die du erreichen kannst. Der erste wird einfach nur „Member" genannt, danach folgen Silber-Elite, Gold-Elite und Platin-Elite. Als Member gibt es allerdings auch schon die ersten Vorteile. Dazu gehört zum Beispiel, dass du bis zu 10 Punkte pro ausgegebenem Dollar in den teilnehmenden Hotels sammeln kannst. Es gibt kostenloses WLAN und jede Menge Sonderangebote und Prämien exklusiv für Mitglieder.

Den Silber-Elite-Status gibt es ab 10 Nächten. Dafür bekommst du einen 20 %-Bonus auf die während der Aufenthalte gesammelten Basispunkte. Außerdem gibt es eine Reservierungsgarantie, späteres Check-out, exklusive Elite-Angebote, eine Wochenendermäßigung von 10 % und noch einige andere Vorteile.

Für den Gold-Elite-Status benötigst du 50 Übernachtungen. Dafür gibt es 25 % Bonus auf die Basispunkte, alle Vorteile der vorherigen Status, einen garantierten Check-out bis 16 Uhr, Zugang zur Lounge und Frühstück für zwei sowie kostenlose Zimmer-Upgrades beim Einchecken, je nach Verfügbarkeit.

Um den Platin-Elite-Status zu erhalten, musst du 75-mal in Marriott-Hotels übernachten. Dafür gibts einen 50 %-Bonus

auf deine Basispunkte, eine garantierte 48-Stunden-Zimmer-
verfügbarkeit (für die Buchung), ein Willkommensgeschenk
zur Auswahl, von Bonusmeilen bis Drinkvoucher, und natürlich
sämtliche Boni der anderen Status.

Es gibt eine Möglichkeit, die nächste Statusstufe im Tur-
bomodus zu erreichen: Denn Marriott bietet dir inoffiziell die
Möglichkeit, einen Status-Challenge zu absolvieren. Da das
nicht offiziell auf der Seite erwähnt wird, empfehle ich dir einen Anruf im Servicecenter. Die Challenges werden individuell
auf die jeweilige Person zugeschnitten. Wenn du 75 oder mehr
Lifetime-Nächte auf deinem Marriott-Konto hast und zudem in
den nächsten Monaten einige Hotelaufenthalte planst, lohnt
sich der Anruf für dich.

PUNKTE SAMMELN BEI MARRIOTT REWARDS

Punkte sammeln kannst du natürlich bei jeder Übernachtung in einem
der Marriott-Hotels. Bei fast allen Marken bekommst du zehn Punkte pro
ausgegebenem Dollar, nur bei Residence Inn Marriott und Towneplace
Suites gibt es nur fünf. Ansonsten sind die Sammelmöglichkeiten bei
Marriott eher beschränkt.

Daher empfehle ich dir, besonders auf die Promotions zu achten. Im
vergangenen Jahr lockte Marriott seine Gäste zum Beispiel mit diesem
Megabonus in seine Häuser: Da gab es für nur zwei Übernachtungen eine
Übernachtung geschenkt!

Auch für einen Mietwagen bekommst du im Normalfall 500 Punkte pro
Tag plus einen Rabatt auf den Mietpreis. Auch hier gilt es, ein Auge auf
die Aktionen zu haben. Sixt belohnte dich zum Beispiel mit bis zu 6.000
Punkten pro Anmietung.

Eine sehr ungewöhnliche Methode, Punkte zu sammeln, ist wohl die
Verbindung zu Travelling Connect. Mit Travelling Connect kannst du
beim Telefonieren im Ausland pro Roaminggesprächsminute bis zu zehn
Punkte sammeln. Also: Wenn du dich schon über die hohen Gebühren

ärgerst, lass dich wenigstens von einigen Bonuspunkten auf dem Konto entschädigen!

Wenn du Freunde für Marriott Rewards anwirbst, gibt es nach fünf Aufenthalten dieser Freunde in einem der Hotels immerhin 2.000 Punkte für dich. Und das bis zu fünfmal pro Jahr. Das heißt für dich: 10.000 Punkte im Jahr, ohne einen Cent auszugeben. Deine Freunde können dir übrigens auch Punkte schenken. Pro Jahr dürfen für eine Gebühr von zehn Dollar bis zu 50.000 Punkte übertragen werden. Gold-Elite- und Platin-Elite-Mitglieder müssen dafür gar nichts bezahlen. Solltest du Veranstaltungen planen und diese dann bei Marriott durchführen, kannst du auf bis zu 50.000 Punkte und sofortigen Silber-Elite-Status hoffen.

Wenn du nicht nur Mitglied bei Marriott Rewards, sondern auch bei MileagePlus von United Airlines bist, kannst du dich freuen. Marriott und United arbeiten im Bereich ihrer Bonusprogramme eng zusammen und du kannst davon leicht profitieren: Als Platinum-Elite-Marriott-Mitglied bekommst du direkt den Silber-Status bei United geschenkt. Das heißt, es gibt ab jetzt inneramerikanische Upgrades, mehr Freigepäck, beim Fliegen mit United sieben Meilen pro ausgegebenem Dollar und noch einige andere Vorteile. Und hast du bereits den MileagePlus-Premier-Gold-Status inne, bekommst du auch den Gold-Elite-Status bei Marriott. Außerdem gibt es einen 20-%igen Rabatt, wenn du Punkte in MileagePlus-Meilen umtauschst, und 10 % mehr Meilen, wenn du Punkte für Reisepakete ausgibst.

Marriott Rewards bietet als kleines Bonbon eigene Gamification-Elemente. Damit sind spieltypische Elemente und Inhalte gemeint, die man auch bei PC- oder Konsolespielen wiederfindet und die der Motivationssteigerung der spielenden Person dienen – in unserem Fall der sammelnden ... Bei Marriott in Form von sogenannten Badges, wie bei Accor. Absolvierst du eine „Herausforderung", bekommst du den Badge in deinem Profil zugesprochen und auch ein paar Punkte. Die Punkte sind jedoch wirklich zweitrangig, weil es für die investierte Mühe nur minimale Boni gibt. Bei Marriott gibt es Badges für das Erreichen eines Status. Außerdem gibt es für zwei Übernachtungen pro Hotelmarke auch den „Markentreuer-Gast-Badge", plus 25 Punkte. Und wenn du fünf, zehn oder sogar alle Marken einmal besucht hast, bekommst du exklusive Badges und immerhin bis zu 250 Punkte. Der definitiv am schwersten zu erhaltende Badge ist der 1.000-Nächte-Badge. Dafür musst du, welch Überraschung, insgesamt 1.000 Nächte in Marriott-Hotels übernachtet haben. Selbst wenn du dich entscheidest, deine Wohnung aufzugeben und in ein Marriott-Hotel zu ziehen, dauert das Erreichen dieser Auszeichnung mindestens drei Jahre und wird neben dem Badge auch nur mit 250 Punkten ausgezeichnet. Du siehst also, die Punkte sind wirklich zweitrangig. Trotzdem kann es Spaß machen, sich auf die Jagd nach den Auszeichnungen zu begeben.

Zu guter Letzt kannst du auch Punkte kaufen. Dabei ist ein Mindestaufwand von 12,50 Dollar für 1.000 Punkte nötig. Maximal kannst du 50.000 Punkte für 625 Dollar kaufen, wobei du den Wechselkurs von Dollar zu Euro im Blick behalten solltest.

Wenn du zu selten in einem Marriott-Hotel übernachten solltest, kannst du dich auch dafür entscheiden, Airlineprämienmeilen für deine Übernachtung zu sammeln, zum Beispiel für Lufthansa.

PUNKTE EINLÖSEN BEI MARRIOTT REWARDS

Innerhalb der Marriott-Hotels kannst du viele schöne Dinge mit deinen Punkten anstellen. Zum Beispiel kostenlose Aufenthalte buchen. Die Hotels sind in Kategorien eingeteilt, je nach Hotelmarke, Lage und Typ sind sie unterschiedlich teuer. Das Gute: Es gibt keine *blackout dates,* also bestimmte Tage, an denen keine Prämien eingelöst werden können. Theoretisch gibt es für Punkte also immer ein Zimmer. Es gibt insgesamt neun verschiedene Hotelkategorien bei Marriott. Die günstigste Übernachtung kostet 7.500 Punkte, die zweite Kategorie 10.000 Punkte und danach steigt es in 5.000er-Schritten bis auf 45.000 Punkte für eine Übernachtung in der höchsten Kategorie. Wenn du allerdings genug Punkte für vier Übernachtungen beisammenhast, gibt es die fünfte Nacht kostenlos.

Sparen kannst du mit PointSavers. Das sind temporär begrenzte Angebote, bei denen du auf bis zu 33 % Rabatt hoffen kannst. Schließlich gibt es auch noch Cash + Points, wo du einen Teil der Kosten mit Punkten und den Rest mit „echtem" Geld bezahlst.

Wenn du im Marriott übernachtest, kannst du deine Punkte auch sofort einlösen für Cocktails, Mahlzeiten, Spa-Behandlungen und mehr – einfach für alle im Hotel anfallenden Kosten, die du auf deiner Zimmerrechnung finden würdest. Dabei gilt, je mehr Punkte du einlöst, desto höher dein Kredit. Klingt logisch. Aber während du für 20.000 Rewards-Punkte 50 Dollar bekommst, gibt es für 100.000 schon 500 Dollar und für 190.000 sage und schreibe 1.000 Dollar. Damit kannst du schon eine kleine, aber feine Party in deiner Juniorsuite schmeißen.

Eine etwas verrückte Besonderheit sind bei Marriott die Prämienupgrades. Du kannst mit Punkten keine Zimmer upgraden, für die du bezahlst, sehr wohl aber Prämienbuchungen. Diese Upgrades gibt es dann ab 5.000 Punkten pro Nacht.

Großzügig habe ich die Upgradebereitschaft als Platinum-Elite-Mitglied erlebt. Erst kürzlich war ich mit einem Geschäftspartner im Marriott Bonn zu Gast und wir erhielten beide – obwohl der Mitreisende kein Mitglied ist – statt unserer gebuchten Zimmer eine Cornersuite und einen Bonus von ein paar Hundert Euro.

Ich freute mich also, als ich im elften Stock angelangt war und die Tür öffnete. Ich mag es schon, wenn ich einen längeren Flur sehe, denn dann weiß ich meist, was mich erwartet: Platz für mich und meine Gedanken. Die Cornersuite besteht aus einem großen Raum, der clever durch ein Raumteilungselement in zwei Hälften gegliedert ist. Zwei Fernseher, ein kuscheliges Sofa, ein großes komfortables Bett, eine Espressomaschine und ausreichend Tee, ein Schreibtisch und viele Steckdosen und USB-Anschlüsse, ein geräumiges Bad und ... keine Toilette. Wie bitte: keine Toilette? Es war spät, klar, fast Mitternacht und ich habe einen langen Tag gehabt. Ich lief meine Suite mehrmals ab, ich guckte im Trennelement nach, ob die Toilette vielleicht ganz raffiniert darin versteckt war, ich öffnete jeden Schrank, in der Hoffnung, eine Kloschüssel zu erspähen. Vergeblich. Ehrlich gesagt, zweifelte ich an mir und meinem Geisteszustand. Die einzige Tür, die ich noch sah, war verschlossen, ich hielt sie für die Verbindungstür zum Nebenzimmer, die es ja oft in Suiten gibt. Aber ich hatte Glück im Unglück: In dieser Nacht musste ich nicht ein einziges Mal auf die Toilette und ersparte mir den peinlichen Anruf an der Rezeption. Beim

Check-out am nächsten Morgen erzählte ich von meinem Upgrade-erlebnis und tatsächlich hatte einer der Mitarbeiter des Hotels – wohl in geistiger Umnachtung – die Toilettentür abgeschlossen (es war also keine Verbindungstür gewesen!). Merke: Vor menschlichem Versagen bist du auch beim Upgrade in die Suite nicht geschützt.

Eine andere interessante Möglichkeit, Punkte auszugeben, sind die so-genannten Marriott Rewards Moments. Sie bieten dir die Gelegenheit, einzigartige Erlebnisse zu haben und zu ersteigern. Das Angebot wird ständig erneuert und du kannst dich wirklich auf Überraschungen freu-en. Backstagekarten zu Konzerten von Jay Z, Janet Jackson, Katy Perry, um nur einige zu nennen, Kochkurse, Tickets für diverse Sportevents, private Städtetouren – es ist alles dabei. Viele dieser Angebote kannst du dir nicht mit Geld kaufen. Da die meisten Marriott Rewards Moments Auktionen sind, musst du beim Punkteeinsatz aber flexibel sein.

Du kannst dir mit deinen Reward-Punkten auch eine Mitgliedschaft bei Priority Pass kaufen. Dadurch erhältst du Zugang zu über 1.000 Lounges weltweit. Eine Standardmitgliedschaft mit einer beschränkten Menge an Loungezugängen pro Jahr kostet 20.000 Punkte, die Presti-ge-Variante mit unlimitiertem Zugang 85.000.

Die Airlinepartner von Marriott bieten dir die Möglichkeit, Punkte in Meilen umzuwandeln. Allerdings gibt nicht jede Airline die gleiche An-zahl an Meilen für deine Punkte. Außerdem gilt, je mehr Punkte du auf einmal umtauschst, desto besser ist der Wechselkurs. Beispielsweise bieten dir einige Airlines für 10.000 Punkte 2.000 Meilen, für 140.000 Punkte aber bereits 50.000 Meilen an, was einem Bonus von über 40 % entspricht.

Marriott bietet dir übrigens sogar die Möglichkeit, „umsonst in den Urlaub" zu fliegen: Du kannst ein gutes Preis-Leistungs-Verhältnis nut-zen und deine Punkte gegen einen einwöchigen Hotelaufenthalt mit Vielfliegermeilen eintauschen. Also gegen ein Paket, in dem Hotel und Flug kombiniert werden können. Es sind immer sieben Hotelnächte in-klusive und je nach eingesetzter Punktzahl gibt es dazu Meilenpakete von 25.000 bis 132.000 Meilen, letzteres aufgrund der Partnerschaft mit United. Bei Lufthansa bekommst du im Vergleich nur 85.000 Meilen für die gleiche Anzahl an Punkten.

Bei Marriott kannst du übrigens auch auf Pump „auf dicke Hose machen". Wenn du zum Beispiel erst in einigen Monaten verreisen, aber dir dein Zimmer schon sichern möchtest, kannst du mit Punkten buchen, obwohl sie noch gar nicht auf deinem Konto sind. Solange du 14 Tage vor Check-in die Punkte gesammelt hast, steht deiner Reise nichts im Wege.

Du kannst deine Marriott-Bonuspunkte auch für einen guten Zweck spenden, zum Beispiel an das Amerikanische Rote Kreuz.

Der Upgrade-Guru sagt

+ Schon aufgrund der Größe von Marriott solltest du Rewards-Mitglied sein.
+ Ein entscheidender Vorteil ist die gegenseitige Anerkennung des Status mit SPG.
+ Marriott Rewards hat eine gute App, eine gute, übersichtliche Website und einen guten Kundenservice.
+ Der Transfer von Punkten zwischen beiden Programmen gibt dir hohe Flexibilität.
+ Ein großes Plus: Die Reisepakete mit Hotelnächten + Flugmeilen und der sofortige Silber-Status bei United für Platin-Mitglieder.
– Außer bei Hotelübernachtungen sehr eingeschränkte Sammelmöglichkeiten.

Gesamtnote: 3+

BEST WESTERN

Wers heimelig mag

Punkte, Vergünstigungen, Statusvorteile. Du magst es, ja! Aber manchmal hast du genug von den Hotels der großen, internationalen Ketten, vom ISO-technisch durchgeplanten Service, vom immer wiederkehrenden Design, und sehnst dich nach einer eher heimeligen, privaten Atmosphäre. Entweder ... oder, magst du denken, aber dem ist nicht so. Das Zauberwort für deinen Wunsch nach Abwechslung ist „Best Western" – einer der unscheinbarsten Hotelzusammenschlüsse der Welt. Mit mehr als 4.200 Hotels und 320.000 Zimmern in über 90 Ländern ist die Chance aber groß, dass du ein Best-Western-Hotel genau da findest, wo du es suchst. Das Interessante daran ist, dass jedes Hotel individuell und persönlich geführt ist. Kein Service von der Stange, kein Design vom Reißbrett. In Deutschland gibt es etwa 200 Hotels, die allerhand anbieten. Vom Gipfelglück im Alpenhotel in Oberstdorf bis zum U nlimited Golf im Baltic Hills auf Usedom. Der Großteil der Hotels ist im mittleren Preissegment angesiedelt, unter dem Namen Best Western Premier finden sich allerdings auch Vier-Sterne-Superior-Hotels.

Deine Statusvorteile

BEI BEST WESTERN

Best Western Rewards heißt das Bonusprogramm von Best Western. Du sammelst pro ausgegebenem Dollar zehn Punkte.

Allerdings nur auf deinen Zimmerpreis und nicht auf sonstige Ausgaben innerhalb des Hotels. Eine Besonderheit ist, dass es kein Verfallsdatum für die von dir gesammelten Punkte gibt. Eine andere, dass du fünf verschiedene Status erreichen kannst. Sie heißen Blue, Gold, Platinum, Diamond und Diamond Select.

Den Status Blue erreicht jeder, der eine Mitgliedschaft beantragt. Du bekommst um 10 % günstigere Preise und kannst eine Reservierungshotline für Mitglieder nutzen.

Den Gold-Status bekommst du nach 10 Übernachtungen, 7 Aufenthalten oder 10.000 Basispunkten im Kalenderjahr. Dass du auch durch Punkte den Status erlangen kannst, ist ein Plus. Gold-Mitglieder bekommen 10 % Bonuspunkte bei jedem Aufenthalt.

Ab 15 Übernachtungen, 10 Aufenthalten oder 15.000 Basispunkten gibts den Platin-Status. Jetzt wird es interessant: Es gibt 15 % Bonuspunkte und 10 % Punkterabatt bei der Einlösung von kostenlosen Übernachtungen. Soll heißen, anstatt beispielsweise 1.000 Punkte musst du für eine Übernachtung nur noch 900 einsetzen. Neben einem kleinen Willkommensgeschenk bei der Ankunft winken dir jetzt Upgrades in ein besseres Zimmer. Für den Diamond-Status benötigst du 30 Übernachtungen, 20 Aufenthalte oder 30.000 Basispunkte. Die Bonuspunkte pro Aufenthalt verdoppeln sich auf 30 %. Der darauf folgende Diamond-Select-Status ist eigentlich nur noch Zierde. Diesen Status bekommst du ab 50 Übernachtungen, 40 Aufenthalten oder 50.000 Basispunkten. Dazu gibt es dann 50 % Bonuspunkte und ansonsten keine weiteren Vorteile.

Insgesamt ist das Programm vor allem auf die USA und Kanada ausgelegt. Statusmitglieder, die dort leben, bekommen einige interessante Vorteile mehr. Richtig gut ist das „Status Match...No Catch"-Programm: Best Western Rewards verspricht deinen Elite-Status aus einem beliebigen anderen Treueprogramm kostenlos zu matchen. Wenn du zum Beispiel Le-Club-Accor-Gold-Mitglied bist, bekommst du sofort den Best-Western-Gold-Status.

> Bist du schon in einem anderen Programm auf dem Platin-Level
> angekommen, bekommst du bei Best Western sofort Upgrades,
> ohne je vorher bei ihnen genächtigt zu haben. Das nenne ich
> großzügig.

PUNKTE SAMMELN BEI WESTERN REWARDS

Wenn du bei Best Western Punkte sammeln möchtest, kannst du wählen zwischen einer Gutschrift bei Best Western Rewards, 250 Payback-Punkten oder 500 Miles-&-More-Meilen pro Aufenthalt. Diese Präferenz kannst du natürlich jederzeit ändern.

Avis, Budget, Enterprise, Sixt, National und Alamo sind die Mietwagenpartner von Best Western Rewards. Du kannst auf bis zu 30 % Rabatt und im besten Fall 2.000 Punkte hoffen. Auch drei Onlineshops bieten dir Sammelmöglichkeiten, sind jedoch weitestgehend irrelevant.

Mit den Airlinepartnern von Best Western kannst du auch Meilen statt Punkte sammeln, jedoch nicht andersherum. Insgesamt sind die Möglichkeiten zum Sammeln von Best-Western-Rewards-Punkten recht limitiert.

PUNKTE EINLÖSEN BEI WESTERN REWARDS

Wie zumeist ist die beste Einlösemöglichkeit, deine Punkte für kostenlose Hotelübernachtungen einzusetzen. Best Western hat Hotels in acht unterschiedlichen Preiskategorien. Die günstigste Variante beginnt bei 8.000 Punkten, die teuerste schlägt mit 36.000 Punkten pro Nacht zu Buche. Allerdings gibt es auch immer wieder Aktionen, bei denen bestimmte Hotels ihre Preise für Prämienübernachtungen deutlich senken. Glücklicherweise bietet Best Western einen sogenannten Vorteilsplaner auf der eigenen Website an. Er scannt die Angebote aller Hotels und zeigt dir exklusive Rewards-Angebote in Deutschland und Luxemburg. Zum Beispiel, wo es Freiübernachtungen für besonders wenig Punkte oder wo es besonders viele Punkte für Übernachtungen gibt. Das macht dir das Optimieren deiner Punkte einfach.

Wenn du noch nicht ausreichend Punkte für eine Gratisnacht auf dem Konto hast, kannst du sie auch für Gutscheine einsetzen. Der günstigste hat einen Gegenwert von 10 Dollar und kostet dich 2.200 Punkte, der teuerste ist 250 Dollar wert und kostet 60.000 Punkte. Dabei fällt auf, dass die Punkte hier offenbar entwertet werden. Bei einem gleichbleibenden Wechselkurs müsstest du für 60.000 Punkte nämlich eigentlich rund 270 Euro bekommen.

Gutscheine gibt es nicht nur für Best-Western-Hotels, sondern für eine Vielzahl von Partnern. Unter „Kraftstoff- und Autoboni" finden sich Anbieter wie Shell, Avis, Budget und weitere. Dort kannst du für ungefähr 6.500 Punkte mit einem Gutschein von 25 Euro rechnen.

Spenden kannst du schon ab 500 Punkten – das bringt Wohltätigkeitsorganisationen wie dem Amerikanischen und dem Kanadischen Roten Kreuz, der Make-A-Wish-Foundation, dem Best Western Scholarships Program oder dem Better World Fund jeweils zwei Dollar.

Zu guter Letzt kannst du deine Punkte auch in Meilen umwandeln. Die meisten Airlines bieten dir einen Wechselkurs von einer Meile für fünf Punkte an.

Der Upgrade-Guru sagt

+ Für jeden, der lieber abseits von Häusern der großen Ketten schläft, eine sinnvolle Ergänzung im Kartenportfolio.
+ Garantierter Statusmatch: ein großer Vorteil, wenn du schnell in den Genuss von Upgrades kommen willst.
– Leider starke Diskrepanz zwischen Vorteilen für US-Amerikaner und Europäer.

Gesamtnote: 4

BOOKING.COM

Genial einfach reisen

Booking.com ist ein Preisvergleichsportal mit Sitz in Amsterdam. 1996 gegründet, gehört es bereits seit 2005 zu dem amerikanischen Unternehmen The Priceline Group, zu der auch Websites wie Kayak, Momondo, Agoda und noch einige andere Anbieter gehören. Booking.com vergleicht die Preise von rund 1,5 Millionen Hotels, Pensionen, Baumhäusern und sogar Iglus aus 228 Ländern miteinander, um für dich den günstigsten Preis zu finden. Was vor 15 Jahren noch kaum vorstellbar war, ist heute alltäglich geworden. Noch im Jahr 1997 wurde beispielsweise eine Werbeanzeige des Portals von der größten holländischen Zeitung abgelehnt, weil nur Anzeigen mit Telefonnummern akzeptiert wurden, nicht mit einer Webadresse. Heute kommst du um Preisvergleiche gar nicht mehr herum. Willst du aber auch gar nicht, denn die Preisunterschiede sind teilweise immens und du kannst ohne Mehraufwand schnell Hunderte Euro sparen.

Booking.com vergleicht allerdings nicht nur die Preise von Übernachtungsmöglichkeiten miteinander, sondern auch von Flügen, Mietwagen, Restaurants und vielem mehr. Ziel ist es, das Gesamtpaket „Reisen" abzudecken und dem Kunden zu ermöglichen, vom Start bis zum Ziel alles über die eine Internetseite laufen zu lassen. Die Seite zu nutzen ist einfach. Du musst dafür nur Booking.com in deinen Browser eingeben und schon kann es losgehen! Suchst du eine Unterkunft, helfen dir zahllose Filter dabei, deine Suche auf dich maßzuschneidern. Vom Budget, der Entfernung zu Sehenswürdigkeiten, Bewertungen von vorherigen Gästen, Mahlzeiten bis hin zur Ausstattung lässt sich alles für dich anpassen.

Booking.com verfügt über kein eigenes Bonusprogramm, bietet Mehrfachbuchern aber trotzdem Vorteile: Das Ganze nennt sich Booking.Genius. Sobald du fünf einzelne Aufenthalte über die Website gebucht hast, erhältst du den sogenannten Genius-Status. Als Bonus bekommst du als Inhaber des Genius-Status immerhin 10 % Rabatt bei den teilnehmenden Hotels. Dazu kommen aber auch noch Vorteile wie Late Check-out, Early Check-in und mit etwas Glück sogar ein kostenfreier Flughafentransfer, ein Willkommensgeschenk oder mehr. Außerdem kannst du für deine Übernachtungen zwar keine Punkte bei den Hotels, dafür aber für deine Ausgaben auf Booking.com bis zu sechs Meilen pro Euro bei verschiedenen Airlinepartnern sammeln. Dazu gehören beispielsweise die Lufthansa, TAP, LATAM, Eurowings und Emirates. Außerdem kannst du auch bei Booking.com durch Empfehlungen Guthaben sammeln. Dazu benötigst du einen Account bei Booking.com, in dem du einen persönlichen Empfehlungslink findest. Wenn ein Freund von dir über diesen Link einen Aufenthalt bucht, bekommt ihr beide nach dem Aufenthalt jeweils einmalig 15 Euro gutgeschrieben. Du kannst diesen Prozess mit bis zu zehn verschiedenen Personen durchführen, die allerdings einen solchen Empfehlungslink nur einmal nutzen können, und damit immerhin 150 Euro an Gutschriften sammeln.

Der Upgrade-Guru sagt

+ Du kannst bei verschiedenen Airlines Meilen sammeln.
= Etwas unübersichtliche Vorteile für Mehrfachbucher.

Gesamtnote: 3

HOTELS. COM

Genial einfach reisen, die Zweite

Hotels.com wurde bereits 1991 unter dem Namen „Hotel Reservations Network" gegründet und ist seit 2001 ein Tochterunternehmen von Expedia. Expedia wurde interessanterweise im Jahr 1995 innerhalb des Unternehmens Microsoft gegründet. Hotels.com existiert als Website in über 30 verschiedenen Übersetzungen und umfasst ein Angebot von knapp einer viertel Million Hotels, aber auch Ferienwohnungen und Bed-&-Breakfast-Unterkünften. Die Website vergleicht die Preise aller Hotels miteinander und versucht, das günstigste Angebot für dich herauszufiltern, zum Beispiel die sogenannten „Insider-Preise". Allerdings bietet dir Hotels.com eine Besonderheit – und zwar sein eigenes Bonusprogramm. Dieses Bonusprogramm heißt Hotels.com Rewards und ist ganz einfach zu bedienen. Du weißt bereits, dass bei der Buchung über Drittanbieterseiten Hotelübernachtungen in den jeweiligen Hotelprogrammen für deinen Status nicht angerechnet und auch keine Punkte gutschrieben werden. Deswegen hat Hotels.com schlicht sein eigenes Kundenvergütungssystem entwickelt. Es beruht auf einem ganz einfachen Prinzip: Buche zehn Nächte und du bekommst die elfte Nacht gratis. „Rewards Nights" wird diese Gutschrift genannt. Und so einfach ist das alles, jedenfalls theoretisch.

In der Praxis lässt sich nicht in jedem Hotel auf Hotels.com eine anrechnungsfähige Übernachtung erwerben, aber doch in den meisten. Leider ist es nicht so, dass du, wie zum Beispiel bei Wyndham Rewards, deine kostenlose Übernachtung einfach in jedem Hotel auf der Website einlösen kannst. Tatsächlich ist diese Prämienübernachtung eher wie eine Art

Gutschein zu sehen. Denn der Wert deiner Bonusnacht entspricht dem durchschnittlichen Übernachtungspreis der zehn zuvor gesammelten Übernachtungen. Und du musst wie bei Prämientickets die Steuern und Gebühren selbst begleichen. Nichtsdestotrotz bringt dir die Mitgliedschaft in dem Rewards-Programm einen Nachlass von 10 % auf jede deiner Buchungen, was sicher kein schlechtes Angebot ist. Außerdem kannst du, wenn die Hotelnacht deiner Wahl teurer ist als der Wert deiner Rewards Night, den Rest einfach cash bezahlen.

Doch damit nicht genug. Du kannst dir auch einen Status bei Hotels. com Rewards „erschlafen". Aus meiner Sicht einer der ulkigsten Status überhaupt, denn er bringt dir tatsächlich nur Vorteile, die kaum zu überprüfen und auch nicht sonderlich spektakulär sind. Du kannst den Silver- und den Gold-Status erreichen. Den Silver-Status erreichst du schon, sobald du zehn Nächte innerhalb eines Jahres buchst. Die Vorteile des Status halten sich, wie gesagt, in sehr engen Grenzen. Du bekommst beispielsweise Vorrang beim Kundenservice, Hilfe bei Buchungsänderungen oder Stornierungen von Buchungen und wirst als Erster über neue Sales und Aktionen benachrichtigt.

Um den Gold-Status zu erreichen, benötigst du 30 Nächte. Dafür bekommst du natürlich alle Vorteile des Silver-Status und als Zusatz gibt es Angebote, die nur Gold-Mitglieder bekommen.

Der Upgrade-Guru sagt

+ Gute Alternative, wenn du kettenunabhängig und günstig buchen willst.
+ Einfaches Bonusprogramm: 10 x übernachten = 1 kostenlose Hotelnacht.
– Hotels.com-Status: Brauchst du nicht und hilft dir nicht wirklich weiter.

Gesamtnote: 2

HRS

Die deutsche Nr. 1

Der Hotel Reservation Service, kurz HRS, ist ein deutsches Unternehmen mit Sitz in Köln. HRS ist ein Hotelbuchungsportal. Rund 300.000 Hotels in 190 Ländern sowie über 400.000 Ferienhäuser und -wohnungen in Europa stehen zur Auswahl. Im Jahr 2015 wurde das Portal von der Stiftung Warentest zum besten Hotelbuchungsportal gekürt, was unter anderem mit den regelmäßigen und teilweise wirklich attraktiven Sonderangeboten zusammenhängt. So gibt es beispielsweise die HRS Deals, bei denen dir Hotels zu Sonderkonditionen mit Minimum 50 % Rabatt angeboten werden. Oder du nutzt mit Ersparnissen von 30 % den Businesstarif. Unter anderem deswegen ist HRS auch das beliebteste Portal seiner Art in Deutschland, mit einem Marktanteil von über 60 %.

Auch ich nutze hin und wieder Hotelbuchungsportale, habe aber bereits den Nachteil derartiger Portale angesprochen: Du sparst zwar manchmal Geld, kannst dafür aber weder Bonuspunkte sammeln noch werden dir die Übernachtungen für deinen Hotelstatus angerechnet. HRS hat sich daher ein schlaues Konzept ausgedacht: Denn genau wie Rocketmiles, Kaligo und PointsHound für Hotelbuchungen Meilen ausschütten, gibt es von HRS Meilen oder bahn.bonus-Punkte. Und der Meilenpartner von HRS ist sogar die Lufthansa mit Miles & More, die keine der anderen Websites im Programm hat.

Spannender, als Lufthansa-Meilen zu sammeln, ist allerdings die Möglichkeit, bahn.bonus-Punkte zu sammeln. Außerdem gibt es immer wieder Aktionen, bei denen du beispielsweise doppelte Punkte bekommst. Im Normalfall gibt es nämlich entweder eine Meile oder eben einen Punkt pro ausgegebenem Euro. Warum aber ist es attraktiver, bei HRS bahn.bonus-Punkte zu sammeln, als die Miles-&-More-Meilen? Ganz einfach, weil du die Punkte der Bahn ziemlich schnell in attraktive Prämien umwandeln kannst. Stell dir vor, bei dir stehen drei Hotelnächte an, das müssen nicht mal teure Übernachtungen sein. Entscheide dich für ein Mittelklassehotel, da landest du im Durchschnitt irgendwo zwischen 75 und 100 Euro. Im Mercure in Berlin zahlst du rund 90 Euro pro Nacht. Das macht insgesamt also 270 Euro oder auch 270 Punkte. Jetzt gehe noch mal von der glücklichen, aber auch gar nicht allzu seltenen Situation aus, dass gerade alle Punkte und Meilen verdoppelt werden. Dann stehst du nach diesen drei Übernachtungen bereits mit 540 Punkten oder Meilen da. Jetzt musst du dich eigentlich nur noch fragen, was du damit anfangen möchtest. Und schnell fällt auf, dass das Angebot bei der Lufthansa für 500 Meilen sehr eingeschränkt ist. Vor allem weil du deine Meilen ja am liebsten für Upgrades oder Prämienreisen ausgeben möchtest. Da fehlen dir bei der Lufthansa selbst für das billigste Meilenschnäppchen in der Economyclass immer noch gute 29.500 Meilen, oder auch 14.250 Euro für Hotelnächte, die du über HRS buchst. Mit 500 bahn.bonus-Punkten auf der anderen Seite hast du dein erstes Upgrade bereits in der Tasche. Das ist nämlich der Preis für ein Upgrade in die erste Klasse innerhalb Deutschlands und das kann leicht 100 Euro wert sein. Wenn du deine Punkte schnellstmöglich zu einem guten Kurs umwandeln willst, dann entscheide dich auf jeden Fall für die bahn.bonus-Punkte. Fährst du allerdings kaum mit dem Zug und möchtest einfach nur auf deinen nächsten oder sogar ersten Businessclassflug hinsparen, dann nimm auf jeden Fall die Lufthansa-Meilen. Es ist eben immer eine Frage deines nächsten Ziels ...

Der Upgrade-Guru sagt

+ Größtes deutsches Buchungsportal: gute Preise, zusätzliche Vergünstigungen und Deals.
+ Super Möglichkeit, bahn.bonus-Punkte zu sammeln.
+ Attraktive Punktepromotions.

Gesamtnote: 2-

KALIGO, ROCKETMILES, POINTSHOUND UND MILES & MORE HOTELS

Viele Flugmeilen im Schlaf sammeln

Wenn du deinen Urlaub planst, siehst du dich einem gewissen Fragenkatalog gegenüber, den du beantworten musst. Je nach Typ kann der kürzer oder länger sein. Viele beschäftigen eigentlich nur zwei Fragen. Die erste Frage ist: Wo will ich hin? Die zweite Frage ist: Wo schlafe ich? Bei mir ist das etwas anders. Seitdem ich mich mit dem Spiel von Punkten und Meilen beschäftige, frage ich mich natürlich auch, wie ich zum luxuriösesten Zimmer komme und mit welcher Airline ich fliegen sollte, um bequem und möglichst stressfrei mit Premium Comfort an mein Ziel zu gelangen.

Aber egal welchen Tarif ich bei welcher Airline buche, fast immer erhalte ich Prämienmeilen dafür. Mal mehr, mal viel weniger. Da die goldenen Zeiten, in denen du auch für günstige Economytarife noch eine ordentliche Anzahl an Meilen bekommen hast, längst vorbei sind, gilt es, alle alternativen Sammelmöglichkeiten gut unter die Lupe zu nehmen. Womit ich bisher – einige Promotions ausgenommen – meist nur rund 500 Meilen pro Aufenthalt sammeln konnte, sind meine Übernachtungen in Hotels. Doch glücklicherweise sind auch diese Zeiten vorbei. Denn heute gibt es Hotelbuchungsportale extra für Meilenverrückte wie mich und natürlich bald auch dich. Die bekanntesten Beispiele sind Kaligo, Rocketmiles, PointsHound und Miles & More Hotels. Drei ganz unterschiedliche Websites, die aber doch alle sehr, sehr ähnlich funktionieren. Wenn du den Service einer dieser Seiten nutzt, kannst du dich auf bis zu 10.000 Meilen freuen. Pro Nacht, übrigens, und nicht pro Aufenthalt. Das ist doch mal was.

UND SO FUNKTIONIERT ES

Glücklicherweise ist das Funktionsprinzip ziemlich einfach. Zunächst gehst du auf die Website des jeweiligen Anbieters. Dort wählst du dein Reiseziel, das Datum deiner Reise sowie das Programm, für das du die Meilen sammeln willst. Die meisten Programme sind mit an Bord, darunter auch der British Airways Executive Club, Qatar Privilege, AAdvantage, Flying Blue, KrisFlyer, der Boomerang Club und viele mehr. PointsHound ist der kleinste Anbieter, der dir nur rund halb so viele Bonusprogramme anbietet wie die anderen, Kaligo ist der zweitgrößte Anbieter, Rocketmiles hat die meisten Bonusprogramme zu bieten. Bei Miles & More Hotels kannst du dir nur Meilen auf deinem Miles-&-More-Konto gutschreiben lassen. Sobald du deinen Aufenthalt absolviert hast, erhältst du zwischen 1.000 und 10.000 Meilen pro Nacht auf dein gewähltes (oder vorgeschriebenes) Programm, was bis zu sechs Wochen dauern kann. Meist geht es jedoch deutlich schneller. Das Schöne daran ist, dass ich bisher bei keinem der Anbieter meinen Meilen hinterherrennen musste.

Mit Kaligo, PointsHound und Rocketmiles ist es supereinfach, wertvolle Bonusmeilen zu sammeln, für die Programme, die dir wichtig sind. Gerade bei Fluggesellschaften, mit denen du kaum oder bisher gar nicht geflogen bist, kannst du zu stattlichen Kontoständen kommen. Es ist sogar möglich, Aufenthalte für andere Personen zu buchen und dafür trotzdem Meilen einzustreichen. Buche also fleißig auch für Freunde und Familie und komme noch schneller an deine benötigten Flugmeilen.

Wenn du bei Rocketmiles einen Freund angibst, der dir diese Seite empfohlen hat, dann bekommen sowohl du als auch dieser Freund nach der ersten Buchung 1.000 Bonusmeilen extra. Außerdem gibt es immer wieder interessante Aktionen, bei denen du für deine erste Buchung jede Menge zusätzliche Bonusmeilen sammeln kannst.

Ich nutze mittlerweile oft einen der Anbieter, wenn ich in kettenunabhängigen Hotels schlafe, weil ich mir die Übernachtungen nicht für meinen Statuis anrechnen kann

Wichtig ist übrigens, dass du dich mit dem Anbieter und den Programmen vor jeder Buchung etwas beschäftigst, denn es gibt immer wieder erhebliche Unterschiede bei der Höhe der Prämienmeilen. Oberste Devise ist hier auf jeden Fall: Vergleichen! Wenn du ein Hotel gefunden hast, das dir zusagt, solltest du erst einmal deine favorisierten Bonusprogramme prüfen, um zu erfahren, in welchem du für genau diese Buchung die meisten Meilen erwarten kannst. Und was du auch unbedingt tun solltest, ist die Websites miteinander zu vergleichen. Denn auch diese haben teilweise sehr unterschiedliche Meilenausschüttungen. Es kann zum Beispiel gut sein, dass Kaligo gerade eine Aktion mit doppelten Qmiles fährt, Rocketmiles eine Zusammenarbeit mit British Airways gestartet hat und PointsHound zu jeder Buchung 1.000 Meilen Bonus auszahlt.

Gern nutze ich die Meilen dann für meinen AAdvantage-Account, da es seit der deutlichen Abwertung des American-Airlines-Programmes mit der Meilenausbeute hier eher schwierig geworden ist. Zum Beispiel gibt es auf der Strecke Miami–Rio im Discountbusinesstarif gerade noch 1.525 Meilen; so viel schüttet Kaligo fast schon als Minimum für eine Hotelnacht aus. Ich jedenfalls halte mich an die Regel: Einige Minuten vor der Buchung investieren, um alle Seiten und meine wichtigsten Programme miteinander zu vergleichen.

Die Meilengutschriften zwischen den Programmen schwanken erheblich. Als ich heute für eine Übernachtung in Hamburg nachschaute, gab es im gleichen Hotel zum gleichen Preis zum Beispiel nur 5.900 AAdvantage-Meilen, aber stolze 9.500 Qmiles. Du siehst: Der Vergleich lohnt sich durchaus.

Dir muss bewusst sein, dass du bei der Buchung über eine der Seiten nie das günstigste Angebot finden wirst. Rocketmiles drückt das in seinen FAQs netterweise so aus:

„Rocketmiles hat zwar keine ,Bestpreisgarantie', bietet jedoch wettbe-werbsfähige Preise in Verbindung mit hohen Treueprogramm-Prämien für jede Hotelbuchung."

In anderen Worten: Rocketmiles, Kaligo, PointsHound und Miles & More Hotels sind meist ein paar Euro teurer als andere Hotelanbieter. Du zahlst zwar einen etwas höheren Preis, bekommst dafür aber auch teilweise wirklich großzügige Mengen an Meilen. Dein Zimmer kostet vielleicht 20 Euro mehr, aber wenn du dafür 5.000 Meilen bekommst, ist dieser Deal natürlich viel attraktiver.

Du kannst also definitiv ein paar echt gute Angebote finden, auch wenn es einen Nachteil gibt: Denn sobald du ein Hotel über Kaligo & Co. gebucht hast, kannst du in dem entsprechenden Hotelprogramm keine Punkte mehr sammeln.

Wann also lohnt es sich, Kaligo und Co. zu nutzen? Es lohnt sich vor allem dann, wenn du wirklich große Mengen an Meilen bekommst, auf möglichst wenige Punkte verzichten musst und natürlich einen ver-gleichsweise niedrigen Preis bezahlst. Bei unabhängigen Hotels oder Hotels ohne Bonusprogramm ist diese Rechnung natürlich schnell ge-macht. Da du auf keine Punkte verzichten musst, kannst du dir einfach deine Prämienmeilen abholen. Andernfalls solltest du dich fragen, was dir im Moment am wichtigsten ist: Bonuspunkte und anrechenbare Über-nachtungen für deinen Hotelstatus, eine günstige Übernachtung für dein Portemonnaie oder eben doch viele Meilen auf deinem Airlinekonto für deine Hotelbuchung?

DEUTSCHE BAHN

Besser als ihr Ruf

Zugegeben, ich habe auch schon über die Bahn geschimpft, wenn ich wegen einer Verspätung meinen Anschlusszug verpasst habe. Du kennst das Gefühl, wenn du völlig abgehetzt am Bahnsteig ankommst und überlegst, wie du dein durchgeschwitztes Hemd bis zum Meeting wieder trocken bekommst, und dann siehst du nur noch die Rücklichter deines Zuges? Oder du bist mal richtig früh aufgestanden, der Wagen von mytaxi stand pünktlich vor der Tür und jetzt bibberst du auf dem Bahnsteig und eiskalte Winterluft bläst dir entgegen. 15 Minuten Verspätung. Oder mehr. Nicht ausreichend Zeit, um wärmenden Schutz in einer DB-Lounge zu suchen und ein paar Mails zu beantworten. In diesen Momenten der leidvollen Hassliebe empfinde ich mittlerweile Hochachtung vor unserem Staatsunternehmen, vor der täglichen logistischen Meisterleistung und der Tatsache, dass wir fast alle fast immer einigermaßen pünktlich und sicher von A nach B gebracht werden. Ich fahre gern Bahn und prüfe regelmäßig, ob sich ein innerdeutscher Flug wirklich lohnt.

Die Deutsche Bahn AG, 1994 aus dem Zusammenschluss der Deutschen Bundesbahn und der Deutschen Reichsbahn aus der ehemaligen DDR entstanden, ist das größten Eisenbahnverkehrsunternehmen in Mitteleuropa. In Zahlen ausgedrückt wird das noch etwas deutlicher: Sage und schreibe 4,4 Milliarden Reisende wurden in etwa 40.000 täglichen Fahrten von den Bussen und Zügen der Deutschen Bahn AG 2016 befördert. Es wäre interessant zu wissen, wie hoch der Anteil ausländischer Touristen an dieser Zahl ist. Denn rechnet man diese Zahl auf die 81 Millionen Bundesbürger um, heißt das, dass jeder Deutsche im

Jahr 2016 immerhin 54-mal mit der Bahn (oder dem Bus) gefahren ist. Und dabei werden ja beispielsweise Fahrten mit den S- und U-Bahnen in Deutschland nicht einmal gewertet. Übrigens kommen nach unternehmenseigenen Berichten rund 94 % der Züge pünktlich an. Eine Quote, auf die viele Airlines stolz wären. Zum Vergleich: Im vergangenen Oktober war Etihad Airways mit 91,51 % pünktlichen Flügen die pünktlichste Fluggesellschaft auf der ganzen Welt.

BAHN.BONUS – VIELFAHRER WERDEN BELOHNT

Auch die Deutsche Bahn hat seit dem Jahr 2002 ein Vielfahrerprogramm. Und gar kein schlechtes. Die dazugehörige Karte ist die kostenlose bahn.bonus Card. Das Programm selbst ist umsatzbasiert und du bekommst pro ausgegebenem Euro einen bahn.bonus-Prämienpunkt sowie einen Statuspunkt. Deine Basispunkte halten 36 Monate, bevor sie verfallen, die Statuspunkte nur 12 Monate. Die Tatsache, dass man auch Statuspunkte sammeln kann, deutet natürlich auf eine interessante Option hin. Nämlich dass du auch einen Status erlangen kannst.

Deine Statusvorteile
BEI DER DEUTSCHEN BAHN

Hast du 2.000 Statuspunkte innerhalb von 12 Monaten gesammelt, erhältst du den bahn.bonus-comfort-Status: Du bekommst per Post eine schicke silberne Bonuskarte. Allerdings musst du auch noch Inhaber einer BahnCard oder eines Jobtickets sein. Ein Jobticket ist eine Monats- oder sogar Jahresfahrkarte, die dir von deinem Arbeitgeber zur Verfügung gestellt wird. Sie sind meistens günstiger als reguläre Tickets oder bieten mehr Leistungen.

Aber eine BahnCard tut es auch, wie gesagt. Die günstigste BahnCard-Variante kostet als Jahresversion für die zweite Klasse 62 Euro. Solltest du einen jährlichen Umsatz bei der Bahn von 2.000 Euro haben und gleichzeitig keine BahnCard besitzen, wird es also wirklich höchste Zeit, dass du dir eine besorgst! Dein bahn.bonus-comfort-Status ist mindestens so lange gültig wie deine BahnCard. Für eine Requalifizierung musst du vor Ablauf deiner Karte wieder 2.000 Statuspunkte gesammelt haben. Du profitierst von dem Status unter anderem dadurch, dass du und eine Begleitperson zusammen kostenfreien Eintritt in eine der 15 Deutsche-Bahn-Lounges bekommt. Sie sind meistens bis 21 Uhr geöffnet und du findest dort eine Auswahl an Zeitschriften, bequeme Sessel, einen Arbeitsplatzbereich mit Schreibtischen und vor allem kostenlose Heiß- und Kaltgetränke. In den Erste-Klasse-Bereichen der DB Lounge gibt es noch ein etwas umfangreicheres Getränkeangebot und dazu eine Auswahl an Snacks, du brauchst allerdings auch ein gültiges Erste-Klasse-Ticket. Dann kannst du dich auf persönlichen Service bis hin zu deinem großen roten Sessel, in dem du Platz nimmst, freuen und die Vollkornschnitten – auf Porzellan serviert! – genießen, die ich im Zug so gern mag.

Du bekommst auch Zutritt in den bahn.comfort-Bereich, wenn du gar nicht mit der Bahn fahren willst. Das kann insbesondere in fremden Städten sehr hilfreich sein, wenn es einmal etwas Zeit totzuschlagen gilt. Auch international gibt es einige Lounges, die du betreten darfst, allerdings ohne Begleitung, wie zum Beispiel in London, Paris, Brüssel, Wien, Amsterdam. In den Zügen selbst gibt es comfort-Sitzplatzkontingente. Und damit meine ich nicht nur Plätze, die ausschließlich für bahn.bonus-comfort-Kunden vorgesehen sind, was in der Realität leider meistens schlecht funktioniert, sondern auch, dass du Plätze reservieren kannst, selbst wenn die Züge „öffentlich" eigentlich ausgebucht sind. Wenn du Fragen zu den Tickets, Reservierungen oder dem Bonusprogramm hast, kannst du auch eine exklusive bahn.bonus-comfort-Hotline anrufen, die jeden Tag von

6 bis 23 Uhr für dich erreichbar ist. Allerdings kostet der Spaß auch 20 Cent pro Anruf. Total interessant sind vor allem die Vorteile, die du bei den Partnern der Deutschen Bahn bekommst. Zum Beispiel 15 % Rabatt bei Sixt, Avis und Europcar plus Statusmatch zu Sixt- Platinum. Noch interessanter sind aber die Hotelangebote. Du kannst, wenn du die entsprechenden Codes bei der Buchung nutzt, Zimmerupgrades und Gutscheine bei Hyatt, HRS und InterCityHotels bekommen. Und wenn du ein kostenloses Frühstück oder ein Upgrade in einem Hilton-Hotel abstauben willst, kannst du dir frei nach dem Motto „Test to be VIP" ein Wochenende lang eine Probemitgliedschaft im Gold-Status bei Hilton Honors gönnen.

PUNKTE SAMMELN BEI BAHN.BONUS

Da die unterschiedlichen Kartentypen etwas verwirrend sein können, möchte ich dazu noch drei Sätze sagen. Du benötigst eine kostenlose bahn.bonus-Karte, um Prämien- und Statusmeilen zu sammeln. Wenn du 2.000 Punkte erreicht hast, qualifizierst du dich für den bahn.comfort-Status. Den kannst du dann allerdings nur bekommen, wenn du eine kostenpflichtige BahnCard besitzt, die dir aber auch noch mindestens 25 % Rabatt auf alle Tickets bietet. Wie bereits gesagt, kannst du mit der bahn.bonus-Karte pro ausgegebenem Euro mit Bahntickets genau einen bahn.bonus-Prämien- und -Statuspunkt sammeln. Das zählt bei Flexpreistickets, Sparpreistickets, Gruppentickets und Aktionstickets wie z. B. dem Quer-durchs-Land-Ticket und Ländertickets. Allerdings muss der Preis eines Tickets mindestens fünf Euro betragen, damit du überhaupt Punkte sammeln kannst. Wenn du deine Tickets online kaufst, kannst du einfach deine bahn.bonus-Kundennummer während des Bestellprozesses eingeben und dir werden die Punkte gutgeschrieben. Solltest du ein Ticket an einem Automaten kaufen, musst du deine Karte einscannen, um die Punkte zu bekommen. Die App kannst du wie Onlinebestellungen so einstellen, dass deine Bonusnummer automatisch angegeben wird. Was easy klingt, ist es in der Praxis allerdings nicht. Deswegen hier eine schnelle Anleitung, wie es funktioniert: Logg dich bei „Meine Bahn" ein und klicke auf den Link „Alle BahnCard-Services" im Bereich „Meine BahnCard-Services". Dann klickst du in der rechten Spalte auf den Menüpunkt „Prämien- und Statuspunkte sammeln bei meinen Buchungen auf www.bahn.de". Du setzt ein Häkchen bei der Option „Ich möchte bei meinem Fahrkartenkauf im Internet Prämien- und Statuspunkte mit meiner jeweils aktuellen Karte sammeln". Danach nur noch auf „Angaben übernehmen" klicken und schon sparst du dir bei jeder Buchung das Raussuchen deiner Bonuskarte. Das Sammeln von bahn.bonus-Punkten ist jedoch nicht nur auf Einkäufe bei der Deutschen Bahn beschränkt. Wie bei eigentlich allen großen Bonusprogrammen kannst du auch bei allen Partnerunternehmen lossammeln. Bekannte Partner sind Le Club Accor-Hotels, Hilton Hotels, Steigenberger, IntercityHotel, Park Inn, Romantik Hotels und Radisson Blu. Du musst dich allerdings vorher entscheiden, ob du lieber die jeweiligen Bonuspunkte oder die bahn.bonus-Punkte sammeln möchtest. Nur bei Hilton steht es dir frei, beides parallel zu tun.

Weg.de belohnt dich mit 1.000 Punkten für jede Flugpauschalreise und auch bei HRS bekommst du Punkte für deine Hotelbuchungen. Mietwagenpartner der Deutschen Bahn sind Sixt, Europcar und Avis. Auch bei der Commerzbank, DB Strom, Flinkster und Ameropa kannst du Punkte sammeln. Außerdem gibt es noch eine bahn.bonus-Shoppingwelt, in der du Punkte bei Anbietern wie Galeria Kaufhof, Rakuten und anderen sammeln kannst, mit bis zu fünffachen Punktemultiplikatoren.

Es gibt auch eine BahnCard-Kreditkarte. Du sammelst dabei allerdings nur einen Prämienpunkt für zehn Euro Ausgaben. Um auf diesem Weg bis zum comfort-Status zu gelangen, müsste man also 20.000 Euro ausgeben. Allerdings gibt es immerhin 1.000 Willkommenspunkte auf dein Konto.

PUNKTE EINLÖSEN BEI BAHN.BONUS

Beim Bonusprogramm der Bahn gilt die gleiche Faustregel wie immer: Nutze deine Punkte für Upgrades oder kostenlose Prämienfahrten! Das

Gute an der Bahn ist vor allem, dass Prämienfahrten tatsächlich völlig umsonst sind, da du keine zusätzlichen Steuern und Gebühren zahlen musst. Die Möglichkeiten sind dabei aufgrund der vielen verschiedenen Ticketvarianten so vielfältig, dass ich nicht alle aufzählen kann. Konzentrieren wir uns also auf die meiner Meinung nach interessantesten Angebote.

Für eine nicht übertragbare Freifahrt benötigst du mindestens 1.000 Punkte. Eine Standardfreifahrt für deine Wunschverbindung in der zweiten Klasse kostet als Online- oder Handyticket genau 1.000 Punkte. Damit kommst du einmal quer durch Deutschland mit jedem Zugtyp. Wenn du dieses Angebot in der ersten Klasse nutzen möchtest, musst du 500 Punkte zusätzlich zahlen. Es gibt auch die Möglichkeit, eine deutschlandweite Freifahrt zu verschenken, bei der du nicht im Vorhinein ein Ticket für eine festgelegte Fahrt am Schalter lösen musst. Das Ganze nennt sich Flexticket, kostet dann 2.000 Punkte in der zweiten Klasse und 3.000 Punkte in der ersten und du bekommst den Gutschein per Post nach Hause. Diesen kannst du dann einfach im Zug vorzeigen, musst allerdings vorher die Strecke auf dem Gutschein eingetragen haben. Ziehst du ein Online- oder Handyticket vor, bekommst du für den Preis von 2.000 Punkten in der zweiten Klasse und 3.000 Punkten in der ersten sogar eine Hin- und Rückfahrt. In der Flexvariante würde das immerhin 5.000 Punkte kosten. Warum die per Post versendeten Tickets so viel teurer sind, kann ich mir nicht erklären. Ich selbst buche ohnehin nur Handytickets, da diese mit Abstand am praktischsten sind, weil man sie definitiv immer dabei hat – und umweltschonend ist es außerdem.

Ein nicht übertragbares internationales Bahnticket kostet dich ebenfalls 2.000 Punkte in der zweiten Klasse und 3.000 in der ersten Klasse. Du bekommst einen Gutschein zugesendet, den du dann an einem Bahnhof in ein Ticket ins europäische Ausland eintauschen kannst.

Für 500 Punkte ist eine ganze Reihe von Prämien zu ergattern: eine Sitzplatzreservierung in der zweiten Klasse oder ein Gutschein für das Bordrestaurant in Höhe von fünf Euro. Du kannst diese Punkte auch dem Bergwaldprojekt, der Bahnhofsmission oder Projekten zur Hilfe von Kindern spenden. Je 500 Punkte werden zehn Euro überwiesen. Meine Lieblingsprämie in dieser Kategorie ist ein Upgrade in die Erste

Klasse. Das kann auf manchen Strecken schnell zwischen 50 oder sogar 100 Euro wert sein und stellt damit die anderen Möglichkeiten ganz weit in den Schatten.

DIE BAHNCARD – BESSER ERSTER KLASSE REISEN

Kommen wir nun zur vielfach erwähnten BahnCard. Die BahnCard ist eine Rabattkarte, die du für deine Ticketkäufe nutzen kannst. Außerdem wird sie zur Erlangung des bahn.comfort-Status benötigt. Sie ist im Normalfall zwölf Monate gültig und kostet einen einmaligen Betrag. Im Prinzip gibt es nur drei verschiedene Karten, diese aber in allerhand unterschiedlichen Variationen. Das hört sich komplizierter an, als es ist…

Es gibt die BahnCard 25, mit der dir bei jedem Ticketkauf 25 % des Preises erlassen werden. Dann gibt es die BahnCard 50, die dir logischerweise 50 % Ermäßigung bietet. Und schließlich die BahnCard 100. Mit dieser Karte kannst du einfach in den Zug steigen und sozusagen „umsonst" durch die Gegend fahren. Alle BahnCards gibt es für die erste und für die zweite Klasse, die Preise unterscheiden sich entsprechend.

Die BahnCard 25 kostet für die zweite Klasse mit zwölfmonatiger Laufzeit 62 Euro. Ob sich diese Anschaffung lohnt, lässt sich natürlich sehr leicht ausrechnen: Sobald du auf deine Tickets mehr als 62 Euro Rabatt in diesem Jahr erhalten hast, hast du schon gespart. Du müsstest also innerhalb dieser zwölf Monate insgesamt 250 Euro für Tickets ausgeben, um 62,50 Euro zu sparen. Wenn du dir nicht sicher bist, ob du den Vorteil nutzt, gibt es auch die Möglichkeit, die BahnCard 25 für drei Monate für nur 19 Euro zu testen. In der ersten Klasse kostet die Karte übrigens 125 Euro pro Jahr. Wenn du über Shoop.de (mehr dazu auf Seite 232) deine BahnCard online kaufst, bekommst du bis zu 18 Euro Cashback, und wenn du sie mit deiner Kreditkarte zahlst, gibt es obendrein noch Meilen oder Punkte – du siehst, das Kombinieren und Optimieren vervielfacht jeden Tag deine Meilenkontostände.

Bei der BahnCard 50 läuft es entsprechend ab. Für die zweite Klasse kostet sie 255 Euro und für die erste Klasse 515 Euro. Auch diese Karte gibt es zu einem reduzierten Preis in der Probeversion. Wichtig zu wissen ist hier allerdings noch, dass man Bahntickets in verschiedenen Tarifen buchen kann. Einmal im Spartarif, der nicht umbuchbar ist und bei dem das Ticket nur für die jeweils gebuchte Fahrt gilt, und für den Flexpreis, bei dem du nicht zuggebunden bist. 50 % Ermäßigung gibt es auf die Flexpreise, auf die Sparpreise erhältst du nur 25 %.

Die BahnCard 100 ist natürlich von ihrem Luxus her erstrebenswert, lohnt sich aber nur dann, wenn man wirklich, wirklich viel unterwegs ist. Sie kostet nämlich für die zweite Klasse 4.190 Euro, für die erste Klasse sogar ganze 7.090 Euro. Der Vorteil dieser Karte ist zusätzlich, dass du den bahn.bonus-comfort-Status automatisch bekommst. Außerdem darfst du kostenlos ein Fahrrad mitnehmen und pro Werktag ein Gepäckstück kostenfrei mit Hermes von Tür zu Tür transportieren lassen.

Für alle Karten gelten übrigens günstigere Preise, falls man unter 27 oder sogar unter 18 Jahre ist oder bei einem Alter von über 60 Jahren den Seniorenstatus erhält. Es gibt auch noch die Alternative, eine Business-BahnCard zu bestellen, die auf Geschäftsreisende zugeschnitten ist. Großer Vorteil und ganz spezieller Geheimtipp von mir für alle Geschäftsreisenden: Die Businesskarte hat im Gegensatz zu den anderen Karten eine Gültigkeit von drei Jahren, wodurch auch dein Bahn.comfort-Status drei Jahre Gültigkeit erlangt.

Der Upgrade-Guru sagt

+ bahn.bonus ist ein Muss für jeden, der Bahn fährt.
+ Durch neue Partner werden die Sammelmöglichkeiten immer interessanter und einfacher.
+ Beste Prämie: Upgrade in die erste Klasse auf einer langen Strecke.
+ Lustig: Ein Wochenende den Hilton-Gold-Status testen.

Gesamtnote: 2

KREDIT-KARTEN

Welt aus Plastik und Bonuspunkten

Wenn du schnellstmöglich deinen nächsten Prämienflug antreten willst, kommst du um die Fragestellung „Wie bezahle ich, um möglichst viele Meilen zu bekommen?" nicht herum. Kreditkarten sind der Meilenturbo und helfen dir dein Sammeltempo ordentlich zu beschleunigen, wobei du dir paradoxerweise trotzdem mehr Zeit lassen kannst. Wie das? Weil die Nutzung vieler Kreditkarten den automatischen Punkteverfall des jeweiligen Programms aussetzt! Das Grundprinzip des Kreditkartenbonusprogramms funktioniert so, dass du für deine finanziellen Transaktionen belohnt wirst. Beispielsweise indem du einen Punkt oder eine Meile pro ausgegebenem Euro gutgeschrieben bekommst. An dieser Stelle erinnere ich mich mit Wehmut an die Air-Berlin-topbonus-VISA-Card, die weltweit etwas Einzigartiges war. Denn mit ihr war es möglich, sogar Statusmeilen zu sammeln. Man konnte bis zum höchsten oneworld-Status Emerald aufsteigen, ohne überhaupt je den Fuß in ein Flugzeug gesetzt zu haben! Leider ist das heute bei keiner Airline mehr der Fall.

Zum schnellen Sammeln von Prämienmeilen sind Kreditkarten unverzichtbar. Es lässt sich auf jeden Fall immer noch so einiges in Bewegung setzen, wenn du die richtige(n) Kreditkarte(n) auf Tasche hast. Doch welche ist die richtige Kreditkarte für dich?

DINERS CLUB

Die Wiege der Kreditkarte

Die Diners-Club-Kreditkarte nimmt eine ganz spezielle Stellung in der Welt der Kreditkarten ein, denn sie war die erste ihrer Art. Der gleichnamige Club wurde im Februar 1950 von dem Geschäftsmann Frank McNamara zusammen mit seinem Anwalt Ralph Schneider gegründet und kann als die Wiege der modernen Universalkreditkarte gesehen werden. McNamara konnte anfangs 27 Restaurants in New York von seinem Konzept überzeugen, sodass die ersten 200 Mitglieder in ihnen auf Kredit speisen gehen konnten. Der Diners Club selbst stellt die Entstehungsgeschichte so dar: „Es nahm alles seinen Anfang, als ein Mann namens Frank McNamara in einem Restaurant in New York zu Abend aß, sein Bargeld aber in einem anderen Anzug vergessen hatte und somit Kreativität bewies." Von da an entwickelte sich die Kreditkarte sozusagen weiter, bis sie zu dem international anwendbaren Finanzmittel wurde, das wir heute kennen. Diners Club besteht auch heute noch und bietet zwei verschiedene Karten an, die für dich möglicherweise interessant sind.

Die Diners Club Classic Card kostet dich 5,84 Euro im Monat oder auch 70,08 Euro pro Jahr. Bei einem Jahresumsatz von mehr als 3.600 Euro bekommst du dafür Zutritt zu mehr als 700 Diners-Club-Lounges weltweit, allerdings limitiert auf zwölf Besuche pro Jahr. Danach musst du 20 Euro pro Besuch zahlen.

Außerdem ist ein Versicherungspaket inklusive, das Behandlungskosten im Ausland, Nottransport und eine Reisestornoversicherung beinhaltet. Und du bist automatisch Mitglied bei Bonus Selection, dem Bonusprogramm des Diners Club. Leider ist das in Deutschland lange nicht so attraktiv wie beispielsweise in den USA. Dort sammelst du einen Punkt pro ausgegebenem Dollar, bei den richtigen Partnern sogar drei Punkte pro Dollar. In Deutschland gibt es nur einen Punkt für 8 Euro, weshalb das Bonus-Selection-Programm für dich zu vernachlässigen ist. Neben der klassischen Karte gibt es die Diners-Club-Golf-Karte. Mit einem Jahresbeitrag von 90 Euro ist sie bestimmt von Interesse für dich, vorausgesetzt, du bist Golfer. Sie kommt zum Beispiel mit einer Hole-in-One-Versicherung daher, die die Kosten für deine rechtmäßige Party abdeckt, falls dir ein solches „Glücksspiel" gelingen sollte. Aber nur bis 500 Euro, also: Keine Party ohne Ende!

Der Upgrade-Guru sagt

+ Attraktiv für Golfer.
+ Zugang zu Diners Club Lounges.
– Deutsche Karte zum Punkte sammeln ein Flop.

Gesamtnote: 4

AMERICAN EXPRESS

Die flexibelste Meilenkarte

Auch American Express (kurz: Amex) hat ein eigenes Bonusprogramm: Membership Rewards. Warum ist das für dich interessant? Aus zwei Gründen. Erstens: Du kannst deine Membership-Punkte in wirklich viele unterschiedliche Hotelbonuspunkte und Flugmeilen umtauschen. Zu den Partnern gehören zum Beispiel Qatar Airways, British Airways, Delta Air Lines, Air France-KLM, Iberia, Hilton, Starwood Hotels und auch Payback. Leider ist Miles & More nicht dabei ... Oder doch? Wer auch immer das gerade geglaubt hat, hat im Verlauf der Lektüre wohl nicht genau aufgepasst ... Denn du kannst ja immer deine Membership-Rewards-Punkte im Verhältnis 2 : 1 in Payback-Punkte umwandeln und diese dann wiederum im Verhältnis 1 : 1 in Miles-&-More-Prämienmeilen. Et voilà! Bei anderen Airlines bekommst du aber definitiv mehr für deine Punkte.

Zweitens: Deine Membership-Punkte verfallen nicht. Das ist besonders für die Leute interessant, die sich mit dem Punktesammeln Zeit lassen oder einfach eine sehr große Menge an Punkten ansparen wollen – zum Beispiel für die Weltreise in der Business- oder First Class.

Die klassische Variante der American-Express-Karte ist auch die günstigste. Im ersten Jahr ist sie sogar kostenlos, danach kostet sie dich 55 Euro pro Jahr. Ab 4.000 Euro Jahresumsatz bleibt sie kostenlos. Gibst du innerhalb der ersten drei Monate 3.000 Euro oder mehr aus, gibt es 5.000 Bonuspunkte geschenkt oben drauf. Du sammelst wie mit jeder anderen Amex einen Membership-Rewards-Punkt pro Euro Umsatz. Das Tauschverhältnis zu den meisten Airlines ist 5 : 4, also 0,8 Meilen pro Euro, was eine ziemlich gute Quote ist, wenn man bedenkt, dass es bei anderen Anbietern oftmals nur eine Meile für zwei Euro gibt, also 0,5 Meilen pro Euro.

Der Clou ist, dass du bei deiner Punkteausbeute noch den Turbo einlegen kannst, tatsächlich Membership-Rewards-Turbo genannt. Wenn du ihn aktivieren lässt, bekommst du 1,5 Membership-Rewards-Punkte pro einem Euro Umsatz, was 1,2 Meilen pro Euro entspricht. Dieser Wert ist in Deutschland unschlagbar! Die Aktivierung kostet dich 15 Euro im Jahr und du kannst bis zu 20.000 Membership-Rewards-Punkte zusätzlich bekommen.

Wie die Standardversion ist die American-Express-Gold-Karte im ersten Jahr kostenfrei, danach musst du 140 Euro Jahresbeitrag zahlen, bekommst aber immerhin eine Zusatzkarte. Und die Karte kommt auch mit einem relativ umfangreichen Versicherungsschutz daher. Dazu gehört eine Reiserücktrittskosten-, eine Auslandskranken- und eine Verkehrsmittelunfallversicherung. Außerdem gibt es mit der Karte Boingo-Wireless-Zugang in über eine Million Hotspots weltweit, du kannst also auch auf Reisen kostenfrei im Internet roamen.

Die American Express Platinum Card ist die Krönung der frei zu beantragenden Amex-Karten. Mit ihr trägst du zu Edelmetall gewordenes Plastik in der Tasche. Dieser Luxus kostet dich pro Jahr 600 Euro. Was zuerst nach viel klingt, kann allerdings durch die richtige Nutzung zum wirklich unglaublichen Angebot werden. Denn du bekommst bis zu sieben verschiedene Kreditkarten für Familienangehörige und Freunde. Dadurch kannst du den Preis mit etwas Glück schon auf mehrere Personen aufteilen. Außerdem gibt es 30.000 Bonuspunkte für dich, wenn du einen Umsatz von 2.000 Euro innerhalb der ersten drei Monate erreichst. Das ist eine wirklich große Menge an Punkten, weshalb du sichergehen solltest, dass du diesen Umsatz auch erreichst. Für Empfehlungen der Karte kannst du übrigens auch bis zu 30.000 Punkte verdienen. Und es gibt noch dazu zwei Priority-Prestige-Pässe für dich. Diese Pässe erlauben dir unendlich viele Besuche in den über 1.000 weltweiten Flughafenlounges von Priority Pass. Diese Mitgliedschaft kostet normalerweise schon 399 Euro pro Jahr. Zwei davon haben also einen Gegenwert von knapp 800 Euro, was die Kosten der Platinum Card bereits um 200 Euro übersteigt. Solltest du also häufig auf Flughäfen unterwegs sein und Lounges nutzen, lässt sich jede Menge Geld sparen und es macht dich noch dazu ab sofort unabhängig von den erschwerten Statusbedingungen der Airlines. Seit 2017 gibt es auch Zugang zu den Lufthansa-Business- und -Senator-Lounges im Terminal 2 in München, egal mit welcher Art Flugticket du gerade reist.

Außerdem gibt es eine ganze Reihe weiterer Statusvorteile, die du mit der Platinum-Karte bekommst. American Express macht dich sozusagen zum Instant-VIP. Dazu gehören unter anderem die folgenden Hotelstatus: Hilton Honors Gold, SPG und Marriott Gold, Club Carlson Gold Elite sowie Meliá Rewards Gold und Shangri-La Golden Circle Jade. Glücklicherweise gibt es eine Kooperation zwischen dem Singapore-Airlines-Bonusprogramm KrisFlyer und Shangri-La-Hotels. Mit dem Jade-Status von Shangri-La erhältst du nämlich ebenfalls direkt den Silver-Status bei KrisFlyer, der wiederum auch ein Star-Alliance-Silver-Status ist. Außerdem lässt sich ein Fast-Track- zum Gold-Status aktivieren, für den du nur drei Flüge mit Singapore Airlines oder Silk Air abschließen musst. Und last, but not least gibt es noch Statusvorteile bei den Autovermietern Hertz und Sixt einzuheimsen. Bei Hertz erhältst du den Five-Star-Status, der dir beispielsweise Bonuspunkte und Upgrades in die nächste Fahrzeugkategorie ermöglicht. Bei Sixt erhältst du die Platin Card, die dir 15 % Rabatt und auch automatische Upgrades erlaubt. So viel erst mal zu den Bonusprogrammvorteilen der American-Express-Platin-Karte. Und da bereits die Gold-Karte einiges an Versicherungsschutz bietet, kannst du dir leicht vorstellen, dass die Platinum-Karte diesen nochmal übertrifft. Inklusive sind natürlich alle Versicherungen, die auch die Gold-Karte aufweist. Hinzu kommen beispielsweise eine Haftpflichtversicherung im Ausland, eine Reisegepäckversicherung und eine Vollkasko-, Haftpflicht- und Reiseunfallversicherung für Mietwagen. Kurz: Die Platin Card bietet einen ausgeprägten Rundumschutz. Und wenn dir mal langweilig ist, dann beschäftige einfach den Platinum-Service und beauftrage ihn mit kniffligen Sonderwünschen rund um deine nächste Reise … Allerdings, der Wermutstropfen für alle Amex Fans: Die kleine schwarze Centurion, die sogenannte „Karte der Superreichen", gibt es nach wie vor nur auf Einladung.

Der Upgrade-
Guru sagt

+ Hoher Preis für extrem hohe Leistung.

+ Viele Statusvorteile.

+ Umfangreicher Allroundversicherungsschutz im Ausland.

+ Wertvoller Priority Pass und viele Punkte geschenkt.

= Nicht für jeden, aber für manche.

Gesamtnote: 1

MILES & MORE

(D)ein Muss zum Start

Die Miles-&-More-Kreditkarte der Lufthansa gehört zu den am häufigsten vertretenen Bonusprogrammkarten in Deutschland. Miles & More bietet verschiedene Varianten der Kreditkarte an, unter anderem Versionen für Selbstständige und Freiberufler, die deutlich bessere Meilenausbeuten ermöglichen als die Privatkarten. Bei den Privatkarten stelle ich dir zunächst die Miles & More Credit Card Gold vor.

Es gibt einmal die Gold-World-Plus- und dann die Gold-World-Karte. Die World Plus ist genau 10 Euro teurer als die einfache Gold-World-Karte und kostet damit 110 Euro pro Jahr. Für diese leicht erhöhten Kosten bekommst du als Willkommensbonus immerhin 4.000 Miles-&-More-Meilen statt lediglich 2.000. Sonst gibt es zwischen den beiden Karten nur noch eine einzige Abweichung: Bei der World-Plus-Variante ist nämlich eine Auslandsreisekrankenversicherung enthalten, genau wie eine Mietwagenvollkaskoversicherung. Eine Reiserücktrittskostenversicherung bieten dir beide Karten, genau wie eine Aussetzung des Meilenverfalls. Und das ist natürlich ein höchst interessanter und zentraler Faktor für die Anschaffung einer Miles-&-More-Kreditkarte. Außerdem kannst du einmal im Jahr Prämienmeilen im Verhältnis 5 : 1 in Statusmeilen umwandeln, sobald du 25.000 Meilen erreicht hast – aber das machst du bitte nur, wenn du sonst gar keine Chance hättest, deinen Lufthansa-Status zu bekommen oder zu verlängern!

Bei allen Karten bekommst du übrigens eine Meile pro zwei Euro und sogar fünf Meilen für zwei Euro, die du bei Hilton Hotels ausgegeben hast. Bei Avis bekommst du sogar fünf Meilen pro Euro.

Neben der Gold- gibt es auch noch die Blue-Karte. Sie kostet in der World-Plus-Variante 70 Euro und als World-Karte noch 55 Euro jährlich. Für diese beiden Karten gibt es jeweils 1.000 bzw. 500 Willkommensmeilen. Ansonsten bekommst du auch hier eine Meile pro zwei Euro, du hast jedoch nur bei der Blue-World-Plus-Karte die Reiserücktrittskosten- und die Auslandsreisekrankenversicherung inklusive. Die Blue-World-Karte kommt ohne Versicherungsschutz jeglicher Art daher. Wichtig ist außerdem: Der Meilenverfall wird durch diese Kreditkarte nicht automatisch ausgesetzt! Dafür musst du pro Jahr nämlich erst einmal 1.500 Prämienmeilen sammeln, was bei normalen Transaktionen 3.000 Euro entspricht.

Die Karten für Selbstständige und Freiberufler sind praktisch identisch zu den oben beschriebenen Karten. Du hast die Wahl zwischen einer Miles-&-More-Gold-World-Business-Karte und einer Blue-World-Business-Karte. Für beide Karten gelten die gleichen Konditionen, Willkommensgeschenke, Preise und Leistungen – mit einem Unterschied: Mit diesen Kreditkarten sammelst du jeweils eine Prämienmeile pro Euro Umsatz, also doppelt so viel wie bei den „privaten" Karten. Außerdem gibt es bei Hilton Hotels pro Euro drei Meilen, bei Avis pro Euro sechs Meilen und im Lufthansa WorldShop und beim Miles & More Online Shopping jeweils drei Meilen pro ausgegebenem Euro.

Der Upgrade-Guru sagt

+ Ausgesetzter Meilenverfall ist super.
+ Verschiedene Varianten buchbar.
– Recht hoher Preis für die Leistungen.

Gesamtnote: 2 -

MASTERCARD DER SPARKASSE

Die Geheimnisvolle

Dir sagt dieses Angebot von Miles & More nicht zu, aber du würdest trotzdem gern Miles-&-More-Meilen sammeln? Das sollte nicht zu deinem Problem werden. Denn: Auch viele Sparkassen bieten dir Kreditkarten mit Meilensammelfunktion an. Und das noch dazu theoretisch superschnell und einfach. Wenn du schon eine Sparkassenkreditkarte besitzt, musst du nicht mehr machen, als deine Bank zu bitten, deine Karte um die Meilensammelfunktion zu erweitern. Danach kannst du deine Karte genauso nutzen wie immer, bekommst aber eine Prämienmeile pro einem Euro Umsatz. Das bringt zwar keinen Versicherungsschutz, aber dafür auch keine zusätzlichen Kosten. Solltest du noch keine Sparkassenkreditkarte besitzen, bestelle dir einfach eine. Dann kannst du von Anfang an angeben, dass du Miles-&-More-Meilen sammeln möchtest. Aber informiere dich vorher darüber, ob deine jeweilige Sparkasse überhaupt am Miles-&-More-Programm teilnimmt, denn da alle Sparkassen eigenständige Institute sind, können sie selbst über Produkte und Konditionen entscheiden.

Eine der möglichen Karten, die mit dem Zusatz der Meilensammeloption wirklich Sinn ergeben, ist zum Beispiel die Mastercard Platinum, die von einigen Sparkassen in Deutschland angeboten wird. Mit dieser Karte werden dir nämlich noch jede Menge Zusatzleistungen im Bereich „Reisen" angeboten. Die Karte kostet 200 Euro im Jahr, du kannst mit ihr dafür aber immerhin weltweit bezahlen und auch kostenfrei Geld abheben. Außerdem kommt die Karte inklusive eines Conciergeservices daher, der dir bei allen möglichen Gelegenheiten unterstützend zur Seite steht, seien es Restaurantreservierungen, Informationen zu den besten Einkaufsmöglichkeiten, Organisation von Reisen oder auch die Durchführung von Kindergeburtstagen – der Conciergeservice steht dir weltweit zur Verfügung. Je nachdem wie oft du diesen Service in Anspruch nimmst, kann schon der gewissermaßen die 200 Euro Jahresgebühr wert sein. Wenn du Golfer bist, dann wird dich vermutlich auch die kostenfreie Mitgliedschaft in der Platinum Golf-Community interessieren, mit der du von jeder Menge Vorteilen profitierst. Außerdem ist in der Platin-Karte ein Reiseversicherungspaket für die ganze Familie enthalten, dazu gehört eine Reiserücktritts- und eine Auslandsreisekrankenversicherung für 60 Tage. Du kannst für 79 Euro (anstatt der „normalen" 99 Euro) auch den Basis-Priority-Zugang zu Flughafenlounges weltweit dazubuchen. Und auch bei dieser Karte kannst du deine jeweilige Sparkasse nach der Meilensammelfunktion fragen, um deine Allroundreisekreditkarte zu erhalten.

Der Upgrade-Guru sagt

+ Recht guter Preis, gute Leistungen.
+ Praktisch: schnelles Upgrade auf die Meilensammelfunktion.
+ Perfekt für den Reisenden mit besonderen Bedürfnissen.
– Ohne Conciergeservice allerdings nur mittel.

Gesamtnote: 2

EUROWINGS
Kostet wenig, kann einiges

Auch bei Eurowings gibt es zwei verschiedene Karten, nämlich die Eurowings-Kreditkarte Classic und die Gold-Variante. Was haben die beiden Karten gemeinsam? Nun, du musst für beide Varianten im ersten Jahr genau 0 Euro Gebühren zahlen und bekommst 2.500 Boomerang-Club-Meilen als Willkommensgeschenk. Mehrmals im Jahr winken dir aber höhere Boni – bis zu 10.000 Meilen. Beide Karten kommen mit einer VISA- und Mastercard im Doppelpack, dadurch hast du eine super Abdeckung überall auf der Welt. Du erhältst pro ausgegebenem Euro eine Boomerang-Meile. Solange du die Karte besitzt, musst du dir über das Verfallsdatum deiner Meilen keine Sorgen mehr machen, es ist ausgesetzt. Ein sehr guter Vorteil für Leute, die viel reisen: Du kannst kostenfrei Bargeld im Ausland abheben.

Auch für das Bezahlen im Ausland fallen mit der Gold-Karte weltweit keine Gebühren an – das ist einmalig für eine Kreditkarte einer Fluggesellschaft und kann dir einiges an Geld sparen. Bei der Classic-Variante geht das nur bei Transaktionen, die in der Eurozone bezahlt werden.

Und wenn du Sportler bist, mag dich auch interessieren, dass du und eine Begleitperson bei beiden Karten das Sportgepäck auf Eurowings-Flügen umsonst mitnehmen dürft.

Wo sind die Unterschiede? Erst mal kostet dich die Classic-Variante im zweiten Jahr 19,99 Euro und die Gold-Karte 69 Euro. Dafür bekommst du mit der Gold-Karte Priority-Check-in und Fast-Lane-Nutzung an über zwanzig Flughäfen in Europa und nicht nur an fünf, wie bei der Classic. Außerdem sind in der Gold-Version noch einige weitere Vorteile enthalten: eine Mietwagenvollkaskoversicherung (mit einer recht geringen Selbstbeteiligung von 230 Euro) und eine Auslandsreisekrankenversicherung. Alle Ausgaben, die du für Tickets und Extras bei Eurowings tätigst, bringen dir zwei Meilen. Du bekommst doppelte Meilen und einen Zehn-Euro-Onlinegutschein von Sixt, und Avis verdreifacht dir sogar deine Meilen.

Der Upgrade-Guru sagt

+ Kostet wenig, kann einiges.

+ Statusvorteile an ausgewählten Flughäfen.

+ Sportgepäck gratis für Sportler.

– Das Versicherungspaket könnte umfangreicher sein.

Gesamtnote: 2

HILTON HONORS

Be Hilton VIP – sofort

Interessierst du dich für eine Kreditkarte von einem Hotelproramm, wirst du dich mit ziemlicher Sicherheit für die Hilton-Honors-Karte entscheiden. Warum? Weil das hierzulande derzeit schlicht deine einzige Option ist.

In der Theorie gibt es die Karte in drei verschiedenen Versionen: Einmal als normale Kreditkarte, dann inklusive weltweit kostenfreier Bargeldabhebung und zu guter Letzt lässt sich noch ein Rundum-sorglos-Versicherungspaket dazubuchen. Kurios ist daran, dass es keine Extrakosten verursacht, wenn du die Option „Bargeldabhebung" auswählst. Das hängt damit zusammen, dass das Geldabheben mit der Hilton-Honors-Karte mit einem Deutsche-Kreditbank(kurz: DKB)-Abrechnungskonto verknüpft ist. Ohne DKB-Konto funktioniert also schon mal gar nichts, aber glücklicherweise ist das Konto dauerhaft kostenfrei und kann daher jederzeit von jedermann beantragt werden. Übrigens kannst du mit einer DKB-Karte in deinem Besitz die Hilton-Kreditkarte super einfach bestellen, ohne zusätzliche Legitimation und ohne Weg zur Post.

Die normale Hilton-Honors-Kreditkarte kostet dich 4 Euro im Monat, also 48 Euro jährlich. Dafür bekommst du auch direkt den Hilton-Honors-Gold-Status verliehen, so lange, wie du auch die Karte besitzt. Freu dich auf Upgrades, kostenfreies Frühstück und mehr Bonuspunkte. Und wo wir gerade von Bonuspunkten sprechen: Davon bekommst du 5.000 als Willkommensgeschenk! Was wiederum schon ausreicht für eine Prämienübernachtung in der günstigsten Hilton-Kategorie. Hast du es lieber etwas edler, sammelst du einfach mit der Kreditkarte zwei Punkte pro Euro auf alle Ausgaben innerhalb der Hilton-Hotels und einen Punkt pro Euro bei allen sonstigen Ausgaben.

Letztlich kannst du deine Hilton-Honors-Karte auch noch zur Rund-um-Reisebegleitung upgraden, indem du das Versicherungspaket dazubuchst. Das bedeutet eine Auslandskrankenversicherung für dich und deine Familie, eine Reiserücktrittsversicherung für dich und vier Mitreisende und eine Mietwagenvollkaskoversicherung bis 75.000 Euro. Um diesen Service zu deiner Karte hinzuzufügen, zahlst du 35 Euro pro Jahr extra, was knapp drei Euro pro Monat entspricht.

Der Upgrade-Guru sagt

+ Monopolstellung unter deutschen Hotelkreditkarten.
+ Gold-Status für nur 35 Euro im Jahr.
+ International kostenlos Geld abheben.
+ Gutes Versicherungspaket dazubuchbar.
+ Preis-Leistungs-Verhältnis sehr gut.

Gesamtnote: 2+

PAYBACK

Die Qual der Wahl

Möchtest du Besitzer einer Payback-Kreditkarte sein, hast du die Qual der Wahl, weil es im Endeffekt fünf verschiedene Karten gibt, die du beantragen kannst. Grob unterteilt werden können die Karten in die Payback-eigenen Visa-Karten und die American-Express-Payback-Karten.

Werfen wir zuerst einen Blick auf die Visa-Karten, von denen es zwei verschiedene Typen gibt: Classic und PrePaid. Gemein haben die beiden, dass sie den Payback-Punkteverfall stoppen. Das allerdings nur unter der Prämisse, dass du innerhalb von drei Jahren wenigstens eine Transaktion auf deinem Konto zu verbuchen hast. Außerdem kannst du weltweit kostenlos Bargeld abheben.

Bei der Classic-Karte bekommst du einen Punkt je fünf Euro Umsatz. Noch dazu kannst du dir einen Lieblingspartner wählen, bei dem sich deine Punkte stets verdoppeln. Sagen wir also, dein Lieblingspartner ist dm, dann würdest du für 100 Euro nicht nur 100 Payback-Punkte bekommen, sondern noch einmal 100 Punkte drauf, sozusagen als „Lieblingsbonus". Und dann gibt es ja pro fünf Euro noch mal je einen Punkt, was bei 100 Euro 20 Zusatzpunkte sind. Du bekommst also 220 Punkte statt nur 100. Die Karte ist im ersten Jahr umsonst und kostet anschließend 29 Euro im Jahr. Dafür bekommst du einmalig 1.000 Payback-Punkte als Willkommensgeschenk.

Die zweite Visa-Karten-Variante verrät ihr Geheimnis schon über ihren Namen. Du hast eine, nennen wir es freundlicherweise „Shoppingaffinität"? Soll heißen, du kaufst gern und viel ein? Vielleicht sogar mehr, als wirklich notwendig und vor allem gut wäre? Dann ist die Payback-Visa-PrePaid-Karte genau das Richtige für dich. Denn mit dieser Karte lässt sich nur das ausgeben, was du im Vorhinein eingezahlt hast. Generell empfiehlt es sich natürlich immer, die eigenen Ausgaben im Griff zu haben und sich nur das zu kaufen, was man benötigt und sich vor allem leisten kann. Deswegen ist die PrePaid-Karte für viele Menschen eine gute Alternative, insbesondere zu Kreditkarten mit Teilzahlungsoption, von deren Aktivierung aufgrund der hohen Zinsen prinzipiell abzuraten ist. Auch diese PrePaid-Karte kostet 29 Euro monatlich, wird allerdings nur mit 300 Payback-Punkten als Bonus vergütet. Das Punktesammeln funktioniert genauso wie bei der Classic-Karte, allerdings ohne Wahl eines Lieblingspartners.

Das Payback-Portfolio wird von American Express ergänzt: Die Standard-Payback-American-Express-Kreditkarte kostet dich dauerhaft nichts und bringt dir 1.000 Punkte als Willkommensgeschenk ein. Es gibt sogar noch eine Zusatzkarte obendrauf, die du jemandem geben kannst, der dann ebenfalls Punkte für dich sammelt, aber natürlich auch auf deine Kosten einkaufen kann. Wie die Visa-Karte ist die American-Express-Karte eine Kombination aus Kreditkarte und normaler Payback-Karte. Du kannst also im gleichen Atemzug dein Produkt bezahlen und die Punkte dafür einstreichen. Theoretisch kannst du an der Kasse mit deiner Karte auch Produkte mit Punkten kaufen. Du bekommst übrigens einen Punkt pro zwei Euro Umsatz, unabhängig von den offiziellen Payback-Partnern. Außerdem hält auch diese Karte deinen Punkteverfall auf, vorausgesetzt, du sammelst mindestens alle drei Jahre einen Punkt. Ansonsten bietet die Karte noch eine Menge unterschiedlich wichtiger Vorteile, von Einkaufsversicherungen und Kartenmissbrauchsschutz bis hin zur telefonischen Servicehotline.

Und das ist auch schon alles, was du über diese Karte wissen musst. Und mit den beiden Zusatzkarten wird das nicht komplizierter. Denn bei der American-Express-Galeria-Kaufhof-Karte gibt es nur einen Unterschied zur Standardversion: Du sammelst immer einen Punkt pro Euro. Und bei der dm-Payback-Karte sammelst du doppelte Punkte bei dm.

PORSCHE

Posh wie Porsche

Auch Porsche hat eine eigene Kreditkarte in Zusammenarbeit mit Miles & More im Angebot. Sie ist auf die Bedürfnisse von Porschefahrern zugeschnitten und bietet Leistungen wie zum Beispiel Priority-Parking in vielen Städten und an Flughäfen. Tatsächlich lässt sie sich sogar nur als Porschefahrer beantragen.

Die Karte für Privatkunden nennt sich kurz und bündig „Porsche Card S World Plus". Für eine Jahresgebühr von 215 Euro bekommst du erst einmal 3.000 Prämienmeilen und wie bei der Miles-&-More-Karte, eine Prämienmeile für zwei Euro Umsatz. Außerdem gibts für jede Weiterempfehlung bis zu 12.000 Meilen.

Mit einer Porsche Card S verfügst du automatisch über eine Miles & More Credit Card Gold. Außerdem kannst du eine ganze Reihe an Telefonservices in Anspruch nehmen. Dazu gehört der Travellerservice, der dir jede Menge Aufgaben abnimmt, was deine Reise anbelangt. Unter anderem kannst du deinen nächsten Flug über die Hotline buchen lassen, dein Hotelzimmer, deinen Mietwagen oder auch einfach nur den Tisch im Restaurant um die Ecke reservieren lassen. Der Ticketservice wiederum reserviert dir Karten für fast alle Kultur- und Sportveranstaltungen auf der ganzen Welt. Und natürlich gibt es auch einen Notfallservice, bei Bedarf auch mit fremdsprachiger Unterstützung.

Und wie bereits erwähnt gibt es vor allem Vorzüge, die speziell auf Autofahrer zugeschnitten sind. Zum Beispiel eine automatische Mitgliedschaft bei APCOA Priority Parking. Dabei wird mittels eines Chips in deinem Auto in ausgewählten Parkhäusern automatisch die Schranke geöffnet und auch das Bezahlen passiert automatisch, wobei die erste Stunde immer inklusive ist. Außerdem: Dank des Avis Priority Parking gibt es an den größten deutschen Flughäfen pro Flug drei Tage Parken gratis und auch einen gesicherten Parkplatz. Die Kooperation mit Avis geht sogar noch weiter: Es gibt mit der Karte zusammen automatisch den Preferred-Plus-Staus, was übersetzt Updates für dein Fahrzeug für dich bedeutet. Außerdem kannst du dich über Vorteile bei Small Luxury Hotels und Hyatt Hotels in Deutschland freuen.

Als Porsche-Fan oder -Fahrer gibt es außerdem Vorteile im Porsche Museum, im Porsche Travel Club, bei Porsche Drive und der Porsche Sport Driving School. Zu guter Letzt kommen noch die wichtigen Versicherungspakete hinzu: eine Auslandsreisekrankenversicherung, die immerhin theoretisch bis in unbegrenzte Höhe greift und dir einen Schutz im Ausland von 90 Tagen bietet, und auch eine Reiserücktrittskostenversicherung, solltest du die Reise gar nicht erst antreten wollen, außerdem eine Mietwagenvollkaskoversicherung überall auf der Welt.

Allerdings bin ich ja kein Porsche-Guru, deswegen solltest du die Details besser selbst nachprüfen.

Der Upgrade-Guru sagt

+ Guter Versicherungsschutz.
+ Für Porschefahrer nützlich.

Gesamtnote: 3

SIXT
KREDITKARTE

Besser mit dem Auto ...

Auch von der Autovermietung Sixt gibt es eine Kreditkarte. Genau genommen gibt es sogar zwei American-Express-Karten. Die Standard-Express- und die Gold-Karte. Die Standard-Express-Karte kostet 36 Euro pro Jahr. Solltest du mindestens fünfmal im Jahr bei Sixt ein Auto mit deiner American-Express-Karte mieten, erhältst du einen 50-Euro-Sixt-Gutschein. Das sind immerhin 14 Euro mehr als deine Jahresgebühr beträgt. Du bekommst 10 % Rabatt, wenn du dir ein Auto oder einen Truck mietest oder den Limousinenservice in Anspruch nimmst. Außerdem kannst du Membership-Rewards-Punkte mit deiner American-Express-Karte sammeln. Normalerweise gibt es einen Punkt für zwei Euro, außer bei Sixt, wo es pro Euro einen Punkt gibt. Solltest du die Sixt-Karte jedoch auch im Alltag viel benutzen, gibt es noch die Möglichkeit, die Sammelfunktion aufzuwerten. Für 30 Euro pro Jahr zusätzlich gibt es nämlich für jeden Euro einen Membership-Rewards-Punkt, also doppelt so viel wie vorher. Inklusive ist auch eine Einkaufsversicherung bis 1.500 Euro, aber noch viel interessanter: auch eine Verkehrsmittelunfallversicherung. Soll heißen: Solltest du in einen Unfall verwickelt sein, bei dem du verletzt wirst, bekommst du bis zu 100.000 Euro Schadenersatz.

Die American Express Gold Card unterscheidet sich eigentlich kaum von ihrer kleinen Schwester. Sie kostet dich 81 Euro pro Jahr. Bei zehn Anmietungen bekommst du einen 100-Euro-Gutschein für Sixt. Deine Rabatte werden um 5 % angehoben, du bekommst also 15 % Nachlass. Für den gestiegenen Beitragssatz steigen allerdings auch deine Deckungssummen im Falle eines Unfalls deutlich an: Jetzt kannst du bis zu 800.000 Euro ausgezahlt bekommen. Und für Flugausfälle und Gepäckverspätungen bekommst du außerdem bis zu 475 Euro erstattet.

Und es gibt noch einen interessanten Vorteil: Du bekommst nämlich automatische Upgrades in die nächsthöhere Fahrzeuggruppe bei jeder Anmietung. Dieses Angebot ist natürlich abhängig von der Verfügbarkeit und kann beispielsweise nicht bei Langzeitmieten oder Lkw angewendet werden.

Der Upgrade-Guru sagt

+ Versicherungsschutz ist nützlich.
+ Günstiger Preis.
= Für häufige Sixt-Kunden interessant, sonst weniger.

Gesamtnote: 3

MASTER CARD

Für alles andere gibt es Coins

Auch die Mastercard hat ein eigenes Bonusprogramm, das in Deutschland gerade quasi frisch vom Band gelaufen ist: Priceless Specials. Glücklicherweise ist das ganze Programm sehr simpel, unglücklicherweise nicht besonders lukrativ. Und richtige Tipps zum Punktesammeln gibt es leider auch nicht. Warum?

Die Währung des Programms heißt „Coins" (dt. Münzen). Die Art, wie du Coins sammelst, ist zwar einzigartig, aber leider nicht überzeugend. Denn du bekommst pro Transaktion mit einer Mindesthöhe von 50 Cent genau einen Coin. Also ist es egal, ob du 50 Cent ausgibst oder eine Erste-Klasse-Reise für 5.000 Euro buchst, beides spült dir jeweils einen Coin in die „Kasse". Positiv anzumerken ist allerdings, dass die Coins unbegrenzte Haltbarkeit haben.

Um Münzen sammeln zu können, musst du natürlich erst einmal eine Mastercard besitzen. Du kannst bis zu drei persönliche Karten auf deinem Priceless-Specials-Account hinterlegen, Freunde und Familie können dir hier also nicht helfen. Dafür gelten nicht nur Transaktionen, die du in Deutschland tätigst, sondern auch internationale. Außerdem kannst du doppelt profitieren, indem du beispielsweise deine Payback-Mastercard benutzt und parallel Payback-Punkte und Coins sammelst.

Sobald du ein Minimum von fünf Coins gesammelt hast, kannst du sie gegen Prämien und Gutscheine eintauschen. Für 15 Coins gibt es beispielsweise 20 % Rabatt auf deine nächste Bestellung bei ABOUT YOU, für 10 Coins 10 % bei Flixbus oder drei kostenlose foodora-Lieferungen. Es wird unterteilt in Coupons mit Zuzahlungen und solche, bei denen du am Ende die Prämie komplett umsonst bekommst. Diese Coupons kannst du dir entweder als Mailanhang ausdrucken oder auch praktisch im Handy mit dir herumtragen. Außerdem gibt es ein sogenanntes Glücksrad, bei dem du für zehn Münzen einen von mehreren, sich abwechselnden Preisen gewinnen kannst. Das Tolle dabei ist, dass jedes Los gewinnt. Allerdings gibt es attraktivere und weniger attraktive Preise.

Der Upgrade-Guru sagt

+ Sehr einfaches System.
+ Kombinierbar mit anderen Bonusprogrammen.
– Immer nur ein Coin, egal wie hoch die Ausgaben sind.
– Keine besonders interessanten Einlösemöglichkeiten vorhanden.

Gesamtnote: 4+

MIETWAGEN

Nicht nur in der Luft Punkte sammeln

Wenn du viel mit dem Flugzeug unterwegs bist, siehst du eine ganze Menge von der Welt, zumindest von oben. Doch manchmal ist es auch ganz angenehm, fremde Orte auf eigenen Füßen zu erkunden. Und manchmal sogar noch angenehmer, wenn man für diese Erkundungen keine Füße braucht, sondern ein wunderbares Automobil zur Verfügung hat. Deswegen wirst du an jedem größeren Flughafen der Welt eine Autovermietung finden. Dort kann jeder auftauchen, seinen Führerschein vorzeigen und sich ein Auto mitnehmen. Aber wusstest du, dass das auch besser geht?

Denn die großen Namen in der Mietwagenbranche, also Sixt, Europcar, Avis und Hertz, haben alle auch eigene Bonusprogramme. Dort kannst du einen Status erreichen, Vorteile in Anspruch nehmen und kostenlose Upgrades erhalten. Wenn du weißt, wie, funktioniert das sogar, ohne ein einziges Mal vorher einen Wagen gemietet zu haben.

AVIS RENT A CAR

Avis ist einer der weltweit größten Anbieter von Mietwagen und kommt ursprünglich aus Amerika. Es wurde 1946 von Warren Edward Avis gegründet und eröffnete genau zehn Jahre später die ersten Zweigstellen in Europa. Heute betreibt Avis rund 5.000 Filialen in 165 Ländern weltweit.

Mietwagenfirmen sind generell eine gute Möglichkeit, Meilen und Punkte zu sammeln. Und auch Avis überzeugt mit einem wirklich umfangreichen Angebot an Hotel- und Mobilitätspartnern. Beispielsweise gibt es 250 bis 500 bahn.bonus-Punkte pro Anmietung, zwischen 500 und 1.000 Miles-&-More-Prämienmeilen, 1.000 Boomerang-Meilen pro Tag für Inhaber der Eurowings-Kreditkarte, 750 Club-Carlson-Punkte pro Anmietung und vieles mehr.

Aber was Avis noch interessanter macht, ist das eigene Bonusprogramm: Avis Preferred. Als Mitglied kannst du zum Beispiel von Priority-Service am Schalter profitieren, den du dank vorausgefüllter Mietunterlagen extraschnell wieder verlassen kannst. Dein Wagen steht außerdem auf einem schnell erreichbaren Parkplatz und es gibt eine exklusive Kundenhotline für Mitglieder.

Das Programm verfügt über drei Statuslevel. Um dich für Avis Preferred anzumelden, benötigst du lediglich einen Führerschein und eine Bankverbindung. Dadurch bist du automatisch Avis-Preferred-Mitglied, was der ersten Stufe entspricht, und profitierst von den oben genannten Vorteilen. Außerdem gibt es einige einmalige Boni. Zum Beispiel nach der zweiten Anmietung einen Rabattgutschein und einen Gutschein für ein Fahrzeugupgrade. Nach der dritten Anmietung gibt es jedes Jahr außerdem einen Gutschein für ein Fahrzeugupgrade und einen Wochenendgutschein für einen Wagen der mittleren Kategorie. Du musst zwar immer auch einige Fahrzeugmieten abschließen, trotzdem sind die Vorteile schon ziemlich attraktiv, wenn man bedenkt, dass es sich um den niedrigsten Status handelt.

Die weiteren Status sind abhängig vom Verlauf deiner Miettransaktionen im vergangen Jahr und gelten für zwölf Monate. Um den Avis-Preferred-Plus-Status zu erreichen, musst du fünf Fahrzeuganmietungen machen und Ausgaben in Höhe von 1.000 Euro haben. Erst wenn beide Ziele erreicht wurden, bekommst du den neuen Status, damit auch dein Fahrzeugupgrade und du darfst sogar kostenfrei einen Zusatzfahrer angeben. Ein Zusatzfahrer ist einfach eine weitere Person, die berechtigt ist das Fahrzeug zu steuern. Auch bei diesem Status gibt es nach der dritten Anmietung einen Wochenendgutschein für einen Wagen der mittleren Kategorie. Diesen Status kannst du allerdings auch auf anderem Weg ganz leicht erhalten. Denn Besitzer der Miles-&-More-Kreditkarte Gold bekommen den Avis-Preferred-Plus-Status im ersten Jahr automatisch und obendrauf gibt es sogar bis zu 30 % Rabatt auf Anmietungen. Und wenn du diese Mieten mit deiner Miles-&-More-Karte bezahlst, bekommst du noch fünf Prämienmeilen pro Euro. Da du sonst ja 1.000 Euro ausgeben musst, um diesen Status zu erhalten, lohnt sich die Kreditkarte hier auf jeden Fall. Natürlich vorausgesetzt, dass du des Öfteren Autos mietest.

Solltest du sogar zehn und mehr Anmietungen plus Ausgaben über 2.000 Euro erreichen, erhältst du den Avis-President's-Club-Status. Mit dem wirst du dann bevorzugt bei der Fahrzeugverfügbarkeit, darfst gratis einen Zusatzfahrer wählen und bekommst die Wochenendanmietung gratis dazu. Am interessantesten sind hier jedoch die Fahrzeugupgrades: Am Wochenende kommst du immer zwei Klassen höher. Vom Mini in den Land Rover, sozusagen.

Durch den Mindestumsatz ist das Erreichen der Status nicht so easy. Allerdings gibt es gute Boni für jede Mitgliedsstufe. Besonders interessant: der automatische Status als Inhaber der Miles-&-More-Kreditkarte Gold.

Gesamtnote: 2+

SIXT

Sixt ist eine deutsche Autovermietung mit Sitz in der Nähe von München. Das Unternehmen wurde bereits 1912 von Martin Sixt gegründet, damals mit einem überschaubaren Fuhrpark von drei Automobilen. Danach wurde die Firma Stück für Stück aufgebaut, bis während des Ersten Weltkriegs die Flotte konfisziert und dem Heer zur Verfügung gestellt wurde. Auch während des Zweiten Weltkriegs wurde das gesamte Fahrzeugarsenal von der Wehrmacht in Beschlag genommen. Beide Weltkriege konnten die Firma nicht in die Pleite treiben, mehr noch: Sixt avancierte in den 90er-Jahren zum größten deutschen Autovermieter. Geführt wird das Familienunternehmen übrigens in der dritten Generation, seit 1986 ist es in der Hand von Erich Sixt, dessen beiden Söhne bereits Vorstandsmitglieder bei Sixt sind.

Sixt ist in über 100 Ländern vertreten, was es zu einer guten Anlaufstelle für Reisende macht. Denn fast an jedem größeren Airport wartet irgendwo eine Sixt-Filiale auf dich. Auch Sixt unterhält Kooperationen mit vielen verschiedenen Airlines, Hotels und sogar Payback und bietet dir beispielsweise bis zu 1.000 Prämienmeilen täglich für eine Automietung. Genauso kannst du aber auch Autos mieten und mit Meilen bezahlen. Eine Prämienfahrt also. Es gibt allerdings noch einen weiteren Grund, warum Sixt auf jeden Fall ein Kapitel in diesem Buch verdient. Und zwar die Tatsache, dass du deinen Status recht leicht erlangen kannst. In einigen Hotel- oder Airlineprogrammen bekommst du für das Erreichen eines hohen Status automatisch auch einen Status bei Sixt. Deswegen lohnt es sich zu wissen, was man damit anstellen kann.

Zuerst einmal existiert eine Express-Sixt-Card, über die du Bescheid wissen solltest. Darauf sind deine persönlichen Daten gespeichert, was es dir erlaubt, Anmietungen deutlich schneller durchzuführen. Du kannst nicht nur jegliche Mietformalitäten überspringen, sondern diese Karte qualifiziert dich auch zum Sammeln von Meilen und Punkten. Außerdem bekommst du 1 % vom Fahrzeugnettolistenpreis als Rabatt. Viel mehr gibt es über diese Karte eigentlich nicht zu sagen.

Sobald du fünf Automieten innerhalb von zwölf Monaten abgeschlossen hast, wird dir im darauffolgenden Monat die Gold-Sixt-Card für zwölf Monate zugeschickt. Diese Karte ersetzt deine Express-Karte, da du sie ebenso auch für die Anmietung nutzen kannst. Außerdem gibt es als Bonus 10 % Rabatt bei Sixt Rent a Car und Rent a Truck sowie bis zu 20 % Rabatt auf den Sixt-Limousine-Service.

So richtig interessant wird es ab 20 Mieten innerhalb von zwölf Monaten. Dafür bekommst du nämlich die Platinum-Sixt-Card, was der höchste Status bei Sixt ist. Dein Rabatt wird von 10 % auf 15 % hochgeschraubt, aber wirklich lukrativ sind die automatischen Upgrades in die nächsthöhere Fahrzeuggruppe. Ein solches Upgrade kann, je nach ursprünglich gewähltem Autotyp, schnell 50 Euro und mehr pro Tag wert sein.

Sixt performt wirklich phänomenal, wenn es um Statusmatches oder generell Abkürzungen zum Sixt-Status geht. Für über dreißig Airlines und fast zehn Hotelprogramme wird auf der Sixt-Website ein offizieller Statusmatch angeboten. Und es gibt Matches, die so praktisch sind, dass du es kaum glauben wirst. Du musst beispielsweise nur Mitglied im Boomerang Club sein und wirst schon zu Sixt-Gold gematcht. Genau das Gleiche ist bei den Leading Hotels of the World der Fall. Einfach nur anmelden und schon gibts den Sixt-Gold-Status. Um Sixt-Platinum zu erreichen, benötigst du beispielsweise Qatar-Gold, TAP-Gold, Lufthansa-Senator, Air-France-Platinum, Etihad-Gold, Club-Carlson-Gold, Hilton Honors-Diamond oder Best-Western-Diamond. Und die anderen Autovermietungen akzeptieren wiederum einen Statusmatch zu Sixt, wodurch extreme Abkürzungen zu den Status bei eigentlich allen Autovermietungen möglich werden.

Gesamtnote: 2

EUROPCAR

Es lässt sich bereits an dem kleinen „e" hinter der Group erkennen: Europcar ist ein französisches Unternehmen, das 1949 in Paris gegründet wurde und heute in über 140 Ländern aktiv ist. 1970 wurde das Unternehmen nach 20 Jahren des stetigen Wachstums von Renault, ISG und auch dem Hotelbetreiber Accor übernommen. Der deutsche Ableger von Europcar hieß bei seiner Gründung 1927 erst Motor-Verkehrs-Union und dann Selbstfahrer Union. 1989 fusionierten die französische mit der deutschen Autovermietung und wurde damit zur Europcar Groupe. Der deutsche Ableger betreibt in Deutschland über 500 Standorte mit einer jährlichen Flotte von über 40.000 Fahrzeugen. Teil davon ist unter anderem auch die Auswahl von Europcar Selections, einem Sortiment aus Fahrzeugen von Premium-Marken wie zum Beispiel Jaguar, Audi und Mercedes, mit einem Durchschnittsalter von sechs Monaten.

Wer seinen Buchungsprozess beschleunigen will, der kann sich für „Mein Europcar" registrieren. Dort sind automatisch deine Buchungspräferenzen hinterlegt und auch deine persönlichen Daten sind vorausgefüllt. Außerdem berechtigt dich die Anmeldung dazu, dich für das Loyalitätsprogramm anzumelden. Denn auch Europcar verfügt über ein eigenes Bonusprogramm, das Europcar Privilege genannt wird. In dem Programm gibt es vier Mitgliedsstufen, von denen du die erste, genannt Privilege Club, automatisch mit der Registrierung erlangst. Danach folgen noch Privilege Executive, Privilege Elite und Privilege Elite VIP. Als Mitglied sammelst du übrigens sogenannte Privilege Credits, die als Statuspunkteersatz dienen. Um einen Status aufzusteigen, zählen die Anmietungen der vergangenen 24 Monate. Für den Privilege-Club-Status gibt es noch nicht besonders viele Vorteile. Allerdings immerhin bis zu 15 % Rabatt bei vielen Accor-Hotels plus ein kostenloses Frühstück am Wochenende. Und wenn du die Daten deines präferierten Vielfliegerprogramms in dein Profil eingibst, kannst du bei jeder Anmietung Prämienmeilen sammeln. Abhängig von deinem Status gibt es beispielsweise bis zu 1.000 Miles-&-More-Meilen pro Anmietung. Außerdem bekommst du nach der zweiten Miete im Clubstatus einmalig einen 10-Euro-Gutschein. Nach der dritten Anmietung pro Jahr erhältst du einen Gutschein für eine kostenlose Wochenendmiete in der Compactklasse weltweit.

Solltest du 10 Anmietungen oder 40 Miettage innerhalb von 24 Monaten geschafft haben, gibt es das Upgrade in den Privilege-Executive-Status. Als Belohnung bekommst du sofort einen Gutschein für eine Wochenendanmietung, nach deiner fünften Miete außerdem einmalig einen 20-Euro-Gutschein. Zudem gibt es, wie immer abhängig von der Verfügbarkeit, ein einfaches Fahrzeugupgrade.

Bei 25 Anmietungen bist du bereits ein Privilege-Elite-Member, wofür du wieder einen Gutschein für ein Wochenende umsonst bekommst. Der einmalige Gutschein nach der fünften Miete ist 30 Euro wert und du kannst kostenlos einen Zusatzfahrer anmelden. Interessanter sind aber die doppelten Fahrzeugupgrades, die es ab diesem Status gibt. Wenn es mit der Verfügbarkeit passt, kannst du dadurch einiges an Komfort dazugewinnen, ohne einen Cent mehr auszugeben ... Nun ja, außer für den Sprit vielleicht.

Und dann gibt es da noch den Privilege-Elite-VIP, was vom Namen her ein bisschen so wirkt, als würde man etwas megasuper komplett toll finden. Wie dem auch sei, nach 40 Mieten hast du diesen Status inne und der einzige neue Vorteil, den er bietet, ist die Priority-Pass-Basis-Mitgliedschaft, die du allerdings nur einmal pro Mitgliedschaft bekommen kannst. Wenn du auch weiterhin Zugang zu den Priority-Pass-Lounges haben willst, musst du dir eine kostenpflichtige Mitgliedschaft buchen.

Aber auch bei Europcar gibt es die eine oder andere Methode, die Status schneller zu erreichen. Beispielsweise gibt es seit Anfang 2018 für SPG-Platinum-Mitglieder den zweithöchsten Status beim Bonusprogramm von Hertz und für SPG-Platinum-Mitglieder mit Ambassador-Status sogar den höchsten Hertz-Status. Bei einem Statusmatch von Hertz zu Europcar kannst du den jeweils zweiten oder sogar höchsten Status erreichen. Mit einem Statusmatch von Sixt wiederum, der sich ja eigentlich immer anbietet, ist es jedoch schwierig, den Europcar-Elite-Status zu erreichen. Denn Sixt-Gold und -Platinum werden im Normalfall zu Europcar-Privilege gematched, Sixt-Diamond dann allerdings direkt zu Europcar-Elite-VIP. Der Wermutstropfen: Beim Statusmatch bekommst du keinen Gutschein für eine Wochenendanmietung.

Gesamtnote: 3+

CASHBACK MIT SHOOP.DE

Doppelt clever: Punkte sammeln & Geld zurück

Shoop.de, ehemals Qipu, ist definitiv einer der interessantesten und nützlichsten Services, die du für smartes Reisen, und nicht nur das, in Anspruch nehmen kannst. Shoop.de ist Deutschlands größtes Cashbackportal. Eigentlich funktioniert es relativ ähnlich wie Payback, nur kommt es ohne eigene Währung aus. Es gibt besonders eine Eigenschaft, die shoop.de so nützlich macht: Denn du bekommst für deine Einkäufe nicht nur Geld zurück, zum Beispiel für jede Menge Hotelbuchungen, sondern du sammelst außerdem Punkte bei deinem jeweils präferierten Programm. Du „verdienst" also sozusagen doppelt!

Aber nochmal Schritt für Schritt: Es gibt etliche Websites und Portale, die du nutzen kannst, um deine Reise noch günstiger zu machen. Buchungsportale wie Hotels.com, Booking.com, oder HolidayCheck vergleichen Tausende von Hotels, Deals und Angebote, um für dich die jeweils günstigsten herauszufiltern. Das ist auch toll und superpraktisch. Allerdings tritt bei Hotelbuchungen über Onlinereisebüros ein Problem auf: Wenn du nicht über die Originalwebsite des jeweiligen Programms buchst, bekommst du natürlich auch keine Punkte im entsprechenden Bonusprogramm und kommst somit auch nicht in den Genuss von Statusvorteilen. Das hat den einfachen Grund, dass sich die Anbieter die Provision sparen, die sie sonst an Portale wie Booking.com bezahlen müssten. Bildlich gesprochen werden deine Punkte also an die jeweilige Website überwiesen, über die du gebucht hast. Das Buchen über Onlinereisebüros kann manchmal aber trotzdem die bessere Wahl sein, je nachdem wie groß die Einsparnis im Gegensatz zur Originalwebsite des Programms für deine jeweilige Reise ist. Hier nun kommt der große Auftritt von shoop.de.

Shoop.de ist ein Cashbackportal und bietet keinen Preisvergleich. Das bedeutet, du kannst nicht direkt über die Site ein Zimmer buchen. Um den vorhandenen Vorteil trotzdem klar ersichtlich zu machen, nutzen wir am besten wieder ein leicht verständliches Beispiel: Angenommen, du bist auf der Website von AccorHotels und findest ein Traumzimmer in einem SO Sofitel, das dich pro Nacht 100 Euro kostet. Wenn du über die Website von Accor buchst, kannst du natürlich auch Bonuspunkte im Le Club AccorHotels sammeln. Buchst du jedoch über ein Onlinereisebüro, kostet dich das Zimmer vielleicht nur noch 95 Euro. Da steht also der Preisnachlass den Bonus- und Statuspunkten gegenüber. Was sich mehr lohnt, musst du von Situation zu Situation einschätzen oder eben einfach ausrechnen. Aber jetzt bist du shoop.de-Nutzer! Also los: Du weißt nun bereits, dass du in einem SO Sofitel wohnen möchtest. Jetzt rufst du die Website von shoop.de auf. Diese Site ist sehr übersichtlich gestaltet und du benötigst im Grunde auch nur die Suchleiste oben in der Mitte. Dort gibst du schlicht „Accor" ein. Danach wirst du automatisch auf die Accor-Seite von shoop.de weitergeleitet, auf der dir der prozentuale Wert angezeigt wird, den du nach deinen Zahlungen wieder zurücküberwiesen bekommst. Im Fall von Accor handelt es sich dabei um gestaffelte Werte, je nach Hotelklasse. Außerdem findest du relativ oben auf der Seite einen großen blauen Button, auf dem steht „Zum Shop und Cashback sichern". Einmal draufgeklickt und du wirst zur offiziellen Accor-Startseite weitergeleitet. Von hier aus buchst du ganz normal dein Zimmer, genau so, wie du es sonst auch tun würdest. Nach Abschluss des Kaufprozesses werden dir die entsprechenden Prozente des Preises zurückgezahlt – das können bei Hotels schnell bis zu 15 % sein – und dazu bekommst du, weil es eine Buchung über die Hotelwebsite direkt ist, auch alle Bonus- bzw. Statuspunkte. Im Endeffekt bekommst du das Zimmer also für weniger Geld und gleichzeitig deine wertvollen Punkte. Noch mal zum Verständnis: Es gibt keinen Sofortrabatt beim Einkauf, sondern du musst erst einmal den vollen Preis bezahlen, von dem du dann aber einen Teil rückerstattet bekommst. Dieser Prozess kann allerdings einige Monate dauern.

Es lohnt sich für dich, shoop.de im Auge zu behalten, denn immer wieder locken Aktionen und Promotions, durch die der Cashback-Wert für die einzelnen Hotels und Reisen schnell mal verdoppelt werden kann. Natürlich funktioniert das nicht nur bei Hotels, sondern auch bei über 2.000 Onlineshops wie Lidl, aber auch bei Lufthansa und hotels.com. Außerdem gibt es bei shoop.de auch immer wieder Gutscheine für wechselnde Angebote. Zum Beispiel einen 20-Euro-Gutschein für deine nächste Buchung bei Hilton. Dieser Gutschein lässt sich dann sogar mit dem jeweils gültigen Cashback kombinieren. Du profitierst im Endeffekt also sogar dreifach. Durch den Gutschein, dein Cashback und die Bonuspunkte, die du trotzdem bekommst.

Du kannst dir dein Cashback auf verschiedene Weise auszahlen lassen. Als Überweisung auf dein Bank- oder Paypal-Konto, in Bitcoins oder Shopping-Gutscheinen mit extra Bonus zwischen 12 und 20 %. Aus dem Umfeld von Shoop ist außerdem zu hören, dass im Frühjahr 2018 Avios, die Meilenwährung von u.a. British Airways, Iberia und Vueling, neuer Auszahlungspartner für Cashback-Guthaben von Shoop.de werden wird.

Der Upgrade-Guru sagt

+ Super Einstiegsportal für die Buchung deiner Reisen.
+ Auch im Alltag eine gute Möglichkeit, Geld zu sparen und trotzdem das eigene Punkte- oder Meilenkonto zu füttern.

WIR SCHENKEN DIR 10 EURO – JETZT!

Du willst ab sofort von shoop.de profitieren? Dann melde dich jetzt über den exklusiven Umsonst-in-den-Urlaub-Link an und du bekommst 10 Euro Cashback bei deiner ersten Buchung!
aktion.shoop.de/umsonst-in-den-urlaub

ÖSTERREICH UND DIE SCHWEIZ

Was geht bei unseren Nachbarn?

Obwohl sich Deutschland, Österreich und teilweise auch die Schweiz eine Sprache teilen, sind die Angebote, die Meilensammlern zur Verfügung stehen, doch sehr unterschiedlich. Zum Beispiel ist in Österreich nicht die Lufthansa das Alphatier, sondern ihre Tochter Austrian. In der Schweiz heißt der Big Player Swiss und ist auch eine Tochterfirma der Lufthansa. Dementsprechend gibt es in diesen Ländern keine Lufthansa-Kreditkarten, sondern welche von Austrian und Swiss, obwohl das Bonusprogramm überall Miles & More heißt.

Auch mit Payback, das ja für Meilensammler in Deutschland wichtig ist, ist das so eine Sache. Theoretisch kann man Payback-Punkte auch in Österreich und der Schweiz sammeln, dabei gibt es jedoch verschiedene Herausforderungen, die es zu meistern gilt. So kannst du beispielsweise nur bei den Onlineshops Punkte sammeln, die mit „.de" enden, und auch nur bei Shops, die ins Ausland liefern, womit ich deine Wohnadresse meine. Denn selbstverständlich sind Österreich und die Schweiz von Deutschland aus gesehen Ausland.

Das macht das Meilensammeln ein gutes Stück komplizierter und vielleicht auch langsamer, aber ganz bestimmt nicht unmöglich. Natürlich gibt es auch in diesen beiden Ländern Bonusprogramme, deren Mitgliedschaft sich lohnt, wie zum Beispiel das myMcDonald's-Programm in Österreich. Damit kannst du zwar keine Meilen sammeln, aber immerhin vielleicht die eine oder andere Erdapfelspalte (auch Pommes genannt) umsonst abstauben. Aber Spaß beiseite. Wenn du dich dafür interessierst, in Österreich und der Schweiz Meilen für deinen Freiflug zu sammeln, dann hole dir das E-Book zu diesem Thema. Melde dich ganz einfach mit deinem Code für den Memberservice an und schon kann es losgehen.

WIE LÖSE ICH MEILEN EIN?

Am einfachsten online in die BusinessClass

Herzlichen Glückwunsch! Denn wenn du bei dieser Frage angekommen bist, hat das Meilensammeln offensichtlich ganz gut geklappt. Wofür deine Prämienmeilen eingelöst werden sollten, ist, glaube ich, mittlerweile klar: für Prämienflüge und Upgrades. Denn genau hier kannst du den größten Mehrwert schaffen und vor allem eines tun: umsonst in den Urlaub fliegen.

Wie genau kannst du deine Meilen also einlösen? Dazu ein einfaches Gedankenexperiment: Du hast 100.000 Miles-&-More-Meilen auf deinem Konto und möchtest sie einlösen. Das geht natürlich auf Flügen mit der Lufthansa, Swiss oder auch Austrian, allerdings auch auf Flügen innerhalb des größeren Star-Alliance-Verbundes. Das heißt also, ein Prämienflug oder auch ein Upgrade mit Thai Airways, Air New Zealand oder auch Avianca ist kein Problem. Du hast auch die Möglichkeit, Flüge mit den Airlinepartnern von Miles & More zu buchen. Dazu gehören Cathay Pacific, Jet Airways und viele mehr.

Am einfachsten ist es natürlich, Prämienflüge bei der Airline zu erwerben, bei deren Bonusprogramm du auch Mitglied bist. Denn dann kann alles direkt über die Fluggesellschaft abgewickelt, die Daten müssen nicht zwischen den unterschiedlichen Marken hin- und hergeschickt werden und auch die Art der Prämienmeilen bleibt gleich.

Die einfachste Methode ist in dieser wunderbar digitalen Welt natürlich das Buchen über das Internet.

Einmal angenommen, du möchtest deine Traureise bei der Lufthansa buchen, und das mit möglichst wenig Meilen. Dann empfehle ich dir, dass du eines der monatlich wechselnden Meilenschnäppchen wahrnimmst. Da bei den Schnäppchen sowieso nur die Möglichkeit besteht, mit Meilen zu zahlen, läuft der ganze Bestellprozess recht intuitiv ab und wird nahtlos über das Internet abgeschlossen. Und nicht vergessen: Deine Prämienmeilen werden für Businessclassflüge ausgegeben und nicht für Economytickets! Auch wenn es Meilenschnäppchen in der Economy gibt, solltest du hier nicht zuschlagen. Warum das so ist, ist schnell erklärt: Auch wenn du ein Prämienticket kaufst, musst du etwas Geld bezahlen. Dabei handelt es sich um die jeweils fälligen Steuern, Gebühren und Zuschläge. Ausschlaggebend ist hier, dass sich die Höhe der Gebühren nur unwesentlich zwischen den Klassen unterscheidet. Soll heißen, für einen Economyflug nach New York zahlst du etwas weniger als 500 Euro und für einen in der Businessclass nochmal etwa 100 Euro drauf. Jetzt kosten günstige Economy-Tickets der Lufthansa mit etwas Glück aber sowieso nur 500 Euro oder weniger und du müsstest trotzdem noch 20.000 Meilen obendrauf packen! Ich glaube, so kannst du schnell erkennen, warum sich der Businessclassflug einfach deutlich mehr lohnt – nur da sparst du echt viel Geld.

Für 15.000 Meilen kannst du bei Miles & More übrigens auch deine Gebühren mit Meilen zahlen, allerdings nur auf Flügen innerhalb Europas.

Du kannst dein Prämienticket über die jeweilige Hotline des Programmes buchen oder im Internet. Bei Miles & More sind folgende Fluggesellschaften online buchbar: Lufthansa, Eurowings, Austrian Airlines und Swiss sowie Adria Airways, Brussels Airlines, Condor (nur in der Economyclass), Croatia Airlines, LOT (aber nicht in der Premium Economyclass), Luxair. Außerdem die Star-Alliance-Gesellschaften Air Canada, Air China, Aegean Airlines, ANA, EVA Air, TAP, Singapore Airlines und viele mehr. Das Gute an der Internetbuchung ist, dass du, ohne lange in der Hotline zu warten, selbst sehen kannst, ob überhaupt Plätze verfügbar sind. Um andernfalls zu erfahren, auf welchem Flug noch Plätze verfügbar sind, kannst du beispielsweise das Tool ExpertFlyer nutzen. Wie genau das funktioniert, findest du im E-Book, das dir als Download nach Anmeldung zu unserem Memberservice zur Verfügung steht.

Bei allen Airlines, die du online bei Miles & More buchen kannst, gilt das auch für dein upgradefähiges Ticket. Sonst gilt der Griff zum Telefonhörer.

Eine wichtige Information habe ich noch für dich: Manche Airlines sperren ihre höchsten Buchungsklassen bis zu einem bestimmten Datum für die Buchung über Partner. Zum Beispiel gibt die Lufthansa ihre Erste Klasse für die Buchung mit Meilen von Asiana erst zwei Wochen vor dem Abflug frei. Das solltest du bei deinen Planungen definitiv berücksichtigen.

Natürlich steht dir auch der Prämienshop als Einlöseoption zur Verfügung. Es ist nicht verboten, dort die eine oder andere praktische Sache einzukaufen. Vor allem wenn du Meilen hast, die kurz vor dem Verfall sind.

COOLE TOOLS

für Meilenprofis – wie dich!

Jeder hat so seine Laster, nicht wahr? Der eine trinkt vor dem Zubettgehen stets ein Gläschen Rotwein, der andere kommt von der Schokolade nicht los und wieder andere sind den schnöden Glimmstängeln verfallen. Und ich? Ich liege gern abends im Bett, nehme mein Handy in die Hand und checke die Apps in meinem „Travel"-Ordner. Dort zieht es mich immer zu einer ganz besonderen App hin und das ist AwardWallet. Ein kleiner Knopfdruck genügt und schon bringen sich alle meine Bonusprogramme automatisch vor meinen Augen auf den neuesten Stand. Diesem kleinen Schauspiel kann ich wirklich jeden Abend zuschauen, auch wenn es nur zehn Meilen oder Punkte sind, die ich an dem Tag neu gesammelt habe. Was passiert eigentlich, wenn du plötzlich bei fünf oder noch viel mehr verschiedenen Bonusprogrammen angemeldet bist, die jeweils über Prämien- und Statuspunkte verfügen? Kannst du da die Übersicht behalten, welche Punkte wann verfallen, welcher Status am 31. Dezember abläuft und wie viele Meilen dir noch fehlen, um deinen Frequent-Traveller-Status halten zu können? Und bei welchem Programm konnte ich nochmal diesen Status-Match durchführen? Sowieso ist das ganze Thema „Prämienflüge" wirklich total kompliziert, wenn du beispielsweise mit Miles-&-More-Meilen einen Flug bei Air Canada durchführen willst, wie viele Meilen brauchst du dafür eigentlich? Und könnte ich mit meinen Meilen bei einem anderen Anbieter die gleiche Strecke nicht vielleicht noch viel günstiger bekommen? Alle diese Fragen und bestimmt noch einen ganzen Haufen mehr, kannst du dir mit meiner Zusammenstellung der wichtigsten und nützlichsten Tools beantworten.

AWARDWALLET

Auf die Vorstellung keines Tools habe ich mich mehr gefreut als auf AwardWallet. Warum das so ist? Weil dieser Service sozusagen das Ziel all deines Strebens ist. Denn AwardWallet ist das Tool, das du nutzt, sobald du die Übersicht über deine Dutzende Treueprogramme und Abertausende, ach, was sage ich da, Millionen von Meilen verloren hast. Über 680 verschiedene Programme können von AwardWallet verarbeitet werden. Im Ernst: AwardWallet erlaubt es dir, eine Verlinkung zwischen der Website und deinem jeweiligen Treueprogrammaccount herzustellen. Du gibst ganz einfach deine Log-in-Daten an und schon kann AwardWallet automatisch auf dein Konto zugreifen und den jeweiligen Punktestand abrufen. Er wird dir in einer übersichtlichen Liste angezeigt. Und stellen wir uns einmal vor, wir sind Teilnehmer bei drei Airline- und zwei Hotelprogrammen sowie bei Payback und dem bahn.bonus-Programm: Das sind sieben unterschiedliche Konten mit unterschiedlichen Mengen an Prämien- und Statuspunkten, die jeweils zu unterschiedlichen Zeiten ablaufen. Und wenn, wie es leider so oft auch der Fall ist, deine Punkte oder Meilen teilweise erst Wochen nach deiner jeweiligen Buchung gutgeschrieben werden, ist es leicht vorstellbar, dass man den Überblick verlieren kann. Wie angenehm wäre es da, einfach nur auf einen einzigen Knopf zu klicken und alle diese Informationen auf dem neuesten Stand übersichtlich vorliegen zu haben? Das genau bietet eben AwardWallet. Es kann allerdings, je nach Menge der Treueprogramme, durchaus auch länger dauern, da in der kostenlosen Version alle Programme nacheinander upgedatet werden.

AwardWallet versammelt allerdings nicht nur deine jeweiligen Punktestände, sondern auch die Informationen darüber, wann sie jeweils auslaufen, wie viele Statuspunkte du für dein Level-up noch benötigst, welchen Status du überhaupt wo innehast – kurz: einfach alles, was du wissen willst. Das Ganze gibt es auch wöchentlich per Mail in dein Postfach, zusammen mit jede Menge interessanten Informationen rund ums Thema Reisen und Bonusprogramme. Du kannst dir auch eine Karte nach Hause bestellen, auf der alle deine Accountnummern gespeichert sind. Wer sich von wechselnden Computern bei Treueprogrammen anmeldet, der weiß, wovon ich spreche. Denn niemand will auch nur eine dieser im Normalfall unglaublich langen Nummern auswendig im Kopf behalten.

Es gibt auch noch die Möglichkeit, zu einer Premiumversion von Award-Wallet zu wechseln, AwardWallet Plus. Dieses Upgrade kostet dich 30 US-Dollar pro Jahr, also knapp einen Euro pro Monat. Das ist unter anderem dann praktisch, wenn du die Accounts von mehreren Personen verwaltest. Du kannst beispielsweise alle Accounts parallel updaten und nicht mehr nur einen nach dem anderen. Außerdem kannst du deinen Punkteverlauf auch in einer grafischen Zeitverlaufsleiste darstellen lassen. Wann deine jeweiligen Meilen oder Punkte ablaufen, ist eine wichtige Information. Das kannst du in der kostenlosen Version allerdings nur für drei Programme anzeigen lassen, in der kostenpflichtigen Version für unendlich viele bzw. genau 681 Stück.

WHERETOCREDIT.COM

Die Bedeutung des Namens dieser Website ist „Wo soll ich meine Meilen anrechnen lassen?". Und diese Frage ist durchaus berechtigt. Es gibt verschiedene Kabinenklassen, also so etwas wie Economy und Business, es gibt aber auch unterschiedliche Tarife für die einzelnen Klassen. Zum Beispiel gibt es häufig sogenannte Flext   arife, die flexibel umbuchbar sind, teilweise sogar ganz ohne zusätzliche Kosten. Es gibt Economytarife, die inklusive Freigepäck sind, und solche, bei denen du nur Handgepäck mitnehmen darfst. Es gibt Tarife, bei denen Entertainment und Mahlzeiten inklusive sind, aber natürlich auch Tarife, wo das nicht der Fall ist. Und selbstverständlich kosten alle diese Tarife unterschiedlich viel. Und sie bringen dir auch ganz unterschiedliche Mengen an Prämienmeilen. Es kann sogar passieren, dass du gar keine Meilen bekommst! Je nachdem wie günstig dein gewähltes Ticket war.

Jetzt kommt allerdings noch ein anderer wichtiger Faktor ins Spiel. Denn du kannst mit Airline A fliegen und dir bei Airline B die Meilen anrechnen lassen. So etwas geht beispielsweise zwischen den einzelnen Airlines einer Luftfahrtallianz, aber auch mit den jeweiligen Partnerairlines. Da die Meilenausschüttungen und der Wert einer einzelnen Meile innerhalb der Programme aber stark unterschiedlich sein können, werden auch nicht immer gleich viele Meilen ausgeschüttet. Du könntest ja auch beispielsweise für einen First-Class-Flug bei einer Airline Meilen sammeln, die nicht einmal eine First Class anbietet. Ein Beispiel: Für einen Flug in der Lufthansa-Buchungsklasse A, bei der es sich um einen First-Class-Tarif handelt, sammelst du bei Miles & More und TAP 300 % der Entfernungsmeilen, bei Thai Airways und Singapore Airlines hingegen mit 150 % nur die Hälfte. Generell ist es immer interessant zu wissen, wo du wie viele Meilen bekommst. Deshalb kannst du dir auch ein Browser-Add-on für Google-Chrome holen, mit dem du selbst bei Flugsuchen auf Vergleichsportalen wie Expedia sehen kannst, wie viele Meilen du für die jeweils angezeigten Flüge bekommst.

Außerdem gibt es bei wheretocredit.com einen Meilenrechner, mit dem du für eine Flugstrecke die Meilenausschüttungen der jeweiligen Programme ausrechnen lassen kannst.

MILEZ.BIZ

Die Geschichte von Milez.biz fasst ziemlich gut zusammen, was das Programm kann. Entwickelt wurde das Tool von einer Agentur aus Toronto. Es hat seinen Ursprung in der Frustration der Mitarbeiter, die einen Flug von Zürich nach Daressalam buchen wollten. Das Bonusprogramm ihres Star-Alliance-Programms zeigte ihnen damals eine Verbindung mit drei Umstiegen an, die 70.000 Prämienmeilen in der Economy kosten sollte. Das kam ihnen zu Recht etwas absurd vor. Deswegen prüften die Mitarbeiter die Kosten des Fluges bei einem anderen Star-Alliance-Programm. Bei dem kostete der Flug ab Zürich plötzlich nur noch 40.000 Meilen! Sie begannen daraufhin sich mit diesem Phänomen zu beschäftigen und fanden heraus, dass die Kosten für Prämienflüge auf den gleichen Strecken stark unterschiedlich sein können. Dann haben sie Milez.biz ins Leben gerufen.

Auf der Website kannst du ganz einfach deinen Startflughafen auswählen, das Programm, bei dem du die Meilen besitzt, und die Menge der Meilen und schon werden dir alle möglichen Destinationen angezeigt.

Sagen wir einmal, du besitzt 15.000 Miles-&-More-Meilen, die bald ablaufen. Dann trage einfach die entsprechenden Daten ein und wähle beispielsweise Berlin als Abflughafen. Anschließend werden dir bis zu fünf mögliche Flüge angezeigt. Hier sind es beispielsweise welche nach Spanien, Russland und Griechenland.

Allerdings muss erwähnt werden, dass der Service nicht perfekt funktioniert. Ab und zu treten kleinere technische Probleme auf, die sich aber auch kaum verhindern lassen. Manche Airlines berechnen die Kosten für Prämientickets auf Basis von „Zonen", andere einfach anhand der Entfernung. Sollte es dabei zu Überschneidungen kommen, kann es sein, dass dir nicht alle möglichen Routen angezeigt werden. Aber der Support der Website ist wirklich extrem hilfsbereit und gibt sich enorme Mühe, einem bei Problemen zu helfen.

AIRMILESCALCULATOR.COM

Airmilescalculator.com ist ein Rechner für die Entfernung zwischen zwei Flughäfen. Das ist informativer und auch optisch ansprechender aufgebaut als bei den meisten anderen Rechnern. Dir wird die Entfernung in Meilen, Kilometern und Seemeilen angezeigt, außerdem kannst du die Flugdauer und den Zeitunterschied einsehen. Auf einer Karte wird dir der jeweilige Flugkorridor angezeigt. Das finde ich ziemlich interessant, weil die angezeigte Strecke nie so aussieht, wie man es erwartet. Denn bei Flugkorridoren handelt es sich auf Karten nicht um gerade Linien, sondern eher um leicht geschwungene Kurven. Das hängt damit zusammen, dass unsere Weltkarten verzerrt dargestellt sind, da man versucht hat, die runde Form der Erde auf einer geraden Fläche darzustellen. Und das klappt gar nicht mal so gut, wie wir das gern glauben würden ...

STATUSMATCHER.COM

Wie in diesem Buch deutlich wird, sind Status bei den unterschiedlichen Bonusprogrammen erstrebenswert, weil man jede Menge Zusatzleistungen bekommt. Teilweise springt sogar die eine oder andere kostenlose Prämie dabei raus. Allerdings ist es, insbesondere bei den hohen Status, teilweise ziemlich harte Arbeit, sie zu erreichen. Zwar kannst du dir bei einem Hotelprogramm noch recht einfach einen Status erschlafen, beim zweiten, dritten oder auch fünften Programm wird das Ganze aber schon schwieriger. Du kannst schließlich nicht bei zehn verschiedenen Hotels jeweils 50 Nächte übernachten, so viele Tage hat ein Jahr nicht. Deswegen solltest du dich im Vorhinein für ein oder zwei Programme entscheiden und diese konsequent nutzen.

Es gibt allerdings auch Möglichkeiten, einen hohen Status in einem Programm zu erreichen, ohne einen Cent auszugeben. Nämlich mithilfe der sogenannten Statusmatches. Was ein Statusmatch ist, sollte dir mittlerweile bekannt sein. Allerdings gibt es Hunderte verschiedene Programme und nicht alle lassen sich miteinander matchen. Es gibt Programme, bei denen jeder Statusmatch akzeptiert wird, wie zum Beispiel das Programm von Icelandair, wohingegen bei anderen nie gematcht wird, wie zum Beispiel bei dem Programm von Thai Airways. Woher soll man wissen, welche Matches bei welchem Anbieter Erfolg versprechend sind, welche eher nicht akzeptiert werden und welche es ganz einfach gar nicht wert sind? Natürlich mit Statusmatcher.com. Die Site funktioniert auf Basis von Erfahrungswerten. Denn jeder, der einen erfolgreichen oder eben auch nicht erfolgreichen Statusmatchversuch hinter sich hat, kann ihn auf Statusmatcher.com eintragen. Daraus lässt sich ablesen, von welchem Programm zu welchem Programm auf welchen Status gematcht wird. Außerdem wird ein prozentualer Wert angegeben, der aussagt, wie viele Anfragen insgesamt angenommen werden. Hast du beispielsweise einen lebenslangen Status bei einem Programm, aber in den letzten 15 Jahren keine Hotelbuchung vorgenommen, dann kannst du abgelehnt werden, obwohl andere Anfragen mit geringeren Status angenommen wurden. Denn letztlich wollen die Programme ja einfach nur lukrative Kunden durch die Statusmatches gewinnen. Bei Statusmatcher.com kannst du die Matches zu Mietwagen-, Hotel- und Airlineprogrammen einsehen.

EXPERTFLYER.COM

Mit den Meilen einer Airline kannst du dir natürlich Prämientickets bei dieser Fluglinie, aber auch bei deren Partnerairlines kaufen. Nehmen wir also an, du möchtest deine Miles-&-More-Meilen einsetzen, um damit einen Flug bei Turkish Airlines oder EVA Air zu erwerben. Über die interne Suche von Miles & More allerdings werden dir die jeweiligen Prämienflüge überhaupt nicht angezeigt. Die einzige Möglichkeit, die du hast, ist die Verfügbarkeiten durch einen Anruf bei Miles & More zu klären. Oder du nutzt die Funktion von Expertflyer. Diese Funktion erlaubt es dir, die Prämienflüge von über 80 Airlines zu überprüfen. Dafür musst du Start und Ziel eingeben, einen Zeitraum, die Airline deiner Wahl und die jeweilige Buchungsklasse. Danach werden dir alle möglichen Verbindungen angezeigt und ob sie jeweils noch Sitze frei haben oder nicht. Sollte kein Sitz mehr verfügbar sein, die Verbindung aber perfekt zu dir passen, dann kannst du auch einen Flugalarm einrichten. Dieser wird sich automatisch bei dir melden, sobald ein Prämienplatz auf diesem Flug frei geworden ist. Du kannst den Alarm sogar für eine spezielle Sitznummer einstellen. Wenn du also einen Glücksplatz hast oder einfach nur nicht auf dem Sitz C4 landen möchtest, „weckt" dich der Alarm nur dann, wenn dieser Platz auch deine Bedingung erfüllt.

Es werden dir auch die verfügbaren Sitze in der jeweiligen Buchungsklasse angezeigt. Denn schließlich kann man einen Prämienflug auch in der Economy buchen, die wieder in unterschiedliche Tarife aufgeteilt ist. Um die Buchung aber abzuschließen, musst du doch bei Miles & More anrufen, da es nicht möglich ist, Flüge über Expertflyer zu buchen.

Doch der Service von Expertflyer hört nach der Buchung nicht auf. Denn du kannst alle wichtigen Informationen über deinen Flug abrufen. Solltest du beispielsweise in sechs Monaten von Berlin nach New York fliegen, wird dir angezeigt, in wie viel Prozent der Fälle der Flug pünktlich war oder eben auch nicht und wie lang im Durchschnitt die Verspätung war. Das ist auf jeden Fall eine ziemlich kurzweilige Spielerei. Kurz vor dem Abflug kannst du auch deine Livedaten abrufen. Außerdem gibt sich Expertflyer große Mühe, dir eine sogenannte „Seamless-Travelling-Experience" zu verschaffen. Das bedeutet auf gut Deutsch, dass alles reibungslos und aus einer Hand funktionieren soll. Wenn du also Informationen benötigst, zum Beispiel über die Visa-Bestimmungen deiner Flugdestination, dann bekommst du die auch direkt von Expertflyer.

Expertflyer gibt es in einer kostenfreien Version, aber auch in einer Basis- und einer Premiumversion. In der kostenlosen Version kannst du lediglich den Alarm für den Sitz deiner Wahl installieren. Die Basisversion kostet dich 4,99 Dollar pro Monat, die Premiumversion entweder 9,99 Dollar pro Monat oder 99,99 Dollar pro Jahr, also etwas weniger als 90 Euro. In der Basisversion kannst du dafür 250 Verfügbarkeitsanfragen stellen, in der Premiumversion unlimitiert viele. Die Basisversion bietet dir viele der oben erwähnten Services an, exklusiv für den Premiumzugang ist dagegen die Möglichkeit, einen Alarm für Prämienflugverfügbarkeiten zu stellen und bei Verfügbarkeitsanfragen einen flexiblen Zeitraum von +/− 3 Tagen anzugeben. Außerdem gibt es auch nur in der Premiumvariante die Möglichkeit, das alles am Handy und per App zu machen. Immerhin kannst du den Premiumservice fünf Tage kostenlos ausprobieren, um dir selbst ein Bild davon zu machen. Generell muss man Expertflyer vermutlich einmal getestet haben, um sich selbst davon zu überzeugen, wie nützlich dieses Tool ist.

WIE MAN EINEN LANGSTRECKEN-FLUG ÜBERLEBT

Die modernen Flugzeuge werden technisch immer versierter, sicherer und effizienter. Dadurch kannst du zu ziemlich günstigen Preisen quer durch die Welt reisen. Und obwohl das wunderbar ist, hat es doch auch seinen Preis. Denn jeder, der schon einmal einen Langstreckenflug absolviert hat, kennt das Problem: Es ist meist langweilig, unbequem und die Zeit will einfach nicht vergehen. Was also tun, um solche Situationen zu vermeiden oder wenigstens schnell herumzukriegen? Denn auch wenn du mit Qatar Airways ein Schnäppchen nach Neuseeland shoppst und mit rund 1.000 Kilometern pro Stunde durch die Luft braust, so richtig schnell bist du trotzdem nicht da. Tatsächlich darfst du dich auf dieser Strecke ja auf den bereits beschriebenen längsten Flug der Welt freuen. Über 16 Stunden in einer metallenen Röhre, Tausende Meter über dem Boden. Was kannst du also tun, um diese Erfahrung so angenehm wie möglich zu gestalten?

LET ME ENTERTAIN YOU

Robbie Williams hat es bereits vor Jahren gesagt und er hatte recht. Zeit ist nämlich relativ. Wenn du dich langweilst, schafft sie es irgendwie, nur halb so schnell zu vergehen wie sonst. Amüsierst du dich jedoch, vergeht die Zeit, na? Wie im Fluge nämlich, genau! Aber wer auch immer sich dieses Sprichwort ausgedacht hat, weiß offensichtlich nichts übers Fliegen! Rein wissenschaftlich gesehen vergeht die Zeit in einem Flugzeug übrigens tatsächlich langsamer als am Boden, was mit dem Phänomen der Zeitdilatation zusammenhängt. Allerdings ist der Unterschied viel zu klein, um relevant zu sein. Jedenfalls ist es wichtig, dass du dich amüsierst bzw. keine Langeweile aufkommen lässt. Soll heißen: Nimm dir ein gutes Buch mit oder ein Kreuzworträtsel, nimm dir gute Musik mit, gönn dir das Entertainmentpaket auf dem Flug und generell alle Annehmlichkeiten, die dir einfallen. Denn nur so kann es passieren, dass die Stunden wirklich wie im Flug vergehen.

RICHTIG PACKEN

Ganz zentral ist es, den eigenen Koffer richtig zu packen. Klingt leicht, ist es aber nicht. Denn es geht nicht nur darum, wichtige Dinge einzupacken, sondern auch um das richtige Packen. Gepäck wird immer teurer. Deswegen neigt fast jeder gern dazu, das eigene Handgepäck bis zur maximalen Kapazität zu bepacken, gern auch noch ein bisschen drüber. Dabei wird schnell vergessen, dass es eigentlich am angenehmsten ist, das Handgepäck unter dem Sitz vor sich zu verstauen. Bis du dann merkst, dass aufgrund des übermäßig riesigen Handgepäcks überhaupt kein Platz mehr in dem sowieso schon stark limitierten Fußraum bleibt. Alternativ kannst du dein Gepäck zwar in die Gepäckfächer über deinem Kopf packen. Das ist aber insbesondere dann unpraktisch, wenn du einen Mittel- oder Fensterplatz hast. Denn dann musst du jedes Mal alle Leute aus der Reihe bitten, aufzustehen, wenn du dir dein Buch, einen Snack oder sonst was aus deinem Rucksack holen willst.

BITTE AUSSCHLAFEN

Achte außerdem darauf, möglichst ausgeschlafen zu sein. Ein Motto, an das zu halten ich mich selbst auch noch gewöhnen muss. Langstreckenflüge in der Economy sind nicht der Ort, an dem du deinen Schlaf nachholen kannst. Wobei das vielleicht sogar noch ab und zu klappt, aber jedes Mal, wenn es nicht funktioniert, ist ein einziger Alptraum. Dann kommst du nämlich völlig übermüdet und gereizt an deiner Destination an und das ist nun wirklich ein suboptimaler Start in den Urlaub.

ACHTUNG, AUFGEPASST!

Ich selbst habe so etwas noch nie mitbekommen. Allerdings treibt wohl so mancher Lausbube seinen Schabernack über den Wolken. Gemeint sind damit Diebe. Das ist natürlich nicht so zu verstehen, dass es Organisierte Kriminalität über den Wolken gibt, aber Gelegenheit macht ja bekanntlich Diebe. Soll heißen, dass auf einem Langstreckenflug mehr als genug Zeit ist auszuspähen, wo welche Personen ihre Wertsachen versteckt halten. Dann muss die betreffende Person nur noch einschlafen und schon ist es um ihr Geld und mit viel Pech sogar ihren Pass geschehen! Wie gesagt, ich habe davon noch nichts mitbekommen, aber es soll wohl öfter passieren, als man erwarten würde. Vorsicht ist besser als Nachsicht, also die Wertsachen lieber gut verstecken. Oder zumindest nicht offen herumliegen lassen.

LOCATION, LOCATION, LOCATION

Hier ein weiteres kleines Beispiel aus meinem Flugleben. Ich checke fast als Letzter ein und ziehe den Hauptgewinn: einen mittleren Platz in der mittleren Reihe und meine beiden Nachbarn sind ... jedenfalls nicht allzu schlank. Total nett, aber eben auch ziemlich breit. Also sitze ich eingeklemmt in meinem Sitz, hadere mit meinem Schicksal und wünsche mich in die Businessclass. Und dann passiert plötzlich ein Wunder! Die Mutter meiner Sitznachbarin bittet mich, mit ihr den Platz zu tauschen, weil sie Flugangst hat.

Ich bin natürlich bereit dazu, schlimmer kann es ja ohnehin nicht mehr werden. Tatsächlich lande ich danach zwar nicht in der Businessclass, das wäre ja auch zu verrückt gewesen, aber immerhin auf einem Fensterplatz und kann mein Glück kaum fassen. Dieses Gefühl war mit meinem ersten Drink in der Businessclass durchaus zu vergleichen, vielleicht war es sogar noch schöner. Und was ist die Moral von der Geschicht? Nicht alle Plätze sind gleich gut! Niemand will in der Mitte sitzen, viele Leute nicht einmal am Fenster. Also buche rechtzeitig den Platz, der zu dir passt. Entweder Gang oder Fenster.

GESUND BLEIBEN

Was ist eigentlich nerviger als ein Passagier mit Husten und Schnupfen, der die ganze Nacht eine Kakofonie dissonanter Töne von sich gibt und einem den Schlaf raubt? Nichts, mag der eine jetzt erwidern, ein Baby, mag vielleicht der Nächste denken. Und ich würde beide Antworten akzeptieren. Was allerdings auch nicht wünschenswert ist, ist selbst die betroffene Person zu sein und sich durch den Urlaub zu schniefen. Deshalb lautet die oberste Regel hier: viel trinken. Denn die Luft im Flugzeug ist trocken, der Flug an sich strapaziert den Körper und die Blutgefäße, nicht nur in den Beinen, sondern im ganzen Körper, einschließlich des Gehirns. Deswegen solltest du noch mehr auf deine Gesundheit achten als sowieso schon. Empfohlen werden zu diesem Zweck übrigens elektrolythaltige Getränke. Die solltest du dir am besten schon am Abend vor dem Flug das erste Mal gönnen. Dazu gehören Getränke wie Iso-Light, Powerade und alkoholfreies Weizenbier.

Was mich direkt zum nächsten Tipp bringt: kein Alkohol in der Nacht vor dem Abflug. Am besten auch keinen Kaffee, keine Schokolade oder Softdrinks. Also nichts, was den Körper Stress aussetzt. Lieber ein lauwarmer Kamillentee. Und wenn du am Gang sitzt, schadet es auch nicht, hin und wieder einmal aufzustehen. In einem Büroworkshop habe ich gelernt, dass man das am besten alle 15 Minuten machen sollte. Das ist vielleicht etwas übertrieben, aber steh ruhig lieber einmal öfter auf als einmal zu wenig. Denn ein bisschen Dehnung und Bewegung sorgt für eine erhöhte Blutzirkulation, einen angeregten Stoffwechsel und entspanntere Muskeln.

DER BESTE TIPP ZUM SCHLUSS

Ich habe noch einen Tipp, der wertvoller als alle anderen ist. Ein Tipp, der immer funktioniert. Ein Tipp, der so offensichtlich ist, dass du daran vermutlich noch gar nicht gedacht hast. Ein Tipp, der sozusagen die Quintessenz dieses Buches ist. Und dieser Tipp heißt: Ab in die Businessclass. Du hast einen Economyflug gebucht und willst wissen, wie der so entspannt wie möglich durchzuführen ist? Versuche dir ein Upgrade in die Businessclass zu besorgen und übertrage den Job, dich möglichst entspannt von Punkt A nach Punkt B zu bringen, einfach auf die Fluggesellschaft. Und sofort ist dein Flug hundertmal entspannter, luxuriöser und komfortabler. Anstatt in der Economy jede Sekunde zu zählen, wirst du in der Businessclass gar nicht mehr aussteigen wollen.

Ich wünsche mir jedenfalls für dich, dass du möglichst schnell in den Genuss deines ersten Businessclasstickets für die Langstrecke kommst. Du wirst es nicht mehr missen wollen.

AB IN DIE BUSINESS-CLASS

Auf „Los!" gehts los

Erinnerst du dich gern an deinen letzten Flug? Hat die freundliche Flugbegleiterin dich mit Namen begrüßt und dir vor dem Start ein Glas Champagner serviert? Oder fallen dir zuerst die blauen Flecken an deinen Knien ein, weil du aufgrund des extrem engen Sitzabstandes damit immer wieder gegen deinen Tisch gestoßen bist? Wenn Letzteres dein erster Gedanke ist, dann gehört er ab jetzt der Vergangenheit an. Denn: Du fliegst ganz bald in der Businessclass in den Urlaub.

Setze dir ein schönes, aber realistisches Ziel. Wenn du all das wirklich umsetzt, was dir hier empfohlen wird, dann wirst du in zwölf Monaten 55.000 Meilen auf deinem Miles-&-More-Konto haben. Ausreichend für einen Flug in der Businessclass der Lufthansa oder Austrian Airlines mit den Meilenschnäppchen in die USA. New York, Miami, Los Angeles – wohin auch immer die Reise geht, du wirst gegenüber dem günstigsten Tarif, den du kaufen kannst, sehr viel sparen.

Es gibt unzählig viele Möglichkeiten, diese Meilen zu sammeln. Beim Fliegen natürlich, aber auch beim Einkaufen. Jeder kann die ausreichende Anzahl zusammenbekommen – und sogar ganz ohne zu fliegen und auch ohne unnütze Dinge zu kaufen und mehr Geld als nötig auszugeben.

Wenn du ein Lufthansa-Meilenschnäppchen nutzen willst, brauchst du ein Miles-&-More-Konto. Deswegen melde dich, wenn du noch kein Mitglied bist, als Erstes bei diesem Programm an. Für deinen Prämienflug nach Amerika benötigst du 55.000 Meilen. Wenn du die innerhalb eines Jahres oder schneller sammeln willst, musst du knapp 4.600 Meilen pro Monat bekommen.

ABER WIE, OHNE VORHER OFT UND TEUER ZU FLIEGEN?

Neben Miles & More ist Payback deine Eintrittskarte in die Businessclass. Deine Payback-Punkte kannst du im Verhältnis 1 : 1 in Miles-&-More-Prämienmeilen umwandeln. Dafür aktivierst du entweder einen automatischen Transfer, sobald du 2.000 Punkte erreicht hast, oder wartest auf einen günstigen Moment zum Punktetausch. Manchmal gibt es einen Bonus von bis zu 25 %, wenn du deine Payback-Punkte in Meilen umwandelst.

Aber erst einmal musst du überhaupt ausreichend Punkte und Meilen sammeln.

Das Allerwichtigste ist: Sag dir einfach, du schaffst es! Die meisten Leute, die ich kennenlerne, behaupten: „Ich schaffe das sowieso nicht", und fangen dann leider gar nicht erst mit dem Sammeln an. Aber da das schlicht eine leichtfertige Selbsttäuschung ist, solltest du ihr nicht erliegen. Also: Du schaffst das, basta! Jetzt liegt es an dir. Folge meinem Motto: „Ab sofort keine einzige Meile, keinen einzigen Punkt, keinen einzigen Bonus mehr liegenlassen!" Jeder Punkt zählt. Du wirst Tausende davon sammeln, allein durch Optimieren und Kombinieren. Jetzt, wo du das Geheimnis kennst, startest du am besten sofort.

Falls du es noch nicht bist, werde jetzt Payback-Mitglied. Bestelle dir deine beiden Payback-Karten nach Hause, die du prompt an zwei Freunde oder Bekannte weitergibst, damit sie mit dir zusammen Punkte für dich sammeln (es sei denn, sie wollen gemeinsam mit dir in der Businessclass fliegen). Du selbst hast noch eine Karte in der Payback-App, die du natürlich längst auf dein Handy geladen hast.

Du wirst in den nächsten Wochen und Monaten dein Einkaufsverhalten etwas verändern. Es ist nämlich sehr wichtig, was, wann, wo und wie viel du einkaufst – und vor allem, wie du zahlst.

Jetzt ist übrigens der Zeitpunkt gekommen, ab dem das Zahlen mit Bargeld für dich weitestgehend passé ist. Denn überall, wo es geht, bezahlst du von jetzt an mit Payback Pay. Und überall, wo das nicht geht, benutzt du deine Miles-&-More- oder Payback-Kreditkarte.

Während meiner Reisen in ferne Länder bin ich immer wieder erstaunt, mit welcher Selbstverständlichkeit anderswo bargeldlos gezahlt wird. In Manhattan wundert sich niemand darüber, wenn du im Spätkauf deine Flasche Mineralwasser für umgerechnet einen Euro mit Plastikgeld zahlst. Nur bei uns wirst du noch komisch angeguckt. Das kann dir aber völlig egal sein, denn derjenige wird sich wohl weiter die Knie im Flugzeug stoßen, genau in dem Moment, in dem du dein Vier-Gänge-Menü genießt.

Merke dir, dass ab jetzt keine Ausgabe mehr zu klein ist, um sie mit Karte oder App zu zahlen. Stell dir zum Beispiel vor, du kaufst dir jeden Morgen auf dem Weg zur Arbeit im Backshop deines Supermarktes für jeweils 2 Euro Brötchen. Das macht 10 Euro in der Woche und etwa 480 im Jahr. Deine Urlaubszeit habe ich einfach mal abgezogen. 480 Euro entsprechen, je nach Zahlart, bis zu 480 Meilen. Das wären schon genauso viele Meilen, wie du für zwei innerdeutsche Flüge im günstigsten Tarif bekämst. Du siehst also, wie viel Potenzial schon in deinen kleinen Ausgaben steckt.

Bevor du deine Kreditkarte einsetzen kannst, musst du aber erst die richtige im Portemonnaie haben. Wenn du noch keine Karte besitzt, mit der du Punkte und Meilen sammeln kannst, wird es jetzt höchste Zeit, die für dich passende zu beantragen. Die Miles-&-More-Kreditkarte sollte auf jeden Fall dabei sein.

Gewöhne dich daran, deine Einkäufe ab sofort zu planen. Erstelle eine Liste mit allen Familienmitgliedern, Freunden und Bekannten, denen du in den nächsten zwölf Monaten etwas schenken willst. Schreibe dir auf, welche größeren Anschaffungen ins Haus stehen. Vom Wäschetrockner bis zum Kühlschrank. Überlege dir, ob du vielleicht eine neue Versicherung benötigst, ob es Zeit wird, deinen Stromanbieter oder deine Bank zu wechseln, weil dir eine andere bessere Konditionen bietet – all das kann und wird dein Meilenkonto füllen.

Denke daran, auch immer die Bonusprogramme untereinander zu vergleichen. Es kann sein, dass du bei demselben Shop in derselben Woche beim Onlineshopping über Miles & More ein Vielfaches der Punkte beim gleichen Shop bekommen kannst, die du über Payback bekämst.

Ab sofort kaufst du nicht mehr in dem Moment ein Geschenk, in dem der Geburtstag der Tante ansteht, sondern dann, wenn es eine Promotion gibt und du fünf-, zehn-, fünfzehn- und manchmal sogar fünfzigfache Punkte abstauben kannst. Achte darauf, dass du die Preise vergleichst, und vermeide es, für mehr Punkte mehr zu zahlen. Meist ist das überhaupt nicht notwendig. Wie mit den Geschenken, verhält es sich mit fast allen Anschaffungen, die du machen musst und möchtest.

Was bedeutet aber Planen und Optimieren tatsächlich für deinen Alltag, bei deinen regelmäßigen Einkäufen?

Nimm einmal an, dass du in der Drogerie zehnfache Punkte auf eine Seife und zusätzlich fünffache Punkte auf den gesamten Einkauf bekommst. In diesem Moment solltest du mehrere Packungen Seife kaufen, da sie einfach zu lagern sind, nicht schlecht werden und du sie früher oder später sowieso verbrauchst. Vor allem gibst du hier kein zusätzliches Geld aus, denn ob du jeden Monat eine Seife kaufst oder alle sechs Monate sechs Stück, läuft auf das Gleiche hinaus. In beiden Fällen gibst du 20 Euro aus, jedoch bekommst du einmal nur 20 Punkte dafür, das andere Mal satte 300.

Die Möglichkeit, deine Punkteausbeute durch Planung und Optimierung zu steigern, ist wirklich enorm und nie zu unterschätzen. Bei meinem letzten Einkauf im Supermarkt habe ich beispielsweise 34 Euro ausgegeben, aber 155 Punkte gesammelt! Und das ging so: Für 2 Euro bekommt man ohnehin immer einen Punkt aufs Punktekonto, also hatte ich bereits 17 Punkte sicher. Dazu war gerade ein Punktemultiplikator auf Tiefkühlgemüse ausgeschrieben. Da ich das schon seit einer Woche wusste, habe ich meine Gefriertruhe vorsorglich entsprechend geleert und konnte mir mit nur zwei Packungen 60 Zusatzpunkte sichern. Einen weiteren zehnfachen Multiplikator gab es auf Wein und Sekt, also habe ich zwei Flaschen Sekt als Mitbringsel für die Party einer Freundin in vier Wochen besorgt – und damit weitere 27 Zusatzpunkte verdient. Außerdem kam ein dreifacher Punkteboost auf meinen gesamten Einkauf hinzu. Das ist zwar nicht besonders viel, aber es ergab noch einmal 34 Bonuspunkte. Und da ich meinen Einkauf mit Payback Pay bezahlt habe, bekam ich doppelte Punkte, das ist immer so. So schnell werden aus 17 Punkten 155. Was musst du also tun? Ein wenig vorausplanen. Für frühere Generationen war das völlig normal, nur in der heutigen Zeit spielt es keine große Rolle mehr, weil alles jederzeit und immer verfügbar zu sein scheint und meist auch gleich um die Ecke liegt. Auf deinem Weg in die Businessclass ist das jedoch wichtig. Zur Planung gehört auch das Kombinieren. Zum Kombinieren ist wichtig, wie viel du kaufst, wann du kaufst, wie du zahlst und welche Coupons du zusätzlich einsetzt.

Neben der Menge musst du auf den Zeitpunkt deines Einkaufs achten. Es gibt häufig bis zu 1.000 zusätzliche Payback-Punkte für einen einzigen Einkauf. Diese Aktionen sind an bestimmte Coupons und Zeiträume gekoppelt. Du kannst zum Beispiel von Montag bis Donnerstag 1.000 Punkte extra bekommen, wohingegen du nur mit der Standardgutschrift abgespeist wirst, wenn du in derselben Woche erst am Freitag oder Samstag einkaufen gehst.

Coupons sind grundsätzlich bei der Planung deiner Einkäufe zu berücksichtigen. Du bekommst sie per Post, online oder in der App. Es lohnt sich für dich, den Überblick zu bewahren. Um dir dabei zu helfen, gibt es unseren Memberservice. Meldest du dich mit deinem Code für diesen Service an, bekommst du stets einen aktuellen Überblick über die derzeit lukrativsten Aktionen, die du nutzen solltest, um mehr Punkte für das gleiche Geld zu bekommen.

Besser als Punkte für Geld sind Meilen oder Punkte, die du ganz umsonst bekommst. Zum Beispiel wenn du gewinnst, dir Miles & More Extrameilen für das Umtauschen von Payback-Punkten bietet oder wenn du in einem Hotel geschlafen hast und du deine Meinung mit anderen teilen möchtest. Mach, so oft es deine Zeit erlaubt, bei diesen Aktionen mit, getreu dem Motto: Keine Meile liegen lassen! Günstiger geht es nicht.

Vergleiche eine Hotelkritik einmal mit einem innerdeutschen Flug. Nimm als Grundlage einen sehr günstigen Preis in Höhe von 109,07 Euro. Leider bekommst du Prämienmeilen nur auf den Ticketpreis ohne Steuern und Gebühren. Bleiben dir 66 Euro, die du mit dem Faktor 4 multiplizierst. So landen etwas mehr als 260 Meilen auf deinem Konto. Für eine Hotelbewertung, die du in rund 15 Minuten schreibst, bekommst du mindestens 100 Meilen. Mit drei Bewertungen oder 45 Minuten Zeitaufwand hast du schon mehr Meilen zusammen als mit dem Flug.

Außerdem gilt, dass du deine Freunde und Bekannten in dein Vorhaben einbeziehen solltest. Nicht nur, um mit ihnen die Sammelbegeisterung zu teilen, sondern auch, weil du für die Empfehlung von Kreditkarten ebenso mit Meilen und Punkten belohnt wirst. Du kannst manchmal über 20.00 Meilen als Bonus bekommen, nur weil ein Familienmitglied auf deine Empfehlung hin eine Kreditkarte beantragt. Meistens wird auch der neue Kartenbesitzer mit einem Meilenbonus begrüßt.

Übrigens: Vertrauen ist gut, Kontrolle ist (oft) besser. Überprüfe regelmäßig, am besten einmal pro Woche, deine Kontostände bei Payback und Miles & More. Das wird dir jede Woche mehr Spaß bereiten, weil du siehst, dass du deinem Businessclassflug immer näher kommst. Gleichzeitig kannst du leicht überprüfen, ob du auch wirklich alle Punkte bekommen hast, die dir zustehen. Wenn dir Einkäufe und Bonuspunkte nicht gutgeschrieben werden, reklamiere das. Achte dabei darauf, dass es manchmal bis zu zwei Monate dauern kann, bis Punkte auf deinem Konto sichtbar sind, und manchmal auch, bis du über Bonuspunkte wirklich verfügen kannst.

Jetzt kann es losgehen. Mach dich gleich auf den Weg! Die Checkliste für die ersten drei Wochen wird dir helfen, dich schnell daran zu gewöhnen, durch ein paar kleine Änderungen einen großen Schritt zu machen. In die Businessclass.

P.S. Ich bin sehr sicher, dass du in den nächsten Monaten genügend Punkte und Meilen sammelst, um dir dein Meilenschnäppchen zu gönnen. Wenn du das so umsetzt wie ich, gelingt dir das, ohne mehr Geld auszugeben und ohne einen Kauf zu tätigen, den du eigentlich gar nicht tätigen wolltest. Vielleicht möchtest du dich aber gar nicht allein in der Businessclass verwöhnen lassen, sondern lieber jemanden, der dir lieb ist, mit dieser Traumreise überraschen. Auch hierfür gibt es die passende Lösung. Entweder verlängerst du einfach den Sammelzeitraum, probierst dein verkäuferisches Talent aus und begeisterst ein paar Bekannte für das Meilensammeln mit Kreditkarten oder du investierst doch ein paar Euro zusätzlich.

Mit dem Abonnement von Zeitschriften und Zeitungen kannst du schnell beachtlich viele Meilen einstreichen. 10.000, 50.000 oder auch 70.000 Meilen auf einen Schlag sind keine Seltenheit. Dafür musst du allerdings die Abogebühren zahlen. Du hast einen guten Deal gefunden, wenn du für eine Meile umgerechnet einen Cent oder etwas mehr ausgibst. Viel mehr darf es nicht sein. Mit Abos kommst du noch immer um Längen günstiger in die Businessclass als mit einem bezahlten Flugticket.

KICK-START

Deine Check-Liste für die ersten drei Wochen

WOCHE 1

☑ Melde dich mit dem Code des beigefügten Flyers zum „Umsonst in den Urlaub Memberservice" an und erfahre immer zuerst von den wichtigsten Turbos, um dein Ziel zu erreichen.

☐ Du hast Facebook? Abonniere „Umsonst in den Urlaub" und gehe sicher, dass unsere Artikel ganz oben angezeigt werden. Dazu musst du nur mit der Maus über den Button „abonniert" fahren und „Als Erstes zeigen" markieren.

☐ Bist du Miles-&-More-Mitglied? Wenn nicht, wird es höchste Zeit. Lade die Miles-&-More-App auf dein Handy, bestelle dir den Miles-&-More-Newsletter und erhalte deine ersten 500 Meilen kostenlos.

☐ Melde dich bei Payback an, solltest du noch nicht Payback-Mitglied sein. Payback Plus Basic kostet dich vier Euro pro Monat und verdreifacht deine Punktesammelgeschwindigkeit.

- [ ] Lade die Payback-App auf dein Handy und aktiviere sie. Aktiviere Payback Pay durch das Hinterlegen deiner Bankverbindung – für Einkäufe bei einigen Payback-Partnern erhältst du dann oft wertvolle Bonuspunkte.

- [ ] Fange an, deine Einkäufe der nächsten Wochen nach systematisch vorauszuplanen.

- [ ] Beantrage die Miles-&-More-Kreditkarte, wenn es einen attraktiven Begrüßungsbonus gibt. Du kannst auch bis zu drei Monate warten und bei der bestmöglichen Promotion zuschlagen.

- [ ] Erstelle eine Liste deiner Freunde und Familienmitglieder, die du für eine Miles-&-More-Kreditkarte werben möchtest.

- [ ] Erstelle eine Liste mit den Hotels, in denen du in den letzten zwei Jahren geschlafen hast, um sie noch zu bewerten.

- [ ] Melde dich bei shoop.de an und kassiere Cashback für deine Onlineeinkäufe, wenn du keine Payback-Punkte oder Miles-&-More-Prämienmeilen sammeln kannst.

- [ ] Melde dich bei einer Website für Umfragen an.
  Schließe deine erste Umfrage ab.

WOCHE 2

- [ ] Lies unseren Memberservice-Newsletter, um auf dem neuesten Stand zu sein.

- [ ] Gleiche deine Einkaufspläne mit den Infos aus dem Newsletter ab.

- [ ] Checke unseren Blog für aktuelle Updates.

- [ ] Erstelle eine Liste aller Geschenke, die du in diesem Jahr einkaufen möchtest, und schreibe auch größere Anschaffungen (Telefon, Kamera, Waschmaschine etc.) auf, die in den nächsten zwölf Monaten anstehen.

- [ ] Bewahre deine Quittungen und Kassenbons so lange auf, bis die Meilen und Punkte auf deinem Konto verbucht sind.

- [ ] Von Online- und Appeinkäufen, die du über Payback tätigst, mache dir Screenshots.

- [ ] Du hast schon eine BahnCard? Dann stelle sicher, dass du auch bei bahn.bonus angemeldet bist.

- [ ] Suche dir ein zusätzliches Airlineprogramm aus, wenn du parallel sammeln möchtest.

- [ ] Suche dir ein Hotelprogramm aus, das zu deinen Reisegewohnheiten passt.

- [ ] Wähle eine zusätzliche Kreditkarte passend zu deinem zweiten Airline- oder Hotelprogramm aus.

- [ ] Sprich ein Familienmitglied oder einen Freund an und versuche ihn für eine Kreditkarte zu begeistern.

- [ ] Schreibe deine erste Bewertung für einen Hotelaufenthalt bei HolidayCheck und kassiere dafür Meilen.

WOCHE 3

- [ ] Lies unseren Memberservice-Newsletter, um auf dem neuesten Stand zu sein.

- [ ] Gleiche deine Einkaufspläne mit dem Newsletter ab.

- [ ] Checke täglich unsere Internet- und Facebookseite für aktuelle Updates.

- [ ] Wenn deine Payback-Karten ankommen, rüste zwei deiner Freunde oder Familienmitglieder damit aus und nutze selbst die Karte, die in der App integriert ist.

- [ ] Wenn deine Kreditkarten ankommen, zahle alle deine Einkäufe damit, mit Ausnahme der Einkäufe, die du mit Payback Pay bezahlen kannst.

- [ ] Hast du dir alle Meilen gesichert, die du umsonst bekommen kannst? Eine Umfrage gemacht? Eine Hotelbewertung geschrieben? An einem Gewinnspiel teilgenommen?

- [ ] Checke dein Payback- und dein Miles-&-More-Konto und freue dich über deine bereits gesammelten Punkte und Meilen.

- [ ] Kontrolliere regelmäßig deine Kontostände, am besten einmal pro Woche, und reklamiere fehlende Meilen und Punkte.

- [ ] Keine Kompromisse machen! Keinen Punkt und keine Meile liegen lassen.

Unsere Empfehlung

Zeitschriftenabos bieten dir oft hohe Meilen- oder Payback-Punkte-Ausschüttungen zu günstigen Konditionen. Du willst nicht nur ein Ticket für dich, sondern auch für deine(n) Partner(in)? Dafür kann ein einzelnes Zeitungsabo schon genügen.

UPGRADE-GURU-LEXIKON

Amenity-Kit: Ein Amenity-Kit ist ein Kulturbeutel, der auf Langstreckenflügen von einigen Airlines in der Economy, in den Luxusklassen aber immer ausgegeben wird. Er enthält einige für den Flug praktische Accessoires,wie Ohrenstöpsel, eine Schlafmaske, Socken und manchmal auch Kosmetikartikel.

Aufenthalt/Übernachtung: Bei Hotels wird unterschieden zwischen Aufenthalten und Übernachtungen. Als ein Aufenthalt wird eine unbestimmte Anzahl an Übernachtungen am Stück gezählt. Das bedeutet konkret, dass eine einzelne Übernachtung bereits ein Aufenthalt ist, aber auch 365 Übernachtungen am Stück im gleichen Hotel als ein Aufenthalt zählen.

Businessclass: Die Businessclass ist die zweithöchste der bis zu vier Service- und Komfortklassen in Flugzeugen. Sie hebt sich gegenüber der Economy durch größere und im Normalfall zu Betten verstellbare Sitze ab. Sie bietet dir mehr Servicequalität, eine größere Auswahl an deutlich besserem Essen und die Möglichkeit, mehr Gepäck mitzunehmen. Auch vor und nach dem Flug gibt es Vorteile. Zum Beispiel läuft dein Check-in über einen separaten Schalter, du hast Zugang zu einigen Flughafenlounges und oft wird dein Gepäck als Erstes herausgegeben.

Companion-Award: Ein Companion-Award ist ein vergünstigtes Prämienticket, das nur in Kombination mit mindestens einer zweiten Person gebucht werden kann.

Direktflug: Direktflug bedeutet, dass du von Abflug- bis Zielflughafen mit demselben Flugzeug fliegst. Ein Zwischenstopp ist möglich, aber das Flugzeug wird nicht ausgetauscht.

Economyclass: Die Economyclass ist die niedrigste Komfortklasse und wird daher auch gern Holzklasse genannt. Dort finden die meisten Passagiere Platz und der Service ist eingeschränkt. Dafür zahlst du allerdings deutlich niedrigere Preise als in der Businessclass.

Error-Fare: Hierbei handelt es sich um Preise, beispielsweise für Hotelübernachtungen oder Flugtickets, die weit unter dem normalen Preis liegen und nicht als eindeutige Sales-Aktion gekennzeichnet sind. *Error fares* entstehen normalerweise durch menschliche Fehler oder Fehler im Preisalgorithmus. So werden manchmal Flüge für 500 Euro in der First Class in die USA angeboten, die sonst das Zehnfache oder mehr kosten. Es kann sein, dass solch ein Flug im Nachhinein von der Airline storniert wird, das passiert jedoch nicht immer.

Fast Lane: Die Fast Lane ist ein separater Zugang zu den Sicherheitskontrollen am Flughafen. Sie erlaubt dir, einen großen Teil der Passagierschlange zu überspringen, was deine Wartezeit deutlich reduziert.

Fast Track: Ein Fast Track ist eine Art Statuschallenge mit „Sonderangebot", die dir eine Abkürzung auf dem Weg zum nächsthöheren Statuslevel bietet.

First Class/erste Klasse: Die First Class ist die exklusivste Komfortklasse und bei vielen Airlines nicht mehr vorhanden. Aufgrund der großen Menge an Platz pro Passagier – bei manchen Airlines gibt es sogar eine eigene Kabine inklusive Dusche – gibt es die First Class ohnehin nicht in allen Flugzeugtypen. Der Service und die Qualität sind noch einmal besser als in der Businessclass, mit Gourmet-Mahlzeiten und À-la-carte-Auswahl.

Gabelflug: Ein Gabelflug ist ein Flug, bei dem du beispielsweise von Berlin nach Bangkok fliegst, auf dem Rückweg aber in München landest. Es sind also Flüge, bei denen sich Abflug- und Rückkehrflughafen unterscheiden.

Langstreckenflug: Ein Langstreckenflug ist ein transkontinentaler Flug. Die genauen Abgrenzungen sind Sache der Airline, jedoch kann man sich an einer Flugzeit ab ungefähr sieben Stunden und Strecken ab 13.000 Kilometern orientieren. In der Regel gibt es auf Langstreckenflügen Mahlzeiten und Getränke, die im Ticketpreis enthalten sind.

Layover: Ein Layover ist eine Zwischenlandung bei einer Flugverbindung, die bis zu 24 Stunden dauert. In dieser Zeit kannst du den Flughafen verlassen. Alles, was über 24 Stunden hinausgeht, wird als Stopover angesehen.

Lounge: Eine Lounge ist ein exklusiver Aufenthalts- und Warteraum innerhalb eines Flughafens oder Bahnhofs. Lounges bieten Reisenden einen Ort der Erholung und Entspannung und sind oftmals recht luxuriös, wobei es auch Ausnahmen gibt. Um Zutritt zu einer Lounge zu erhalten, musst du entweder Inhaber eines Status bei dem jeweiligen Anbieter der Lounge oder dessen Partnern oder ein Mitglied beim Anbieter der Lounge oder dessen Partnern sein. In manchen Lounges gibt es auch die Möglichkeit, eine einmalige Zutrittsgebühr zu entrichten. In andere Bereiche, wie in so manche First-Class-Lounge am Flughafen, kommst du nur mit dem zugehörigen Flugticket.

Luftfahrtallianz: Eine Luftfahrtallianz ist eine strategische Kooperation von mehreren Airlines. Eine solche Allianz bietet viele Vorteile für die Fluggesellschaften, zum Beispiel können sie gemeinsam größere Bestellungen aufgeben und von Mengenrabatt profitieren, aber auch für die Passagiere. Du kannst beispielsweise einen Flug mit mehreren Airlines und nur einem einzigen Ticket buchen, da sich die Airlines untereinander auf einheitliche Systeme geeinigt haben. Es gibt momentan Star Alliance, oneworld und SkyTeam.

Nonstop-Flug: Ein Nonstop-Flug ist ein Flug, der von Abflug- bis Zielflughafen ohne Zwischenlandung auskommt.

One-Way-Ticket: Ein Ticket für einen Hinflug, ohne Rückflugticket.

Prämienmeilen und -punkte: Prämienmeilen und –punkte sind eine Währung innerhalb eines Airline- bzw. Hotelbonusprogramms. Sie können auf vielen verschiedenen Wege gesammelt wegen. Du erhältst sie beim Fliegen, aber auch beim Einkaufen, als Bonus bei Zeitschriftenabos, wenn du an Umfragen teilnimmst, wenn du in Hotels übernachtest und vielem mehr. Prämienmeilen und -punkte können gegen Prämien, zum Beispiel Produkte, Freiflüge und Upgrades, eingetauscht werden.

Premium Economyclass: Die Premium Economyclass stellt eine Zwischenstufe zwischen der Economy- und der Businessclass dar. Im Flugzeug nimmt die Premium Economy meistens die ersten paar Reihen der Economyclass ein. Die Sitze sind mit etwas mehr Beinfreiheit ausgestattet, es gibt mehr Freigepäck und je nach Airline abweichende Vorteile, bis hin zu Priority-Check-in und -boarding. Generell ist die Premium Economy vom Komfort-, aber auch vom Preisniveau her deutlich näher an der Economy-, als an der Businessclass.

Priorityboarding: Wenn du Priorityboarding hast, bedeutet das, dass du als Erster in das Flugzeug steigen darfst. Wenn der Transfer zum Flughafen mit einem Bus durchgeführt wird, darfst du zuerst einsteigen und wirst möglicherweise sogar in einem separaten Bus vorausgefahren, beispielsweise gemeinsam mit Businessclasspassagieren.

Priority-Check-in: Der Check-in ist der Prozess der Kofferabgabe am Flughafen, noch vor dem Securitycheck. Das Priority-Check-in wird über separate Schalter abgewickelt, die nicht jeder Passagier nutzen darf. Es erspart dir viel Wartezeit.

Priority-Gepäck: Das Gegenstück zum Priority-Check-in ist die Prioritygepäckausgabe. Prioritygepäck bedeutet, dass deine Koffer als Erste aus dem Flugzeug geladen und herausgegeben werden. So kommst du schneller zum Zoll oder nach Hause.

Segmente: Oftmals kannst du ein höheres Level bei einem Airlinebonusprogramm erreichen, wenn du eine bestimmte Menge an Flugsegmenten geflogen bist. Damit sind eigentlich normale Flüge gemeint, nur dass sie etwas anders gezählt werden. Fliegst du beispielsweise von Berlin nach Sydney und steigst in Dubai um, zählt das als ein Flug, aber als zwei Flugsegmente. Das erste Segment von Berlin nach Dubai, das zweite Segment von Dubai nach Sydney.

Status: Bonusprogramme wollen ihre besten Kunden für ihre Treue belohnen, um sie nicht an Mitbewerber mit ähnlichen Produkten zu verlieren. Deshalb werden innerhalb eines Programms verschiedene Mitgliedschaftslevel ausgewiesen. Diese Level können durch wiederholten Erwerb oder Nutzung des jeweiligen Produktes, beispielsweise eines Flugtickets oder einer Hotelübernachtung, erlangt werden. Jedes Statuslevel ist mit unterschiedlichen Vorteilen für den Inhaber verbunden, die im Normalfall immer attraktiver werden, je höher das Mitgliedschaftslevel ist. Da das Erreichen mancher Level mit einem hohen persönlichen und finanziellen Aufwand verbunden ist, kann ein Status auch innerhalb einer Community mit hohem Prestige versehen sein.

Status-Challenge: Eine Status-Challenge ist eine Aufgabe, deren Erfüllung dir einen bestimmten, höheren Status bei einer Fluggesellschaft oder einer Hotelkette einbringt. Dabei musst du die Ziele in einem begrenzten Zeitraum abschließen, der normalerweise zwischen einem und drei Monaten liegt.

Statusmatch: Wenn du einen Status bei Bonusprogramm A erreicht hast, kannst du damit zu Programm B gehen und deine Unterlagen vorlegen. Daran erkennt Programm B, dass du ein potenziell lukrativer Kunde bist und ermöglicht es dir, mit einem ähnlichen Status in Programm B zu starten. Das funktioniert leider nicht bei allen Bonusprogrammen.

Statusmeilen und -punkte: Statusmeilen und -punkte zählen einzig und allein für deinen Status und können derzeit nur durch Fliegen oder Hotelübernachtungen gesammelt werden. Sie können außerdem nicht ausgegeben werden, sondern verfallen nach einem bestimmten Zeitpunkt. Die Menge deiner Statusmeilen oder -punkte gibt Aufschluss über die Höhe deines Statuslevels.

Stopover: Einige Airlines bieten dir die Möglichkeit, auf Transferflügen in ihrem jeweiligen Heimatflughafen auszusteigen. Anstatt dort auf deinen Anschlussflug zu warten, kannst du einfach aus dem Flughafen spazieren und einen weiteren Zwischenstopp in deinem Urlaub einlegen. So kannst du Länder und Kulturen kennenlernen, die dir sonst vermutlich fremd geblieben wären. Oftmals gibt es auch Vergünstigungen und Sonderkonditionen, zum Beispiel Visafreiheit.

Suite: Eine Suite ist deutlich größer als ein normales Hotelzimmer und bietet normalerweise Wohnzimmer, Schlafzimmer und Bad. Je nach Preis ist sie eher mit einer Wohnung vergleichbar als mit einem Standardhotelzimmer. Eine normale Einteilung ist Junior-, Superior und Präsidentensuite.

Transitzone/Transitbereich: Bei einer Zwischenlandung auf einem internationalen Flughafen ist die Transitzone der Teil des Flughafens, in dem du dich frei bewegen kannst, ohne vorher durch die Einreisekontrolle, den Zoll und die Grenzkontrolle überprüft zu werden.

Upgrades: Solltest du ein Upgrade bekommen, bedeutet das, dass du eine Komfortklasse weiter nach oben gestuft wirst. Je nachdem, welche Klassen bei der jeweiligen Airline vorhanden sind, also von der Economy in die Premium Economy, von der Premium Economy in die Businessclass und von der Businessclass in die First Class.

Als die Pan Am noch den Flugverkehr von und nach Berlin dominierte, hatte ich mit dem World Pass mein erstes blau-silbernes Meilenkärtchen in der Tasche und meine Leidenschaft war geweckt. Einige Jahre später jettete ich mit einer Begleitung mit der Concorde von British Aiways für ein paar Tage nach New York – komplett nur mit Meilen bezahlt. Spätestens da war mir klar: In der Welt von Punkten und Meilen geht so einiges. Die Liste der Möglichkeiten ist unendlich lang und reicht vom Freiflug in der Businessclass bis zum First-Class-Ticket. Wenn das nicht spektakulär genug ist, dann besorge dir ein Meet and Greet mit Britney Spears oder Depeche Mode, Tickets für Katy Perry, Metallica oder Guns N' Roses. Oder wie wäre es in einer Luxussuite mit Wohn- und Schlafzimmer und zwei Badezimmern für rund 1.000 Euro, obwohl du nur ein Zimmer für 120 Euro gebucht hast? Die Welt der Meilen und Punkte wird viele Überraschungen für dich bereithalten, du musst jetzt nur noch in sie einsteigen. Das Beste daran ist, dass du all das geniessen kannst auch ohne überhaupt viel zu fliegen und ohne mehr Geld beim Einkaufen auszugeben. Nicht vergessen!

Seit etwas mehr als 30 Jahren beschäftige ich mich mit dieser verrückten Welt. Ich habe Programme und Airlines kommen und gehen sehen. Bedingungen und Möglichkeiten ändern sich manchmal über Nacht. Allein im vergangenen Jahr habe ich vier Langstreckenflugtickets in der Businessclass im Zuge der Insolvenz von Air Berlin verloren. Die Fluglinien haben das Meilensammeln über die Jahre hinweg auf den ersten Blick nicht einfacher gemacht. In der Luft mit vielen Meilen belohnt zu werden ist heutzutage sehr schwierig. Dafür gab es noch nie so viele Möglichkeiten wie heute, außerhalb des Flugbetriebes Punkte und Meilen anzuhäufen.

Sehr gut erinnere ich mich an den Moment, als Tibor Hoffmann, der gemeinsam mit mir die Informationen und Erlebnisse für dieses Buch zusammengetragen und aufgezeichnet hat, vor mir stand und mich mit den ersten Fragen rund ums Meilensammeln löcherte. Das ist noch nicht einmal ein Jahr her. Mittlerweile tauscht auch er beim Fliegen seine Plätze in der Economy mit den begehrten Plätzen vorn in der Maschine. Du sollst schnellstmöglich das Gleiche tun. Wie, weißt du jetzt ja.

Ulf-Gunnar Switalski, 2018

LUXUS FÜR ALLE

Der Umsonst-in-den-Urlaub-Memberservice

Machs wie wir: Lass jetzt keine Meile und keinen Punkt mehr liegen! Nur, wer die Übersicht behält, holt täglich das meiste für sich heraus. Und wir nehmen dir sogar die Arbeit ab und unterstützen dich mit den wichtigsten und aktuellsten Tipps, damit dir auf deinem Weg in die Businessclass nichts dazwischenkommt.

KEINE INFOS MEHR VERPASSEN

Erfahre immer zuerst:

 was du wann und wie in der nächsten Woche optimiert kaufen kannst, um schnell zu deinem Freiflug zu kommen;

 von den aktuellsten Aktionen der Airlines und Hotels;

 von den besten Flug-, Hotel- und Shoppingdeals,

 einfach alles Neue aus der Welt der Punkte und Meilen.

Du hast keine Zeit oder Lust, dich täglich durch den Urwald aus Angeboten zu wühlen? Dann nutze den beiliegenden VIP-Code und melde dich jetzt kostenlos* bei uns an: www.umsonst-in-den-urlaub.de

*kostenlose Nutzung für 3 Monate ab Eingabe des Codes

Edel Books
Ein Verlag der Edel Germany GmbH

Copyright © 2018 Edel Germany GmbH,
Neumühlen 17, 22763 Hamburg
www.edel.com
1. Auflage 2018

Projektkoordination: Nina Schnackenbeck
Idee: Ulf-Gunnar Switalski für www.umsonst-in-den-urlaub.de
Text: Ulf-Gunnar Switalski mit Tibor Hoffmann
Layout und Satz: Judith Hilgenstöhler | Hamburg
Umschlaggestaltung: Johanna Höflich | www.edenundhoeflich.de
Umschlagabbildungen: suravid; Zaretska | Shutterstock.com
Druck und Bindung: optimal media GmbH, Glienholzweg 7, 17207 Röbel / Müritz

Printed in Germany

ISBN 978–3–84190–5079